普通高等教育土木工程特色专业系列教材

土力学

于小娟　王照宇　主编

沈广军　殷勇　李富荣　副主编

国防工業出版社

·北京·

内容简介

本书系根据全国土木工程专业教学指导委员制定的《土力学》教材大纲以及相关的勘察、设计和施工等最新规范编写而成，系统阐明了土力学的基本理论和基本原理，充分体现了本学科的理论性、系统性、应用性特点，同时，融入了本学科理论与技术的新成就及发展。全书共分九章：绪论；土的物理性质与工程分类、土的渗透性与渗流、土中应力计算、土的压缩性与地基沉降计算、土的抗剪强度、土压力和挡土墙、土坡稳定分析、地基承载力。本书内容简明扼要、深入浅出、重点突出，工程实例丰富，便于自学。各章附有复习思考题、习题。

本书可作为各类高等职业学校、高等专科学校、高等院校等土木工程专业各专业方向（建筑工程、市政工程、地下工程、道桥工程、交通工程、土木工程管理等）的专业基础课程教材，也可作为水利工程专业基础课程教材和在职土建工程师进修教材。本书亦可供建筑设计院、勘察院和建筑公司土建类工程技术人员学习参考。

图书在版编目（CIP）数据

土力学／于小娟，王照宇主编．—北京：国防工业出版社，2012.1(2016.12 重印)
普通高等教育土木工程特色专业系列教材
ISBN 978-7-118-07786-5

Ⅰ．①土…　Ⅱ．①于…　②王…　Ⅲ．①土力学－高等学校－教材　Ⅳ．①TU43

中国版本图书馆 CIP 数据核字(2012)第 005865 号

※

国防工业出版社出版发行
（北京市海淀区紫竹院南路 23 号　邮政编码 100048）
北京嘉恒彩色印刷有限责任公司
新华书店经售

*

开本 710×1000　1/16　**印张** 18　**字数** 319 千字
2016 年 12 月第 1 版第 3 次印刷　**印数** 5501—7500 册　**定价** 33.00 元

（本书如有印装错误，我社负责调换）

国防书店：(010)88540777　　发行邮购：(010)88540776
发行传真：(010)88540755　　发行业务：(010)88540717

普通高等教育土木工程特色专业系列教材
编委会

前　言

“土力学”是土木、水利、交通、环境、地质等专业本、专科学生的必修专业基础课，同时，也是与工程实际密切联系的专业基础课。随着土木、水利、交通、环境、地质等工程建设的迅猛发展，“土力学”及与之相关的岩土工程知识愈发重要。据统计，各国发生的建筑工程事故中，以因地基基础引发的事故为首。因此，土力学是各有关专业的大学生和工程技术人员必须掌握的一门现代科学。

本书参考了有关高等院校新编的同类教材[1-14]以及讲稿和各种相关规范。在编著本书过程中，淡化理论推导，重点放在理论联系实际方面，增加大量的工程实例，由浅入深地对之进行讲解，从而更好地满足了本科宽口径、大土木的专业需求以及土建类高级应用人才的培养要求。本书语言通俗易懂，文字简明扼要，重点突出，工程实例丰富，便于自学。本书在重点阐述基本理论的同时，也注重工程应用和学科前沿知识的教学，力求使本书能较好地适应新形势下高素质人才培养的要求。

本书由盐城工学院于小娟、王照宇主编，沈广军、殷勇、李富荣副主编。全书由于小娟制订编写大纲，并撰写绪论、第4、5章；王照宇撰写第1、3章；沈广军撰写第2、8章；殷勇撰写第6章；李富荣撰写第7章。最后，由于小娟负责全书的统稿工作。

编　者

2011年10月于盐城

目　　录

第0章　绪　　论

“土力学”是土木、水利、交通、环境、地质等专业本、专科学生的必修专业基础课，同时，也是与工程实际密切联系的专业基础课。随着土木、水利、交通、环境、地质等工程建设的迅猛发展，“土力学”及与之相关的岩土工程知识愈发重要。倘若土力学理论掌握不好，地基基础工程设计处理不当，将可能导致地基基础工程事故的发生。

0.1　与土有关的典型工程事故案例

0.1.1　与土或土体有关的变形问题——比萨斜塔

1. 事故概况

比萨斜塔是意大利比萨城大教堂的独立式钟楼，位于意大利托斯卡纳省比萨城北面的奇迹广场上，是比萨城的标志。比萨斜塔是举世闻名的建筑物倾斜的典型实例。在建筑的过程中就已出现倾斜，原本是一个建筑败笔，却因祸得福成为世界建筑奇观，伽利略的自由落体试验更使其蜚声世界，成为世界著名旅游观光圣地。但随着时间的推移，斜塔倾斜角度的逐渐加大，到20世纪90年代，已濒于倒塌。1990年1月7日，比萨斜塔停止向游人开放，1992年意大利政府成立比萨斜塔拯救委员会，向全球征集解决方案。比萨斜塔如图0－1所示。

图0－1　比萨斜塔

比萨斜塔修建于1173年，开始建造该塔时的设计是垂直竖立的，原设计为8层，高54.8m。1178年，当钟楼兴建到第4层时发现由于地基不均匀和土层松软，导致钟楼已经倾斜偏向东南方，工程因此暂停。1231年，工程继续，建造者采取各种措施修正倾斜,刻意将钟楼上层搭建成反方向的倾斜,以便补偿已经发生的重心偏离。1278 年进展到第 7 层的时候,塔身不再呈直线,而呈凹形,工程再次暂停。1360 年,在停滞了差不多一个世纪后钟楼向完工开始最后一个冲刺,并作了最后一次重要的修正。1372 年摆放钟的顶层完工。54m 高的 8 层钟楼共有 7 口钟,但是由于钟楼时刻都有倒塌的危险而没有撞响过。

比萨斜塔从地基到塔顶高 58.36m,从地面到塔顶高 55m,钟楼墙体在地面上的宽度 4.09m,在塔顶宽 2.48m,总重约 14453t,重心在地基上方 22.6m 处。圆形地基面积为 $285m^2$,对地面的平均压强为 497kPa。地基持力层为粉砂,下面为粉土和黏土层。目前的倾斜约 10%,即 5.5°,偏离地基外沿 2.3m,顶层突出 4.5m,成为危险建筑。

2. 事故原因分析

比萨斜塔为什么会倾斜,专家们曾为此争论不休。尤其是在 14 世纪,人们在两种论调中徘徊,比萨斜塔究竟是建造过程中无法预料无法避免的地面下沉累积效应的结果,还是建筑师有意而为之。进入 20 世纪,随着对比萨斜塔越来越精确的测量,以及使用各种先进设备对地基土层进行的深入勘测,还有对历史档案的研究,一些事实逐渐浮出水面:比萨斜塔在最初的设计中本应是垂直的建筑,但是在建造初期就偏离了正确位置。

在对地基土层成分进行观测后得出:比萨斜塔倾斜的原因,是由于它地基下面土层的特殊性造成的。比萨斜塔下有好几层不同材质的土层,各种软质粉土的沉淀物和非常软的黏土相间形成,在深约 1m 的地方是地下水层。最新的挖掘表明,钟楼建造在了古代的海岸边缘,因此土质在建造时便已经沙化和下沉。

1838 年的一次工程导致了比萨斜塔突然加速倾斜,人们不得不采取紧急维护措施。当时建筑师 Alessandro della Gherardesca 在原本密封的斜塔地基周围进行了挖掘,以探究地基的形态,揭示圆柱基础和地基台阶是否与设想的相同。这一行为使得斜塔失去了原有的平衡,地基开始开裂,最严重的是发生了地下水涌入的现象。这次工程后的勘测结果表明,倾斜加剧了 20cm,而此前 267 年的倾斜总和不过 5cm。

3. 事故处理

(1) 卸荷处理。为了减轻钟塔地基荷重,1838 年至 1839 年,在钟塔周围开挖一个环形基坑。基坑宽度约 3.5m,北侧深 0.9m,南侧深 2.7m。基坑底部位于钟塔基础外伸的三个台阶以下,铺有不规则的块石。基坑外围用规整的条石垂直向砌筑。基坑顶面以外地面平坦。

(2) 防水与灌水泥浆。为防止雨水下渗,于 1933 年至 1935 年对环型基坑做防水处理,同时对基础环周用水泥浆加强。

(3) 1992 年 7 月开始对塔身加固。

2001 年 12 月 15 日起,比萨斜塔再次向游人开放。

0.1.2 与土或土体有关的强度问题——加拿大特朗斯康谷仓整体滑动

1. 事故概况

该谷仓平面呈矩形,南北向长 59.44m,东西向宽 23.47m,高 31.00m,容积 $36368m^3$,容仓为圆筒仓,每排 13 个圆仓,5 排共计 65 个圆筒仓。谷仓基础为钢筋混凝土筏板基础,厚度 61cm,埋深 3.66m。谷仓于 1911 年动工,1913 年完工,空仓自重 20000t,相当于装满谷物后满载总重量的 42.5%。1913 年 9 月装谷物,10 月 17 日当谷仓已装 31822 谷物时,发现 1h 内竖向沉降达 30.5cm,结构物向西倾斜,并在 24h 内谷仓倾斜,倾斜度离垂线达 26°53′,谷仓西端下沉 7.32m,东端上抬 1.52m,而上部钢筋混凝土筒仓坚如磐石。

2. 事故原因

谷仓地基土事先未进行调查研究。应用到此谷仓的计算地基承载力为 352kPa,此数值是依据邻近结构物基槽开挖试验结果而来。1952 年经勘察试验与计算,谷仓地基实际承载力仅为 193.8kPa ~ 276.6kPa,远小于谷仓破坏时发生的压力 329.4kPa。采用的设计荷载超过地基土的抗剪强度,导致谷仓地基因超载发生强度破坏而整体失稳。图 0－2 即为加拿大特朗斯康谷仓照片。

图 0－2 加拿大特朗斯康谷仓

3. 事故处理

事后在基础下面做了 70 多个支撑于基岩上的混凝土墩,使用 388 个 50t 千斤顶以及支撑系统,才把仓体逐渐纠正过来,但其位置比原来降低了 4m。

0.1.3 与土或土体有关的渗透变形问题——美国 Teton 坝溃决

1. 事故概况

Teton 坝位于美国 Idaho 州 Teton 河上，是一座防洪、发电、旅游、灌溉等综合利用工程。大坝为土质肥心墙坝。肥心墙材料为含黏土及砾石的粉砂。心墙两侧为砂、卵石及砾石坝壳。最大坝高 126.5m（至心墙齿槽底）。坝顶高程 1625m，坝顶长 945m。土基坝段坝上游坡：上部为 1∶2.5，下部为 1∶3.5。坝下游坡：上部为 1∶2.0，下部为 1∶3.0。该坝于 1972 年 2 月动工兴建，1975 年建成。

水库于 1975 年 11 月开始蓄水。1976 年春季库水位迅速上升。拟定水库水位上升限制速率为每天 0.3m。由于降雨，水位上升速率在 5 月份达到每天 1.2m。至 6 月 5 日溃坝时，库水位已达 1616.0m，仅低于溢流堰顶 0.9m，低于坝顶 9.0m。在大坝溃决前 2 天，即 6 月 3 日，在坝下游 400m ~ 460m 右岸高程 1532.5m ~ 1534.7m 处，发现有清水自岩石垂直裂隙流出。6 月 4 日，距坝 60m，高程 1585.0m 处冒清水。至该日晚 9 时，监测表明渗水并未增大。6 月 5 日晨，该渗水点出现窄长湿沟。稍后在上午 7 点，右侧坝趾高程 1537.7m 处发现流混水，流量达（0.56 ~ 0.85）m^3/s，在高程 1585.0m 也有混水出入，两股水流有明显加大趋势。上午 10 点 30 分，有流量达 0.42m^3/s 的水流自坝面流出，同时听到炸裂声。随即在坝下 4.5m，在刚发现出水同一高度处出现小的渗水。新的渗水迅速增大，并从与坝轴线大致垂直、直径约 1.8m 的“隧洞”（坝轴线桩号 15 + 25）中流出。上午 11 点，在桩号 14 + 00 附近水库中出现漩涡。11 点 30 分，靠近坝顶的下游坝出现下陷孔洞。11 点 55 分，坝顶开始破坏，形成水库泄水沟槽。从发现流混水到坝开始破坏约经 5h。

图 0 - 3 即为溃坝过程照片。

损失：直接 8000 万美元，起诉 5500 起，2.5 亿美元，死 14 人，受灾 2.5 万人，60 万亩土地，32km 铁路。

2. 事故原因

专家们认为，由于岸坡坝段齿槽边坡较陡，岩体刚度较大，心墙土体在齿槽内形成支撑拱，拱下土体的自重应力减小。有限元分析表明，由于拱作用，槽内土体应力仅为土柱压力的 60%。在土拱的下部，贴近槽底有一层较松的土层。因此，当水由岩石裂缝流至齿槽时，高压水就会对齿槽土体产生劈裂而通向齿槽下游岩石裂隙，造成土体管涌或直接对槽底松土产生管涌（图 0 - 4）。

图0-3　溃坝过程照片

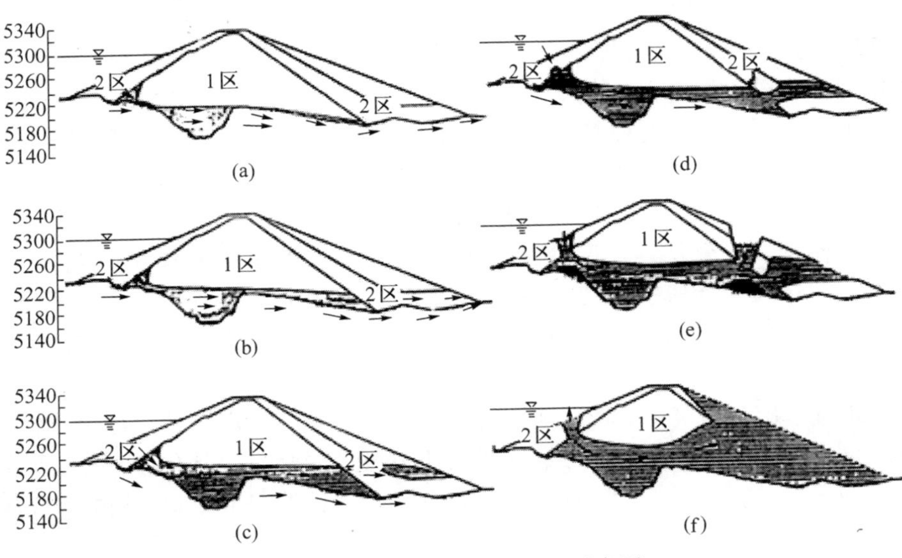

图0-4　Teton大坝破坏过程示意图

0.2 土力学的概念及学科特点

根据土木工程中遇到的各种与土有关的问题,土归纳起来可以被分为三类:作为建筑物(房屋、桥梁、道路、水工结构等)地基的土、作为建筑材料(路基材料、土坝材料)的土和作为建筑物周围介质或环境(隧道、挡土墙、地下建筑、滑坡问题等)的土。不管哪一类情况,工程技术人员最关心的是土的力学性质,即在静、动荷载作用下土的强度和变形特性,以及这些特性随时间、应力历史和环境条件变化而改变的规律。土力学就是以力学为基础,研究土的渗透、变形和强度特性,并据此进行土体的变形和稳定计算的学科。广义的土力学还包括土的生成、组成、物理化学性质及分类在内的土质学。土力学也是一门实用的学科,是土木工程的一个分支,是学习“基础工程”、“地基处理”等专业课程的理论基础。

工程用土总的分为一般土和特殊土。一般土又可以分为无机土和有机土。原始沉积的无机土大致上可分为碎石类土、砂类土、粉性土和黏性土四大类。当土中巨粒、粗粒粒组的含量超过全重的50%时,属于碎石类土或砂类土;反之,属于粉性土或黏性土。碎石类土和砂类土总称为无黏性土,一般特征是透水性大,无黏性,其中砂类土具有可液化性;黏性土的透水性小,具有可塑性、湿陷性、胀缩性和冻胀性等;而粉性土兼有砂类土的可液化性和黏性土的可塑性等。特殊土有遇水沉陷的湿陷性土(如常见的湿陷性黄土)、湿胀干缩的胀缩性土(习称膨胀土)、冻胀性土(习称冻土)、红黏土、软土、填土、混合土、盐渍土、污染土、风化岩与残积土等。

土力学研究范畴可概括为:研究土的类型及其物理、力学性状,研究土的本构关系以及土与结构物相互作用的规律。土的本构关系,即土的应力、应变、强度和时间这四个变量之间的内在关系。由于土的力学性质十分复杂,对土本构模型的研究及其计算参数的测定,均远落后于计算技术的发展;而且计算参数的选择不当所引起的误差,远大于计算方法本身的精度误差。因此,对土的基本力学性质和土工问题计算方法的研究验证,也是土力学的两大重要研究课题。

地基基础与建筑场地稳定性密切关联。要对场地稳定性进行评价,对建筑群选址或道路选线的可行性方案进行论证,对建筑物地基基础或路基进行经济合理的设计,尚须具备工程地质学、岩体力学等学科的基本知识,这也是土力学学科的一个特点。

0.3 土力学的发展简史

土力学是一门古老而又年轻的科学。中外许多历史悠久的著名建筑、桥梁、水利工程都不自觉地应用土力学原理解决了地基承载力、变形、稳定等问题，使其千年不坏，流传至今，如我国的万里长城、大型宫殿、大庙宇、大运河、开封塔、赵州桥等，以及国外的大皇宫、大教堂、古埃及金字塔、古罗马桥梁工程等。

18 世纪欧美国家在产业革命推动下，社会生产力有了显著发展，大型建筑、桥梁、铁路、公路的兴建，开启了土力学理论研究的大门。1773 年法国科学家 C. A. 库仑(Coulomb)发表了《极大极小准则在若干静力学问题中的应用》，介绍了刚滑楔理论计算挡土墙墙背粒料侧压力的计算方法；法国学者 H. 达西(Darcy，1855)，创立了土的层流渗透定律；英国学者 W. T. M. 朗肯(Rankine，1857)，发表了土压力塑性平衡理论；法国学者 J. 布辛奈斯克(Boussinesq，1885)，求导了弹性半空间(半无限体)表面竖向集中力作用时土中应力、变形的理论解析。这些古典理论对土力学的发展起到了很大的推动作用，一直沿用至今。

20 世纪初，一些重大工程事故的出现，引发了新的地基工程问题，并以此对“土力学”提出了新的要求，例如德国的桩基码头大滑坡、瑞典的铁路坍方、美国的地基承载力问题等，从而推动了土力学的理论发展。经典的土力学理论有：瑞典 K. E. 彼得森(Petterson，1915)首先提出的，后由瑞典 W. 费兰纽斯(Fellenius)及美国 D. W. 泰勒(Taylor)进一步发展的土坡稳定分析的整体圆弧滑动面法；法国学者 L. 普朗德尔(Prandtl，1920)发表的地基剪切破坏时的滑动面形状和极限承载力公式；1925 年美籍奥地利人 K. 太沙基(Terzaghi)写出的第一本《土力学》专著，从此土力学成为一门独立的学科；L. 伦杜利克(Rendulic，1936)发现的土剪胀性，土应力—应变非线性关系，土具有加工硬化与软化的性质。在这一时期，有关土力学的论著和教材也喷涌而出，比如苏联学者 H. M. 格尔谢万诺夫(Герсеванов，1931)出版的《土体动力学原理》专著；苏联学者 H. A. 崔托维奇(Цытович，1935)出版的《土力学》教材；苏联学者 K. 太沙基(Terzaghi，1948)出版的《工程实用土力学》教材；苏联学者 B. B. 索科洛夫斯基(Соколовский，1954)出版的《松散介质静力学》一书；美籍华人吴天行 1966 年写的《土力学》专著并于 1976 年出第二版；英国的 G. N. 史密斯和 Ian G. N. 史密斯(Smith，1968)出版的《土力学基本原理》大学本科教材；美国 H. F. 温特科恩(Winterkorn，1975)和方晓阳主编的《基础工程手册》一书，此书由7个国家27位岩土工程著名专家编写而成，成为当时比较系统论述土力学与基础工程的一本有影响的著作。还有，1993年D. G. 弗雷德隆德（Fredrund）和H. 拉哈尔佐（Rahardjo）出版的《非饱和土土力学》一书。

土力学作为一门独立学科，大致可以分为两个发展阶段。第一阶段从20世纪20年代到60年代，称古典土力学阶段。这一阶段的特点，是在不同的课题中分别把土看作线弹性体或刚塑性体，根据课题需要，把土视为连续介质或分散体。这一阶段土力学研究主要放在太沙基理论基础，形成以有效应力原理、渗透固结理论、极限平衡理论为基础的土力学理论体系，主要研究土的强度与变形特性，解决地基承载力和变形、挡土墙土压力、土坡稳定等与工程密切相关的土力学问题。这一阶段的重要成果，有关于黏性土抗剪强度、饱和土性状、有效应力法和总应力法、软黏土性状、孔隙压力系数等方面的研究，以及钻探取不扰动土样、室内试验（尤其三轴试验）技术和一些原位测试技术的发展，同时，对弹塑性力学的应用也有一定认识。第二发展阶段从20世纪60年代开始，称为现代土力学阶段。其最重要的特点，是把土的应力、应变、强度、稳定等受力变化过程统一用一个本构关系加以研究，改变了古典土力学中把各受力阶段人为割裂开来的情况，从而更符合土的真实性。这一阶段的出现，依赖于数学力学的发展和计算机技术的突飞猛进。较为著名的本构关系有邓肯的非线性弹性模型和剑桥大学的弹塑性模型。

我国学者在土力学学科领域的研究成果，有20世纪50年代，陈宗基教授对土的流变学（该学科研究物质或材料的流动变形，即土具有弹性、塑性和黏滞性构成的黏弹塑性）和黏土结构的研究；黄文熙院士对土的液化的探讨以及提出考虑土侧向变形的基础沉降计算方法。黄文熙院士在1983年主编并出版了一本理论性较强的土力学专著《土的工程性质》，该书系统介绍了国内外有关的各种土应力应变本构模型理论和研究成果。另外，还有钱家欢、殷宗泽教授主编的《土工原理与计算》，在国内有较大的影响，很多高等院校以此作为研究生高等土力学课程教材。沈珠江院士2000年出版的《理论土力学》专著，全面总结了近70年来国内外学者的研究成果，在土体本构模型、土体静动力数值分析、非饱和土理论等方面取得了突出成就。

关于土力学国际学术会议，第一届国际土力学及基础工程学术会议于1936年在美国麻州坎布里奇召开，由土力学创始人K. 太沙基（Karl Terzaghi）主持工作。第二至十七届会议的召开地点分别在鹿特丹（1948，二届）、瑞士（1953，三届）、伦敦（1957，四届）、巴黎（1961，五届）、加拿大（1965，六届）、墨西哥（1969，七届）、莫斯科（1973，八届）、东京（1977，九届）、斯德哥尔摩（1981，十届）、旧金山（1985，十一届）、里约热内卢（1989，十二届）、新德里（1993，十三届）、汉堡

(1997,十四届)、伊斯坦布尔(2001,十五届)、大阪(2005,十六届)、开罗(2010,十七届)。1999 年国际土力学及基础工程协会(简称国际土协,ISSMFE-The International Society of Soil Mechanics and Foundation Engineering)改名为国际土力学及岩土工程协会(ISSMGE-The International Society of Soil Mechanics and Geotechnical Engineering)。

关于国内土力学学术会议,中国土力学及基础工程学会学术委员会于 1957 年在北京设立,由茅以升主持开展工作,并于 1978 年成立了中国土木工程学会土力学及基础工程学会。第一届土力学及基础工程学术会议于 1962 年在天津召开,第二至十届学术会议的召开地点分别在武汉(1966,二届)、杭州(1979,三届)、武汉(1983,四届)、厦门(1987,五届)、上海(1991,六届)、西安(1995,七届)、南京(1999,八届)、北京(2003,九届)、重庆(2007,十届)。第八届起改名为土力学与岩土工程学术会议。1999 年为与国际土协的名称相适应,中国土木工程学会土力学及基础工程学会改名为中国土木工程学会土力学及岩土工程分会(The Chinese Institution of Soil Mechanics and Geotechnical Engineering-the China Civil Engineering Society,CISMGE-CCES)。

以上学术会议的召开,大大促进了土力学学科的发展。

0.4 本课程的内容、要求和学习方法

本课程内容第 1 章:土的物理性质与工程分类。本章要求:掌握土粒粒组的划分、粒度成分分析方法、三种亲水性的黏土矿物、土中水类型、土的三相比例指标的定义及指标之间的换算关系、土的各种物理性质指标及其测定方法;熟悉土粒的矿物成分与粒组的关系、黏土颗粒与水的相互作用,土的三种微观结构、土的分类原则,不同行业土的分类方法;了解土的层理构造、裂隙及大孔隙等宏观结构、土中气在细粒土中的作用、三种特殊土概念。

第 2 章:土的渗透性与渗流。本章要求:掌握土的层流渗透定律及渗透性指标;熟悉渗透性指标的测定方法和渗流时渗水量的计算,渗透破坏与渗流控制问题;了解土中二维渗流及流网的概念和应用。

第 3 章:土中应力计算。本章要求:掌握土中自重应力、基底压力和地基附加应力的概念及其计算方法,等代荷载法求解任意分布的或不规则荷载面形状的局部荷载下地基附加应力,角点法求解均布、三角形分布或梯形分布的矩形和条形荷载下地基附加应力,均布条形和均布方形荷载下地基附加应力的分布规律;熟悉非均质或各向异性地基的附加应力分布规律及其与均质各向同性地基的差别;了解弹性半空间表面作用一个水平集中力时弹性半空间内某一深度处

作用一个竖向集中力时，采用公式求解地基附加应力。

第4章：土的压缩性与地基沉降计算。本章要求：掌握室内固结试验 e－p 曲线和 e－lgp 曲线测定土的压缩性指标，应力历史对土的压缩性的影响、分层总和法和规范法计算最终沉降量、有效应力原理；熟悉现场载荷试验测定土的变形模量、地基表面沉降的弹性力学公式、基础最终沉降量按应力历史法和斯肯普顿—比伦法的计算方法、饱和土的单向固结理论、土的固结度概念，地基固结过程中的变形量以及利用沉降观测资料推算后期沉降量；了解室内三轴压缩试验测定土的弹性模量、基础最终沉降量按分层总和法的三向变形计算公式，刚性基础倾斜的弹性力学公式。

第5章：土的抗剪强度。本章要求：掌握土的抗剪强度理论，黏性土的抗剪强度指标的测定和选择；熟悉无黏性土的剪胀性（剪缩称为负剪胀）和临界孔隙比，孔隙压力系数的概念和用途，以及应力历史、应力路径对土体强度指标的影响；了解无黏性土休止角试验和大型直接剪切试验的概念。

第6章：土压力和挡土墙。本章要求：掌握两种古典理论计算土压力的方法及其实际应用，熟悉挡土墙背填土面上有超载或车辆荷载时以及非均质填土时的土压力计算；了解挡土墙抗倾覆、抗滑动稳定性验算的方法与步骤。

第7章：土坡稳定分析。本章要求：掌握各种黏性土坡稳定分析方法；熟悉无黏性土坡的稳定性，土体抗剪强度指标及稳定安全系数的选择；了解坡顶开裂时、地下水渗流时的黏性土坡稳定性，基础连同地基一起滑动的稳定性，土坡坡顶建（构）筑物地基的稳定性。

第8章：地基承载力理论。本章要求：掌握地基的承载规律、地基承载力确定方法；熟悉理论公式法和载荷试验法确定地基容许承载力和地基承载力特征值；了解规范表格法和当地经验法确定地基承载力的概念。

本课程的学习方法：学习本课程时，要理清课程的脉络。首先要知道：本课程学习过程中有条主线索，即讲授的各章节从不同的角度阐述土的变形、强度、渗透及稳定问题，抓住这一主线索可将书中各章节以及土的这几大问题贯穿起来。其次，要明晰本课程讲述了反映土孔隙规律的三大基本重要内容：土的渗透性、压缩性和抗剪强度特性。要知晓土压力理论是挡土墙设计、基坑支护设计以及研究地基承载力、土坡和地基稳定性问题所必备的知识。最后，要抓住本学科的特点，重视室内土工试验技能和现场原位测试技术。

通过本课程的学习，要求：① 了解土的基本物理力学性质和土的分类，以及这些性质与土的组成和结构的关系。② 必须牢固掌握土力学的基本原理和强度理论、有效应力理论、渗透理论、固结理论、土压力理论等重要理论。③ 掌握主要的计算方法，例如三相指标的换算、强度计算、变形计算、土压力计算、边坡稳定计算等，了解它们在工程实践中的应用，为后续专业课程如“基础工程”、“地基处理”等课程的学习打下厚实基础。④ 掌握基本土力学实验方法和成果分析，了解原位测试技术的应用。⑤ 掌握土力学学科特点和分析方法，从而用于解决实际工程中的地基稳定、变形和渗流问题。

第1章 土的物理性质与工程分类

1.1 概 述

土是由连续、坚固的岩石在风化作用下形成的大小悬殊的颗粒，经过不同的搬运方式，在各种自然环境中生成的没有黏结或弱黏结的沉积物。岩石（即地球外壳）的厚度达30km～80km，而土（即第四纪沉积层）通常厚度仅数米至数百米。土是由颗粒（固相）、水（液相）和气（气相）所组成的三相体系。土的三相组成物质的性质、相对含量以及土的结构构造等各种因素，必然在土的轻重、松密、干湿、软硬等一系列物理性质上有不同的反映。土的物理性质又在一定程度上决定了它的力学性质，所以物理性质是土的最基本的工程特性之一。

在处理与土相关的工程问题和进行土力学计算时，不但要知道土的物理特性指标及其变化规律，从而了解各类土的特性，还必须掌握各物理特性指标的测定方法以及指标间的相互换算关系，并熟悉土的分类方法。

本章主要介绍土的组成、土的三相比例指标、无黏性土和黏性土的物理性质、土的结构性及分类。

1.2 土的组成

在一般情况下，土由三相组成：固相——矿物颗粒和有机质；液相——水溶液；气相——空气。矿物颗粒构成土的骨架，空气与水则填充骨架间的孔隙。土的性质取决于各相的特征、相对含量及其相互作用。

1.2.1 土的固体颗粒

土的固相主要由矿物颗粒组成，有时除矿物颗粒外还含有有机质。矿物颗粒以单粒或集合体的形式存在于水中。其对土性质的影响可从颗粒级配、矿物成分等方面来分析。

1. 颗粒级配

在自然界中存在的土,都是由大小不同的土粒组成的。土粒的粒径由粗到细逐渐变化时,土的性质相应地发生变化。土粒的大小称为粒度,通常以粒径表示。界于一定粒度范围内的土粒,称为粒组。各个粒组随着分界尺寸的不同,而呈现出一定质的变化。划分粒组的分界尺寸称为界限粒径。目前土的粒组划分方法并不完全一致。表1-1是一种常用的土粒粒组的划分方法,表中根据界限粒径200mm、60mm、2mm、0.075mm和0.005mm把土粒分为六大粒组:漂石或块石颗粒、卵石或碎石颗粒、圆砾或角砾颗粒、砂粒、粉粒及黏粒。

土粒的大小及其组成情况,通常以土中各个粒组的相对含量(是指土样各粒组的质量占土粒总质量的百分数)来表示,称为土的颗粒级配。

表1-1　土粒粒组的划分

粒组统称	粒　组　名　称		粒径范围/mm	一　般　特　征
巨粒	漂石或块石颗粒		>200	透水性很大,无黏性,无毛细水
	卵石或碎石颗粒		200~60	
粗粒	圆砾或角砾颗粒	粗	60~20	透水性大,无黏性,毛细水上升高度不超过粒径大小
		中	20~5	
		细	5~2	
	砂　粒	粗	2~0.5	易透水,当混入云母等杂质时透水性减小,而压缩性增加;无黏性,遇水不膨胀,干燥时松散;毛细水上升高度不大,随粒径变小而增大
		中	0.5~0.25	
		细	0.25~0.1	
		极细	0.1~0.075	
细粒	粉　粒	粗	0.075~0.01	透水性小,湿时稍有黏性,遇水膨胀小,干时稍有收缩;毛细水上升高度较大较快,极易出现冻胀现象
		细	0.01~0.005	
	黏　粒		<0.005	透水性很小,湿时有黏性、可塑性,遇水膨胀大,干时收缩显著;毛细水上升高度大,但速度较慢

注:1. 漂石、卵石和圆砾颗粒均呈一定的磨圆形状(圆形或亚圆形);块石、碎石和角砾颗粒都带有棱角;
2. 粉粒或称粉土粒,粉粒的粒径上限0.075mm相当于200号筛的孔径;
3. 黏粒或称黏土粒,黏粒的粒径上限也采用0.002mm为准土的颗粒级配是通过土的颗粒分析试验测定的，常用的测定方法有筛析法和沉降分析法（密度计法或移液管法）。前者是用于粒径大于0.075mm的巨粒组和粗粒组，后者用于粒径小于0.075mm的细粒组。当土内兼含大于和小于0.075mm的土粒时，两类分析方法可联合使用。

筛析法试验是将风干、分散的代表性土样通过一套自上而下孔径由大到小的标准筛（如60mm、40mm、20mm、10mm、5mm、2mm、1mm、0.5mm、0.25mm、0.075mm），称出留在各个筛子上的干土重，即可求得各个粒组的相对含量。通过计算可得到小于某一筛孔直径土粒的累积重量及累计百分含量。

沉降分析法的理论基础是土粒在水（或均匀悬液）中的沉降原理。土粒下沉时的速度与土粒形状、粒径、质量密度以及水的黏滞度有关。

根据粒度成分分析试验结果，常采用累计曲线法表示土的级配。该法是比较全面和通用的一种图解法，其特点是可简单获得定量指标，特别适用于比较土体级配的好坏。累计曲线法的横坐标为粒径，由于土粒粒径的值域很宽，因此采用对数坐标表示；纵坐标为小于（或大于）某粒径的土重（累计百分）含量，如图1-1所示。由累计曲线的坡度可以大致判断土的均匀程度或级配是否良好。如曲线较陡，表示粒径大小相差不多，土粒较均匀，级配不良；反之，曲线平缓，则表示粒径大小相差悬殊，土粒不均匀，即级配良好。

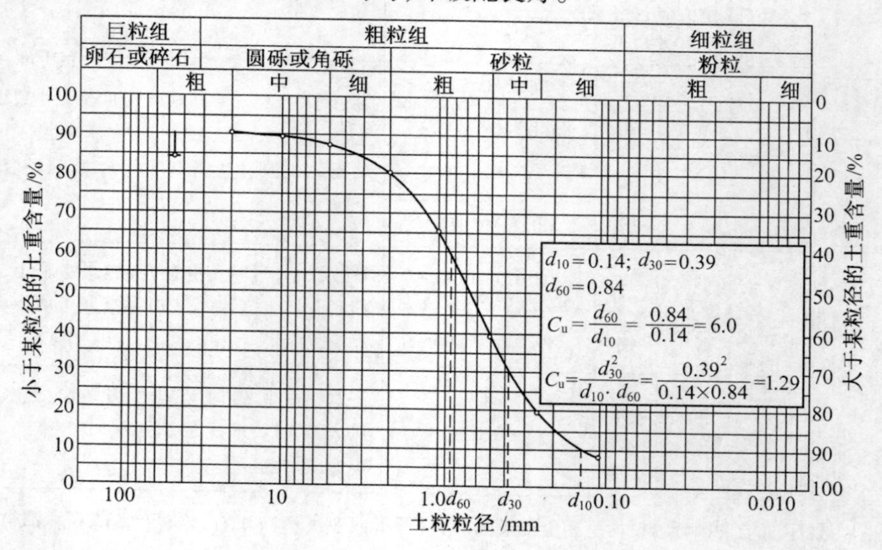

图1-1　颗粒级配累计曲线

根据描述级配的累计曲线，可以简单地确定土粒级配的两个定量指标：不均匀系数 C_u 及曲率系数 C_c，其定义分别为

$$C_u = \frac{d_{60}}{d_{10}} \tag{1-1}$$

$$C_c = \frac{d_{30}^2}{d_{10} \cdot d_{60}} \tag{1-2}$$

式中　d_{60}、d_{30}及d_{10}——分别相当于小于某粒径土重累计百分含量为60%、30%及10%对应的粒径，分别称为限定粒径、中值粒径和有效粒径，对一种土显然有$d_{60} > d_{30} > d_{10}$关系存在。

不均匀系数C_u反映大小不同粒组的分布情况，即土粒大小或粒度的均匀程度。C_u越大表示粒度的分布范围越大，土粒越不均匀，其级配越良好。曲率系数C_c描写的是累计曲线分布的整体形态，反映了限制定粒径d_{60}与有效粒径d_{10}之间各粒组含量的分布情况。

在一般情况下，工程上把$C_u < 5$的土看作是均粒土，属级配不良；$C_u > 10$的土，属级配良好。对于级配连续的土，采用单一指标C_u，即可达到比较满意的判别结果。但缺乏中间粒径（d_{60}与d_{10}之间的某粒组）的土，即级配不连续，累计曲线上呈现台阶状。此时，再采用单一指标C_u则难以有效判定土的级配好坏。

曲率系数C_c作为第二指标，与C_u共同判定土的级配，则更加合理。一般认为：砾类土或砂类土同时满足$C_u \geqslant 5$和$C_c = 1 \sim 3$两个条件时，则为良好级配砾或良好级配砂；如不能同时满足，则可以判定为级配不良。很显然，在C_u相同的条件下，C_c过大或过小，均表明土中缺少中间粒组，各粒组间孔隙的连锁充填效应降低，级配变差。

粒度成分的分布曲线可以在一定程度上反映土的某些性质。对于级配良好的土，较粗颗粒间的孔隙被较细的颗粒所填充，这一连锁充填效应，使得土的密实度较好。此时，地基土的强度和稳定性较好，透水性和压缩性也较小；而作为填方工程的建筑材料，则比较容易获得较大的密实度，是堤坝或其它土建工程良好的填方用土。此外，对于粗粒土，不均匀系数C_u和曲率系数C_c也是评价渗透稳定性的重要指标。

2. 矿物成分

土粒矿物成分可分为无机矿物颗粒与有机质，无机矿物颗粒由原生矿物和次生矿物组成。

原生矿物颗粒是岩石经物理风化（机械破碎的过程）形成的，常见的如石英、长石、云母等，其物理化学性质较稳定，其成分与母岩完全相同。粗大土粒（漂石、卵石、圆砾等）往往是岩石经物理风化作用形成的原岩碎屑，是物理化学性质比较稳定的原生矿物颗粒，一般有单矿物颗粒和多矿物颗粒两种形态。

次生矿物是岩石经化学风化（成分改变的过程）后而形成矿物，主要有黏土矿物、无定形的氧化物胶体（如 Al_2O_3、Fe_2O_3）和盐类（如 $CaCO_3$、$CaSO_4$、NaCl 等），次生矿物颗粒一般包含多种成分，且与母岩成分完全不同。

一般黏性土主要由黏土矿物构成。黏土矿物基本上是由两种晶片构成的。一种是硅氧晶片（简称硅片），它的基本单元是 Si - O 四面体，即由一个居中的硅原子和四个在角点的氧原子组成；另一种是铝氢氧晶片（简称铝片），它的基本单元为 Al - OH 八面体，由一个居中的铝原子和六个在角点的氢氧离子组成。黏土矿物颗粒，基本上是由上述两种类型晶胞叠接而成，其中主要有蒙脱石、伊利石和高岭石三类。

蒙脱石是由伊利石进一步风化或火山灰风化而成的产物。蒙脱石是由三层型晶胞叠接而成，晶胞间只有氧原子与氧原子的范德华键力连接，没有氢键，故其键力很弱。另外，夹在硅片中间的铝片内 Al^{3+} 常被低价的其它离子（如 Mg^{2+}）所替换，晶胞间出现多余的负电荷，可以吸引其它阳离子（如 Na^+、Ca^{2+} 等）或其水化离子充填于晶胞间。因此，蒙脱石的晶胞活动性极大，水分子可以进入晶胞之间，从而改变晶胞之间的距离，甚至达到完全分散到单晶胞。因此，当土中蒙脱石含量较高时，则土具有较大的吸水膨胀和失水收缩的特性。

伊利石主要是云母在碱性介质中风化的产物，仍是由三层型晶胞叠接而成，晶胞间同样有氧原子与氧原子的范德华键力。但是，伊利石构成时，部分硅片中的 Si^{4+} 被低价的 Al^{3+}、Fe^{3+} 等所取代，相应四面体的表面将镶嵌一正价阳离子 K^+，以补偿正电荷的不足。嵌入的 K^+ 离子，增加了伊利石晶胞间的连接作用，所以伊利石的结晶构造的稳定性优于蒙脱石。

高岭石是长石风化的产物，其结构单元是二层型晶胞，即高岭石是由若干二层型晶胞叠接而成的。这种晶胞间一面露出铝片的氢氧基，另一面则露出硅片的氧原子。晶胞之间除了较弱的范德华键力（分子键）之外，更主要的连接是氧原子与氢氧基之间的氢键，它具有较强的连接力，晶胞之间的距离不易改变，水分子不能进入。晶胞间的活动性较小，使得高岭石的亲水性、膨胀性和收缩性均较小于伊利石，更小于蒙脱石。

1.2.2 土中水

土中水可以处于液态、固态或气态。土中细粒越多，即土的分散度越大，土中水对土性影响也越大。一般液态土中水可视为中性、无色、无味、无嗅的液体，其质量密度为 $1g/cm^3$，重力密度为 $9.81kN/m^3$。实际上，土中水是成分复杂的电解质水溶液，它与土粒有着复杂的相互作用。土中水在不同作用力之下而处于不同的状态，根据主要作用力的不同，工程上对土中水的分类见表1－2。

表1－2　土中水的分类

水的类型		主要作用力
结合水		物理化学力
自由水	毛细水	表面张力及重力
	重力水	重力

1. 结合水

当土粒与水相互作用时，土粒会吸附一部分水分子，在土粒表面形成一定厚度的水膜，成为结合水。结合水是指受电分子吸引力吸附于土粒表面的土中水，或称束缚水、吸咐水。这种电分子吸引力高达几千到几万个大气压，使水分子和土粒表面牢固地黏结在一起。结合水受土粒表面引力的控制而不服从静水力学规律。结合水的密度、黏滞度均比一般正常水偏高，冰点低于0℃，且只有吸热变成蒸气才能移动。以上特征随着离开土粒表面的距离而变化，越靠近土粒表面的水分子，受土粒的吸引力越强，与正常水的性质差别越大。因此，按这种吸附力的强弱，结合水进一步可分为强结合水和弱结合水。

强结合水是指紧靠土粒表面的结合水膜，亦称吸着水。它的特征是没有溶解盐类的能力，不能传递静水压力，只有吸热变成蒸汽时才能移动。这种水极其牢固地结合在土粒表面，其性质接近于固体，密度为$1.2g/cm^3 \sim 2.4g/cm^3$，冰点可降至－78℃，具有极大的黏滞度、弹性和抗剪强度。如果将干燥的土置于天然湿度的空气中，则土的质量将增加，直到土中吸着强结合水达到最大吸着度为止。强结合水的厚度很薄，有时只有几个水分子的厚度，但其中阳离子的浓度最大，水分子的定向排列特征最明显。黏性土中只含有强结合水时，呈固体状态，磨碎后则呈粉末状态。

弱结合水是紧靠于强结合水的外围而形成的结合水膜，亦称薄膜水。它仍然不能传递静水压力，但较厚的弱结合水膜能向邻近较薄的水膜缓慢转移。当土中含有较多的弱结合水时，土则具有一定的可塑性。弱结合水离土粒表面越远，其受到的电分子吸引力越弱，并逐渐过渡到自由水。弱结合水的厚度，对黏性土的黏性特征及工程性质有很大影响。

2. 自由水

自由水是存在于土粒表面电场影响范围以外的水。它的性质和正常水一样，能传递静水压力，冰点为0℃，有溶解能力。自由水按其移动所受作用力的不同，可以分为重力水和毛细水。

重力水是存在于地下水位以下的透水土层中的地下水，它是在重力或水头压力作用下运动的自由水，对土粒有浮力作用。重力水的渗流特征，是地下工程排水和防水工程的主要控制因素之一，对土中的应力状态和开挖基槽、基坑以及修筑地下构筑物有重要的影响。

毛细水是存在于地下水位以上，受到水与空气交界面处表面张力作用的自由水。毛细水按其与地下水面是否联系可分为毛细悬挂水（与地下水无直接联系）和毛细上升水（与地下水相连）两种。毛细水的上升高度与土粒粒度和成分有关。在砂土中，毛细水上升高度取决于土粒粒度，一般不超过2m；在粉土中，由于其粒度较小，毛细水上升高度最大，往往超过2m；黏性土的粒度虽然较粉土更小，但是由于黏土矿物颗粒与水作用，产生了具有黏滞性的结合水，阻碍了毛细通道，因此黏性土中的毛细水的上升高度反而较低。

在工程中，毛细水的上升高度和速度对于建筑物地下部分的防潮措施和地基土的浸湿、冻胀等有重要影响。此外，在干旱地区，地下水中的可溶盐随毛细水上升后不断蒸发，盐分便积聚于靠近地表处而形成盐渍土。

3. 黏土颗粒与水的相互作用

1）黏土矿物的带电性

黏土颗粒本身带有一定量的负电荷，在电场作用下向阳极移动，这种现象称为电泳；而极性水分子与水中的阳离子（K^+、Na^+等）形成水化离子，在电场作用下这类水化离子向负极移动，这种现象称为电渗。电泳、电渗是同时发生的，统称为电动现象。

2）双电层的概念

由于黏土矿物颗粒的表面带（负）电性，围绕土粒形成电场，同时水分子是极性分子（两个氢原子与中间的氧原子为非对称分布，偏向两个氢原子一端显正电荷，而偏向氧原子一端显负电荷），因而在土粒电场范围内的水分子和水溶液中的阳离子（如Na^+、Ca^{2+}、Al^{3+}等）均被吸附在土粒表面，呈现不同程度的定向排列，如图1-2所示。黏土颗粒与水作用后的这一特性，直接影响黏土的性质，从而使黏性土具有许多无黏性土所没有的特性。

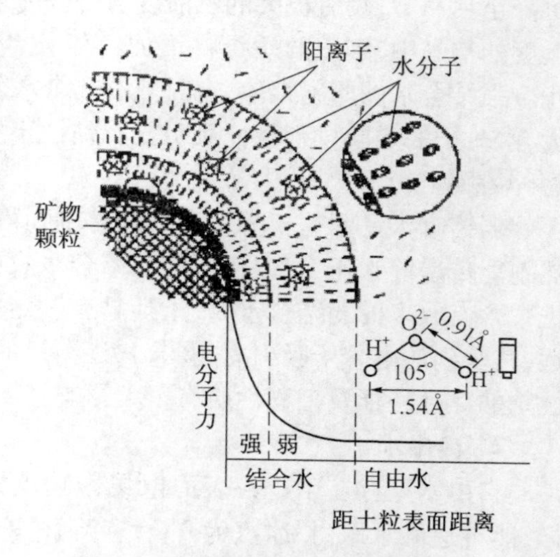

图1-2　黏土颗粒与水的相互作用

土粒周围水溶液中的阳离子，一方面受到土粒所形成电场的静电引力作用，另一方面又受到布朗运动的扩散力作用。在最靠近土粒表面处，静电引力最强，把水化离子和极性水分子牢固地吸附在颗粒表面上形成固定层。在固定层外围,静电引力比较小,因此水化离子和极性水分子的活动性比在固定层中大些,形成扩散层。扩散层外的水溶液不再受土粒表面负电荷的影响,阳离子也达到正常浓度。固定层和扩散层中所含的阳离子与土粒表面的负电荷的电位相反,故称为反离子,固定层和扩散层又合称为反离子层。该反离子层与土粒表面负电荷一起构成双电层。

水溶液中的阳离子的原子价位越高,它与土粒之间的静电引力越强,平衡土粒表面负电荷所需阳离子或水化离子的数量越少,则扩散层厚度越薄。在实践中可以利用这种原理来改良土质,例如用三价及二价离子(如 Fe^{3+}、Al^{3+}、Ca^{2+}、Mg^{2+})处理黏土,使扩散层中高价阳离子的浓度增加,扩散层变薄,从而增加了土的强度与稳定性,减少了膨胀性。

从上述双电层的概念可知,反离子层中水分子和阳离子分布,越靠近土粒表面,则排列得越紧密和整齐,离子浓度越高,活动性也越小。因而,结合水中的强结合水相当于反离子层的内层(固定层)中的水,而弱结合水则相当于反离子层外层的扩散层中的水。扩散层中水对黏性土的塑性特征和工程性质的影响较大。

1.2.3 土中气

土中的气体存在于土孔隙中未被水所占据的部位。在粗颗粒沉积物中,常见到与大气相连通的气体。在外力作用下,连通气体极易排出,它对土的性质影响不大。在细粒土中,则常存在与大气隔绝的封闭气泡。在外力作用下,土中封闭气体易溶解于水,外力卸除后,溶解的气体又重新释放出来,使得土的弹性增加,透水性减小。

土中气成分与大气成分比较,土中气含有更多的 CO_2,较少的 O_2,较多的 N_2。土中气与大气的交换越困难,两者的差别越大。与大气连通不畅的地下工程施工中,尤其应注意氧气的补给,以保证施工人员的安全。

对于淤泥和泥炭等有机质土,由于微生物的分解作用,在土中蓄积了某种可燃气体(如硫化氢、甲烷等),使土层在自重作用下长期得不到压密,而形成高压缩性土层。

1.2.4 土的结构和构造

1. 土的结构

很多试验资料表明,同一种土,原状土样和重塑土样的力学性质有很大差别。这就是说,土的组成不是决定土性质的全部因素,土的结构和构造对土的性质也有很大影响。

土的结构是指土粒的原位集合体特征，是由土粒单元的大小、形状、相互排列及其连接关系等因素形成的综合特征。土粒的形状、大小、位置和矿物成分，以及土中水的性质与组成对土的结构有直接影响。

1）单粒结构

单粒结构是由粗大土粒在水或空气中下沉而形成的，土颗粒相互间有稳定的空间位置，为碎石土和砂土的结构特征。在单粒结构中，土粒的粒度和形状；土粒在空间的相对位置决定其密实度。因此，这类土的孔隙比值域变化较宽。同时，因颗粒较大，土粒间的分子吸引力相对很小，颗粒间几乎没有连接。只是在浸润条件下（潮湿而不饱和），粒间会有微弱的毛细压力连接。

单粒结构可以是疏松的，也可以是紧密的（图 1－3（a））。呈紧密状态单粒结构的土，由于其土粒排列紧密，在动、静荷载作用下都不会产生较大的沉降，所以强度较大，压缩性较小，一般是良好的天然地基。

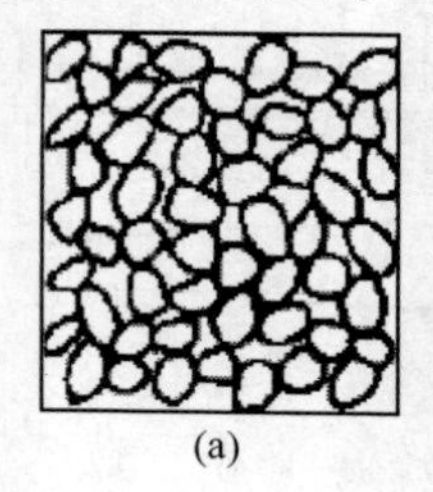
(a)

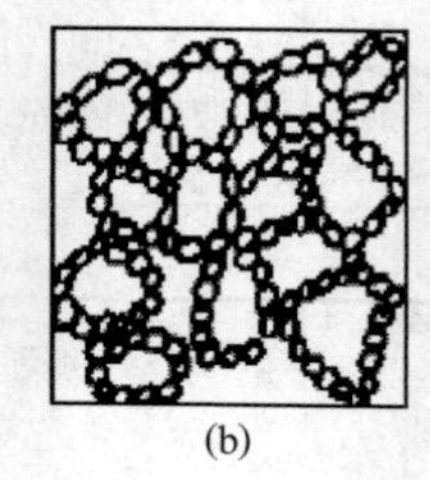
(b)

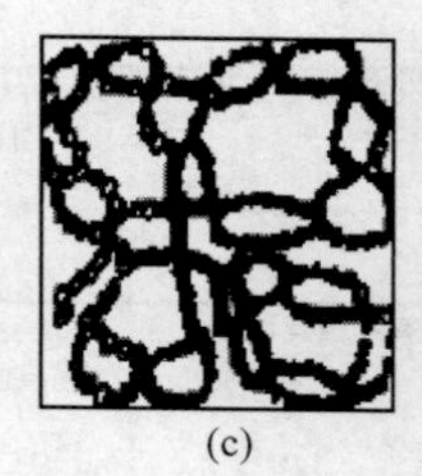
(c)

图 1－3　土的结构

（a）单粒结构；（b）蜂窝结构；（c）絮状结构。

但是，具有疏松单粒结构的土，其骨架是不稳定的，当受到震动及其他外力作用时，土粒易发生移动，土中孔隙剧烈减少，引起土的很大变形。因此，这种土层如未经处理一般不宜作为建筑物的地基或路基。

2）蜂窝结构

蜂窝结构主要是由粉粒或细砂组成的土的结构形式。据研究，粒径为 0.075mm～0.005mm（粉粒粒组）的土粒在水中沉积时，基本上是以单个土粒下沉，当碰上已沉积的土粒时，由于它们之间的相互引力大于其重力，因此土粒就停留在最初的接触点上不再下沉，逐渐形成土粒链。土粒链组成弓架结构，形成具有很大孔隙的蜂窝状结构（图 1－3（b））。

具有蜂窝结构的土有很大孔隙，但由于弓架作用和一定程度的粒间连接，使得其可以承担一般水平的静载荷。但是，当其承受高应力水平荷载或动力荷载时，其结构将破坏，并可导致严重的地基沉降。

3）絮状结构

对细小的黏粒（其粒径小于0.005mm）或胶粒（其粒径小于0.002mm），重力作用很小，能够在水中长期悬浮，不因自重而下沉。这时，黏土矿物颗粒与水的作用产生的粒间作用力就凸显出来。粒间作用力有粒间斥力和粒间吸力，且均随粒间的距离减小而增加，但增长的速率不尽相同。粒间斥力主要是两土粒靠近时，土粒反粒子层间孔隙水的渗透压力产生的渗透斥力，该斥力的大小与双电层的厚度有关，随着水溶液的性质改变而发生明显的变化。相距一定距离的两土粒，粒间斥力随着离子浓度、离子价数及温度的增加而减小。粒间吸引力主要是指范德华力，随着粒间距离增加很快衰减，这种变化取决于土粒的大小、形状、矿物成分、表面电荷等因素，但与土中水溶液的性质几乎无关。粒间作用力的作用范围从几埃到几百埃，它们中间既有吸引力又有排斥力，当总的吸引力大于排斥力时表现为净吸力，反之为净斥力，如图1－3(c)所示。

絮凝沉积形成的土在结构分类上亦称片架结构，这类结构实际是不稳定的，随着溶液性质的改变或受到震荡后可重新分散。

具有絮状结构的黏性土，其土粒之间的连接强度（结构强度），往往由于长期的固结作用和胶结作用而得到加强。因此，（集）粒间的连接特征，是影响这一类土工程性质的主要因素之一。

2. 土的构造

在同一土层中的物质成分和颗粒大小等都相近的各部分之间的相互关系的特征称为土的构造。土的构造是土层的层理、裂隙及大孔隙等宏观特征，亦称为宏观结构。

1）层理构造

土的构造最主要特征就是成层性，即层理构造。它是在土的形成过程中，由于不同阶段沉积的物质成分、颗粒大小或颜色不同，而沿竖向呈现的成层特征，常见的有水平层理构造和交错层理构造。

2）分散构造

土层中各部分的土粒组合物明显差别，分布均匀，各部分的性质也接近。各种经过分选的砂、砾石、卵石形成较大的埋藏厚度，无明显层次，都属于分散构造。分散构造比较接近各项向同姓体。

3）裂隙状构造

土的构造的另一特征是土的裂隙性，如黄土的柱状裂隙。裂隙的存在大大降低土体的强度和稳定性，增大透水性，对工程不利。

此外，也应注意到土中有无包裹物（如腐殖物、贝壳、结核体等）以及天然或人为的孔洞存在。这些构造特征都造成土的不均匀性。

1.3 土的物理性质指标

土的三相组成各部分的质量和体积之间的比例关系,随着各种条件的变化而改变。例如,地下水位的升高或降低,都将改变土中水的含量;经过压实的土,其孔隙体积将减小。这些变化都可以通过相应指标的具体数字反映出来。

表示土的三相组成比例关系的指标,称为土的三相比例指标,包括土粒比重(或土粒相对密度);土的含水量(或含水率)、密度、孔隙比、孔隙率和饱和度等。

为了便于说明和计算,用图1-4所示的土的三相组成示意图来表示各部分之间的数量关系,图中符号的意义如下:

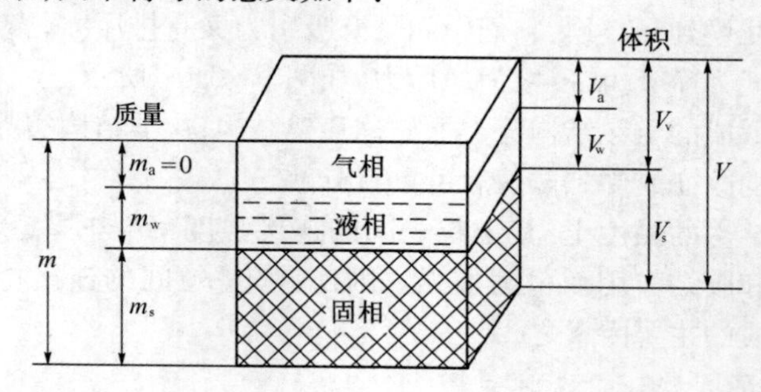

图1-4 土的三相组成示意图

m_s——土粒质量;

m_w——土中水质量;

m——土的总质量,$m=m_s+m_w$;

V_s、V_w、V_a——土粒、土中水、土中气体积;

V_v——土中孔隙体积,$V_v=V_w+V_a$;

V——土的总体积,$V=V_s+V_w+V_a$。

1.3.1 指标的定义

1. 三项基本物理性指标

三项基本物理性指标是指土粒比重 G_s、土的含水量 w 和密度 ρ,一般由实验室直接测定其数值。

1) 土粒比重(土粒相对密度)G_s

土粒质量与同体积的4℃时纯水的质量之比,称为土粒比重(无量纲),即

$$G_s=\frac{m_s}{V_s}\cdot\frac{1}{\rho_{w1}}=\frac{\rho_s}{\rho_{w1}} \tag{1-3}$$

式中　ρ_s——土粒密度，即土粒单位体积的质量（g/cm^3）；

ρ_w——纯水在4℃时的密度，等于$1g/cm^3$或$1t/m^3$。

一般情况下，土粒比重在数值上就等于土粒密度，但两者的含义不同，前者是两种物质的质量密度之比，无量纲；而后者是一物质（土粒）的质量密度，有量纲。土粒比重可在实验室内用比重瓶法测定。通常也可按经验数值选用，一般土粒比重参考值见表1－3。

表1－3　土粒比重参考值

土的名称	砂类土	粉土	黏性土	
			粉质黏土	黏　土
土粒比重	2.65～2.69	2.70～2.71	2.72～2.73	2.74～2.76

2）土的含水量w

土中水的质量与土粒质量之比，称为土的含水量（以百分数计），即

$$w = \frac{m_w}{m_s} \times 100\% \tag{1-4}$$

含水量w是标志土含水程度（或湿度）的一个重要物理指标。天然土层的含水量变化范围很大，它与土的种类、埋藏条件及其所处的自然地理环境等有关。

土的含水量一般用“烘干法”测定。先称小块原状土样的湿土质量，然后置于烘箱内维持100℃～105℃烘至恒重，再称干土质量，湿、干土质量之差与干土质量的比值，就是土的含水量。

3）土的密度ρ

土单位体积的质量称为土的密度（g/cm^3），即

$$\rho = \frac{m}{V} \tag{1-5}$$

天然状态下土的密度变化范围较大。一般黏性土$\rho = 1.8g/cm^3$～$2.0g/cm^3$；砂土$\rho = 1.6g/cm^3$～$2.0g/cm^3$；腐殖土$\rho = 1.5g/cm^3$～$1.7g/cm^3$。土的密度一般用“环刀法”测定，用一个圆环刀（刀刃向下）放在削平的原状土样面上，徐徐削去环刀外围的土，边削边压，使保持天然状态的土样压满环刀内，称得环刀内土样质量，求得它与环刀容积之比值即为其密度。

2. 特殊条件下土的密度

1）土的干密度ρ_d

土单位体积中固体颗粒部分的质量，称为土的干密度ρ_d，即

$$\rho_d = \frac{m_s}{V} \tag{1-6}$$

在工程上常把干密度作为评定土体紧密程度的标准，尤以控制填土工程的施工质量为常见。

2）土的饱和密度 ρ_{sat}

土孔隙中充满水时的单位体积质量，称为土的饱和密度 ρ_{sat}，即

$$\rho_{sat} = \frac{m_s + V_v\rho_w}{V} \tag{1-7}$$

式中 ρ_w——水的密度，$\rho_w \approx 1\text{g/cm}^3$。

3）土的浮密度 ρ'

在地下水位以下，单位土体积中土粒的质量与同体积水的质量之差，称为土的浮密度 ρ'，即

$$\rho' = \frac{m_s - V_s\rho_w}{V} \tag{1-8}$$

土的三相比例指标中的质量密度指标共有4个：土的密度 ρ、干密度 ρ_d、饱和密度 ρ_{sat} 和浮密度 ρ'。与之对应，土的重力密度（简称重度）指标也有4个：土的天然重度 γ、干重度 γ_d、饱和重度 γ_{sat} 和浮重度 γ'。

各密度或重度指标，在数值上有如下关系：$\rho_{sat} \geqslant \rho \geqslant \rho_d > \rho'$ 或 $\gamma_{sat} \geqslant \gamma \geqslant \gamma_d > \gamma'$。

3. 描述土的孔隙体积相对含量的指标

1）土的孔隙比 e

土的孔隙比是土中孔隙体积与土粒体积之比，即

$$e = \frac{V_v}{V_s} \tag{1-9}$$

孔隙比用小数表示。它是一个重要的物理性指标，可以用来评价天然土层的密实程度。一般 $e<0.6$ 的土是密实的或低压缩性的，$e>1.0$ 的土是疏松的或高压缩性的。

2）土的孔隙率 n

土的孔隙率是土中孔隙所占体积与总体积之比（以百分数计），即

$$n = \frac{V_v}{V} \times 100\% \tag{1-10}$$

3）土的饱和度 S_r

土中被水充满的孔隙体积与孔隙总体积之比，称为土的饱和度（以百分数计），即

$$S_r = \frac{V_w}{V_v} \times 100\% \tag{1-11}$$

土的饱和度 S_r 与含水量 w 均为描述土中含水程度的三相比例指标，根据饱和度 S_r（%），砂土的湿度可分为三种状态：稍湿（$S_r \leqslant 50\%$）、很湿（$50\% < S_r \leqslant 80\%$）和饱和（$S_r > 80\%$）。

1.3.2 指标的换算

如前所述，土的三相比例指标中，土粒比重 G_s、含水量 w 和密度 ρ 是通过试验测定的。在测定这三个基本指标后，可以换算出其余各个指标。

常采用三相草图进行各指标间关系的推导，设 $\rho_{w1} = \rho_w$，并令 $V_s = 1$，则 $V_v = e$，$V = 1 + e$，$m_s = V_s G_s \rho_w = G_s \rho_w$，$m_w = w m_s = w G_s \rho_w$，$m = G_s(1+w)\rho_w$。

推导：

$$\rho = \frac{m}{V} = \frac{G_s(1+w)\rho_w}{1+e} \tag{1-12}$$

$$\rho_d = \frac{m_s}{V} = \frac{G_s \rho_w}{1+e} = \frac{\rho}{1+w} \tag{1-13}$$

由上式：

$$e = \frac{G_s \rho_w}{\rho_d} - 1 = \frac{G_s(1+w)\rho_w}{\rho} - 1 \tag{1-14}$$

$$\rho_{sat} = \frac{m_s + V_v\rho_w}{V} = \frac{(G_s + e)\rho_w}{1+e} \tag{1-15}$$

$$\rho' = \frac{m_s - V_s \rho_w}{V} = \frac{m_s + V_v\rho_w - V\rho_w}{V} = \tag{1-16}$$

$$\rho_{sat} - \rho_w = \frac{(G_s - 1)\rho_w}{1+e} \tag{1-17}$$

$$n = \frac{V_v}{V} = \frac{e}{1+e} \tag{1-18}$$

$$S_r = \frac{V_w}{V_v} = \frac{m_w}{V_v\rho_w} = \frac{wG_s}{e} \tag{1-19}$$

常见土的三相比例指标换算公式见表1-4。

表1-4　土的三相比例指标换算公式

名　称	符号	三相比例表达式	常用换算公式	单位	常见的数值范围
土粒比重	G_s	$G_s=\frac{m_s}{V_s\ \rho_{w1}}$	$G_s=\frac{S_r e}{w}$		黏性土：2.72~2.75 粉　土：2.70~2.71 砂　土：2.65~2.69
含水量	w	$w=\frac{m_w}{m_s}\times 100\%$	$w=\frac{S_r e}{G_s}$ $w=\frac{\rho}{\rho_d}-1$	%	20~60
密　度	ρ	$\rho=\frac{m}{V}$	$\rho=\rho_d(1+w)$ $\rho=\frac{G_s(1+w)}{1+e}\rho_w$	g/cm³	1.6~2.0
干密度	ρ_d	$\rho_d=\frac{m_s}{V}$	$\rho_d=\frac{\rho}{1+w}$ $\rho_d=\frac{G_s}{1+e}\rho_w$	g/cm³	1.3~1.8
饱和密度	ρ_{sat}	$\rho_{sat}=\frac{m_s+V_v\rho_w}{V}$	$\rho_{sat}=\frac{G_s+e}{1+e}\rho_w$	g/cm³	1.8~2.3
浮密度	ρ'	$\rho'=\frac{m_s-V_v\rho_w}{V}$	$\rho'=\rho_{sat}-\rho_w$ $\rho'=\frac{G_s-1}{1+e}\rho_w$	g/cm³	0.8~1.3
重　度	γ	$\gamma=\rho\cdot g$	$\gamma=\frac{G_s(1+w)}{1+e}\gamma_w$	kN/m³	16~20
干重度	γ_d	$\gamma_d=\rho_d\cdot g$	$\gamma_d=\frac{G_s}{1+e}\gamma_w$	kN/m³	13~18
饱和重度	γ_{sat}	$\gamma_{sat}=\rho_{sat}\cdot g$	$\gamma_{sat}=\frac{G_s+e}{1+e}\gamma_w$	kN/m³	18~23
浮重度	γ'	$\gamma'=\rho'\cdot g$	$\gamma'=\frac{G_s-1}{1+e}\gamma_w$	kN/m³	8~13
孔隙比	e	$e=\frac{V_v}{V_s}$	$e=\frac{G_s\ \rho_w}{\rho_d}-1$ $e=\frac{G_s(1+w)\rho_w}{\rho}-1$		黏性土和粉土： 0.40~1.20 砂 土：0.30~0.90

（续）

名　称	符号	三相比例表达式	常用换算公式	单位	常见的数值范围
孔隙率	n	$n=\frac{V_v}{V}\times 100\%$	$n=\frac{e}{1+e}$ $n=1-\frac{\rho_d}{G_s\rho_w}$	%	黏性土和粉土：30～60 砂　土：25～45
饱和度	S_r	$S_r=\frac{V_w}{V_v}\times 100\%$	$S_r=\frac{wG_s}{e}$ $S_r=\frac{w\rho_d}{n\rho_w}$	%	$0\leqslant S_r\leqslant 50$　稍湿 $50<S_r\leqslant 80$　很湿 $80<S_r\leqslant 100$　饱和

注：水的重度 $\gamma_w=\rho_w g=1t/m^3\times 9.807m/s^2=9.807\times 10^3(kg\cdot m/s^2)/m^3=9.807\times 10^3N/m^3\approx 10kN/m^3$

1.4　无黏性土和黏性土的物理性质

1.4.1　无黏性土的物理性质

无黏性土一般是指砂[类]土和碎石[类]土。这两大类土中缺乏黏土矿物，不具有可塑性，呈单粒结构。这两类土的物理状态主要取决于土的密实程度。无黏性土呈密实状态时，强度较大，是良好的天然地基；呈松散状态时则是一种软弱地基，尤其是饱和的粉、细砂，稳定性很差，在震动荷载作用下，可能发生液化。所以土的密实度是反映无黏性土工程性质的重要指标。

1. 无黏性土的相对密实度

砂土密实度在一定程度上可根据天然孔隙比 e 的大小来评定。但对于级配相差较大的不同类土，则天然孔隙比 e 难以有效判定密实度的相对高低。例如就某一确定的天然孔隙比，级配不良的砂土，根据该孔隙比可评定为密实状态；而对于级配良好的土，同样具有这一孔隙比，则可能判为中密或者稍密状态。因此，为了合理判定砂土的密实度状态，在工程上提出了相对密[实]度 D_r 的概念。D_r 的表达式为

$$D_r=\frac{e_{max}-e}{e_{max}-e_{min}} \tag{1-20}$$

式中　e_{max}——砂土在最松散状态时的孔隙比，即最大孔隙比；

e_{min}——砂土在最密实状态时的孔隙比，即最小孔隙比；

e——砂土在天然状态时的孔隙比。

当 $D_r=0$，表示砂土处于最松散状态；当 $D_r=1$，表示砂土处于最密实状态。砂类土密实度的划分标准见表1－5。

表1－5　按相对密实度 D_r 划分砂土密实度

密实度	密实	中密	松散
D_r	$D_r>2/3$	$2/3\geqslant D_r>1/3$	$D_r\leqslant 1/3$

从理论上讲，相对密实度的理论比较完善，也是国际上通用的划分砂类土密实度的方法。但测定 e_{max}（或 $\rho_{d\,min}$）和 e_{min}（或 $\rho_{d\,max}$）的试验方法存在问题，对同一种砂土的试验结果往往离散性很大。现行公路桥涵地基与基础设计规范的砂土密实度划分标准见表1－6。

表1－6　砂土密实度表

分级	密实	中密	松散	
			稍松	极松
D_r	$D_r\geqslant 0.67$	$0.67>D_r\geqslant 0.33$	$0.33>D_r\geqslant 0.20$	$D_r<0.20$

2. 无黏性土密实度划分的其它方法

1）砂土密实度按天然孔隙比划分

我国根据大量砂土资料，建立了砂土相对密（实）度 D_r 与天然孔隙比 e 的关系，进一步将松散一挡细分为稍密和松散两挡，得出了直接按天然孔隙比 e 确定砂土密实度的标准，见表1－7。

表1－7　按天然孔隙比 e 划分砂土密实度

密实度	密实	中密	稍密	松散
砾砂、粗砂、中砂	$e<0.60$	$0.66\leqslant e\leqslant 0.75$	$0.75<e\leqslant 0.85$	$e>0.85$
细砂、粉砂	$e<0.70$	$0.70\leqslant e\leqslant 0.85$	$0.85<e\leqslant 0.95$	$e>0.95$

这一方法指标简单，避免使用离散性较大的最大、最小孔隙比指标。本方法要求采取原状砂土样。

2）砂土密实度按标准贯入击数 N 划分（表1－8）

表1－8　按标准贯入击数 N 划分砂土密实度

密实度	密实	中密	稍松	松散
N	$N>30$	$30\geqslant N>15$	$15\geqslant N>10$	$N\leqslant 10$
注：标贯击数 N 系实测平均值				

3）碎石土密实度按重型动力触探击数划分

碎石土的密实度可按重型（圆锥）动力触探试验锤击数 $N_{63.5}$ 划分，列于表1－9。

表1－9　按重型触探击数 $N_{63.5}$ 划分碎石土密实度

密实度	密　实	中　密	稍　密	松散
$N_{63.5}$	$N_{63.5}>30$	$30\geq N_{63.5}>15$	$15\geq N_{63.5}>7$	$N_{63.5}\leq 7$

4）碎石土密实度的野外鉴别

对于大颗粒含量较多的碎石土，其密实度很难做室内试验或原位触探试验，可按表1－10的野外鉴别方法来划分。

表1－10　碎石土密实度野外鉴别方法

密实度	骨架颗粒含量和排列	可　挖　性	可　钻　性
密实	骨架颗粒含量大于总重的70%，呈交错排列，连续接触	锹、镐挖掘困难，用撬棍方能松动；井壁一般较稳定	钻进极困难；冲击钻探时，钻杆、吊锤跳动剧烈；孔壁较稳定
中密	骨架颗粒含量等于总重的60%～70%，呈交错排列，大部分接触	锹、镐可挖掘；井壁有掉块现象，从井壁取出大颗粒处，能保持颗粒凹面形状	钻进较困难；冲击钻探时，钻杆、吊锤跳动不剧烈；孔壁有坍塌现象
稍密	骨架颗粒含量小于总重的60%，排列混乱，大部分不接触	锹可以挖掘；井壁易坍塌；从井壁取出大颗粒后，填充物砂土立即坍落	钻进较容易；冲击钻探时，钻杆稍有跳动；孔壁易坍塌
松散	骨架颗粒含量小于总重的55%，排列十分混乱，绝大部分不接触	锹易挖掘，井壁极易坍塌	钻进很容易，冲击钻探时，钻杆无跳动，孔壁极易坍塌

注：1. 骨架颗粒系指与表1－16碎石土分类名称相对应粒径的颗粒；
2. 碎石土密实度的划分，应按表列各项要求综合确定

1.4.2　黏性土的物理性质

1. 黏性土的可塑性及界限含水量

同一种黏性土随其含水量的不同，而分别处于固态、半固态、可塑状态及流动状态，其界限含水量分别为缩限、塑限和液限。所谓可塑状态，就是当黏性土在某含水量范围内，可用外力塑成任何形状而不产生裂纹，并当外力移去后仍能保持既得的形状，土的这种性能叫做可塑性。黏性土由一种状态转到另一种状

态的界限含水量,称为界限含水量。它对黏性土的分类及工程性质的评价有重要意义。

黏性土的这些状态与含水量的关系可以表示为

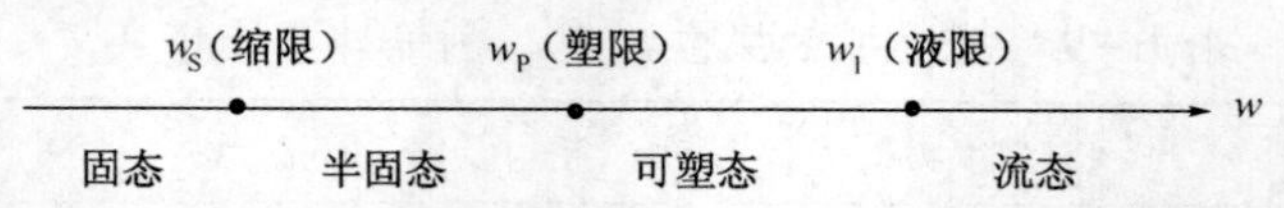

土由可塑状态转到流动状态的界限含水量称为液限(或塑性上限含水量或流限),用符号 w_L 表示;土由半固态转到可塑状态的界限含水量称为塑限(或塑性下限含水量),用符号 w_P 表示;土由半固体状态不断蒸发水分,则体积继续逐渐缩小,直到体积不再收缩时,对应土的界限含水量叫缩限,用符号 w_S 表示。界限含水量都以百分数表示(省去%符号)。

我国采用锥式液限仪(图1-5)来测定黏性土的液限 w_L。将调成均匀的浓糊状试样装满盛土杯内(盛土杯置于底座上),刮平杯口表面,将76g重的圆锥体轻放在试样表面的中心,使其在自重作用下沉入试样,若圆锥体经5s恰好沉入10mm深度,这时杯内土样的含水量就是液限 w_L 值。为了避免放锥时的人为晃动影响,可采用电磁放锥的方法,可以提高测试精度,实践证明其效果较好。

美国、日本等国家使用碟式液限仪来测定黏性土的液限。它是将调成浓糊状的试样装在碟内,刮平表面,用切槽器在土中成槽,槽底宽度为2mm,如图1-6所示,然后将碟子抬高10mm,使碟自由下落,连续下落25次后,如土槽合拢长度为13mm,这时试样的含水量就是液限。

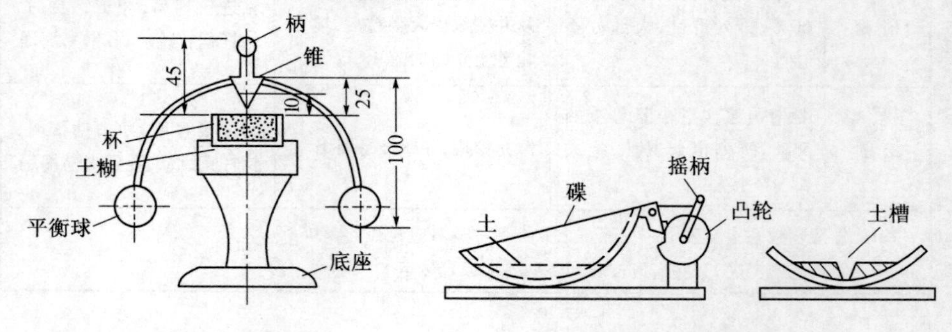

图1-5　锥式液限仪　　　图1-6　碟式液限仪

黏性土的塑限 w_P 采用“搓条法”测定。即用双手将天然湿度的土样搓成小圆球(球径小于10mm),放在毛玻璃板上再用手掌慢慢搓滚成小土条,若土条搓到直径为3mm时恰好开始断裂,这时断裂土条的含水量就是塑限 w_P 值。搓条法受人为因素的影响较大,因而成果不稳定。利用锥式液限仪联合测定液、塑限,实践证明可以取代搓条法。

联合测定法求液限、塑限是采用锥式液限仪以电磁放锥法对黏性土试样以不同的含水量进行若干次试验（一般为3组），并按测定结果在双对数坐标纸上作出76g圆锥体的入土深度与含水量的关系曲线。根据大量试验资料，它接近于一根直线。如同时采用圆锥仪法及搓条法分别作液限、塑限试验进行比较，则对应于圆锥体入土深度为10mm和2mm时土样的含水量分别为该土的液限和塑限。

2. 黏性土的可塑性指标

黏性土的可塑性指标除了上述塑限、液限及缩限外，还有塑性指数、液性指数等指标。

1）塑性指数 I_P

塑性指数是指液限和塑限的差值（省去%符号）表示，即土处在可塑状态的含水量变化范围，用符号 I_P 表示，即

$$I_P = w_L - w_P \tag{1-21}$$

塑性指数越大，土处于可塑状态的含水量范围也越大。塑性指数的大小与土中结合水的可能含量有关。从土的颗粒来说，土粒越细，则其比表面（积）越大，结合水含量越高，因而 I_P 也随之增大。从矿物成分来说，黏土矿物（尤以蒙脱石类）含量越多，水化作用剧烈，结合水越高，因而 I_P 也大。在一定程度上，塑性指数综合反映了影响黏性土及其组成的基本特性。因此，在工程上常按塑性指数对黏性土进行分类。

2）液性指数 I_L

液性指数是指黏性土的天然含水量和塑限的差值与塑性指数之比，用符号 I_L 表示，即

$$I_L = \frac{w - w_P}{w_L - w_P} = \frac{w - w_P}{I_P} \tag{1-22}$$

从式（1-22）中可见，当土的天然含水量 w 小于 w_P 时，I_L 小于0，天然土处于坚硬状态；当 w 大于 w_L 时，I_L 大于1，天然土处于流动状态；当 w 在 w_P 与 w_L 之间时，即 I_L 在0~1之间，则天然土处于可塑状态。因此，可以利用液性指数 I_L 作为黏性土的划分指标。I_L 值越大，土质越软；反之，土质越硬。

黏性土根据液性指数值划分软硬状态，其划分标准见表1-11。

表1-11　黏性土的状态

状　态	坚　硬	硬　塑	可　塑	软　塑	流　塑
液性指数	$I_L \leqslant 0$	$0 < I_L \leqslant 0.25$	$0.25 < I_L \leqslant 0.75$	$0.75 < I_L \leqslant 1.0$	$I_L > 1.0$

1.4.3 黏性土的结构性和触变性

天然状态下的黏性土通常都具有一定的结构性，土的结构性是指天然土的结构受到扰动影响而改变的特性。当受到外来因素的扰动时，土粒间的胶结物质以及土粒、离子、水分子所组成的平衡体系受到破坏，土的强度降低和压缩性增大。土的结构性对强度的这种影响，一般用灵敏度来衡量。土的灵敏度是以原状土的强度与该土经重塑（土的结构性彻底破坏）后的强度之比来表示。重塑试样具有与原状试样相同的尺寸、密度和含水量。强度测定所用方法有无侧限抗压强度试验和十字板剪切试验。对于饱和黏性土的灵敏度 S_t 可按下式计算：

$$S_t = \frac{q_u}{q'_u} \tag{1-23}$$

式中 q_u——原状试样的无侧限抗压强度（kPa）；

q'_u——重塑试样的无侧限抗压强度（kPa）。

根据灵敏度可将饱和黏性土分为低灵敏（$1 < S_t \leqslant 2$）、中灵敏（$2 < S_t \leqslant 4$）和高灵敏（$S_t > 4$）三类。土的灵敏度越高，其结构性越强，受扰动后土的强度降低就越多。所以在基础施工中应注意保护基坑或基槽，尽量减少对坑底土结构的扰动。

饱和黏性土的结构受到扰动，导致强度降低，但当扰动停止后，土的强度又随时间而逐渐恢复。黏性土的这种抗剪强度随时间恢复的胶体化学性质称为土的触变性。在黏性土中沉桩时，往往利用振扰的方法，破坏桩侧土与桩尖土的结构，以降低沉桩的阻力。但在沉桩完成后，土的强度可随时间部分恢复，使桩的承载力逐渐增加，这就是利用了土的触变性机理。

饱和软黏土易于触变的实质是这类土的微观结构主要为絮状结构，含有大量结合水。土体的强度主要来源于土粒间的连接特征，即粒间电分子力产生的"原始黏聚力"和粒间胶结物产生的"固化黏聚力"。当土体被扰动时，这两类黏聚力被破坏或部分破坏，土体强度降低。但扰动破坏的外力停止后，被破坏的粒间电分子力可随时间部分的恢复，因而强度有所增大。然而，固化黏聚力的破坏是无法在短时间内恢复的。因此，易于触变性的土，被扰动而降低的强度仅能部分恢复。

1.4.4 黏性土的胀缩性、湿陷性和冻胀性

1. 黏性土的胀缩性

土的膨胀性是指黏性土具有吸水膨胀和失水收缩的两种变形特性。黏粒成

分主要由亲水性矿物组成，具有显著的吸水膨胀和失水收缩两种变形特性的黏性土，习惯称为膨胀土。它一般强度较高，压缩性低，易被误认为是建筑性能较好的地基土。当利用这种土作为建筑物地基时，如果对它的特性缺乏认识，或在设计和施工中没有采取必要的措施，结果会给建筑物造成危害，尤其对低层轻型的房屋或构筑物以及土工结构带来的危害更大。

我国广西、云南、湖北、河南、安徽、四川、河北、山东、陕西、江苏、贵州和广东等地均有不同范围的膨胀土分布。

2. 土的湿陷性

土的湿陷性是指土在自重压力作用下或自重压力和附加压力综合作用下，受水浸湿后，使土的结构迅速破坏而发生显著的附加下陷特征。湿陷性土在我国广泛分布，除湿陷性黄土外，在干旱或半干旱地区，特别是在山前洪、坡积扇中常遇到湿陷性的碎石类土和砂类土，在一定压力下浸水后也常具有强烈的湿陷性。

遍布在我国甘肃、陕西、山西大部分地区以及河南、山东、宁夏、辽宁、新疆等部分地区的黄土是一种在第四纪时期形成的、颗粒组成以粉粒（0.075mm ~ 0.005mm）为主的黄色或褐黄色粉性土。它含有大量的碳酸盐类，往往具有肉眼可见的大孔隙。

3. 土的冻胀性

土的冻胀性是指土的冻胀和冻融给建筑物或土工结构带来危害的变形特性。在冰冻季节，因大气负温影响，使土中水分冻结成为冻土。冻土根据其冻融情况分为季节性冻土、隔年冻土和多年冻土。

冻土的冻胀会使路基隆起，使柔性路面鼓包、开裂，使刚性路面错缝或折断；冻胀还使修建在其上的建筑物抬起，引起建筑物开裂、倾斜，甚至倒塌。对工程危害更大的是春暖土层解冻融化后，由于土层上部积聚的冰晶体融化，使土中含水量大大增加，加之细粒土排水能力差，土层软化，强度大大降低。路基土冻融后，在车辆反复碾压下，易产生路面开裂、冒泥，即翻浆现象。冻融也会使房屋、桥梁、涵管发生大量不均匀下沉，引起建筑物开裂破坏。

季节性冻土在我国分布甚广。东北、华北和西北地区是我国季节性冻土主要分布区。多年冻土主要分布在纬度较高的黑龙江省大、小兴安岭和海拔较高的青藏高原及甘肃、新疆高山区。

1.5 土的压实性

土工建筑物，如土坝、土堤及道路填方是用土作为建筑材料而成的。为了保证填料有足够的强度,较小的压缩性和透水性,在施工时常常需要压实,以提高填土的密实度(工程上以干密度表示)和均匀性。

研究土的填筑特性常用现场填筑试验和室内击实试验两种方法。前者是在现场选一试验地段,按设计要求和施工方法进行填土,并同时进行有关测试工作,以查明填筑条件(如土料、堆填方法、压实机械等)和填筑效果(如土的密实度)的关系。

室内击实试验是近似地模拟现场填筑情况,是一种半经验性的试验,用锤击方法将土击实,以研究土在不同击实功能下土的击实特性,以便取得有参考价值的设计数值。

1.5.1 击实试验

土的击实是指用重复性的冲击动荷载将土压密。研究土的击实性的目的在于揭示击实作用下土的干密度、含水率和击实功三者之间的关系和基本规律,从而选定适合工程需要的最小击实功。

击实试验是把某一含水率的土料填入击实筒内,用击锤按规定落距对土打击一定的次数,即用一定的击实功击实土,测其含水率和干密度的关系曲线,即为击实曲线。击实仪和击实曲线分别如图 1-7 和图 1-8 所示。

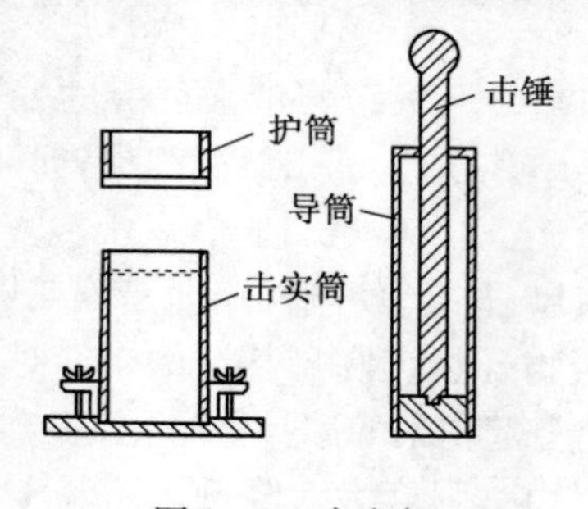

图 1-7 击实仪

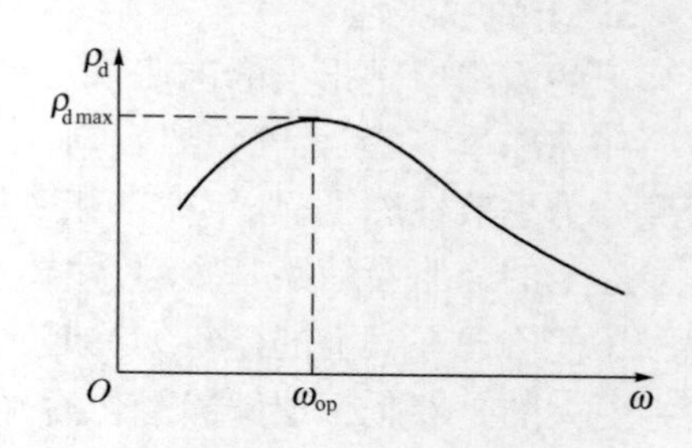

图 1-8 击实曲线

在击实曲线上可找到某一峰值,称为最大干密度 $\rho_{d\max}$,与之相对应的含水率,称为最优含水率 w_{op}。它表示在一定击实功作用下,达到最大干密度的含水率,即当击实土料为最佳含水率时,压实效果最好。

1. 黏性土的击实性

黏性土的最优含水率一般在塑限附近,为液限的 0.55 倍 ~0.65 倍。在最优含水率时,土粒周围的结合水膜厚度适中,土粒连接较弱,又不存在多余的水分,故易于击实,使土粒靠拢而排列的最密。实践证明,土被击实到最佳情况时,饱和度一般在 80% 左右。

2. 无黏性土的击实性

无黏性土情况有些不同。无黏性土的压实性也与含水量有关，不过不存在着一个最优含水量。一般在完全干燥或者充分洒水饱和的情况下容易压实到较大的干密度。

潮湿状态，由于具有微弱的毛细水连接，土粒间移动所受阻力较大，不易被挤紧压实，干密度不大。

无黏性土的压实标准，一般用相对密度 D_r。一般要求砂土压实至 $D_r > 0.67$，即达到密实状态。

1.5.2 影响击实效果的因素

影响土压实性的因素除含水量的影响外，还与击实功能、土质情况（矿物成分和粒度成分）、所处状态、击实条件以及土的种类和级配等有关。

（1）压实功能的影响。

定义：压实功能是指压实每单位体积土所消耗的能量，击实试验中的压实功能用下式表示：

$$N = \frac{W \cdot d \cdot n \cdot m}{V} \tag{1-24}$$

式中 W——击锤质量（kg），在标准击实试验中击锤质量为 2.5kg；

d——落距（m），击实试验中定为 0.30m；

n——每层土的击实次数，标准试验位 27 击；

m——铺土层数，试验中分三层；

V——击实筒的体积，为 $1 \times 10^{-3}\text{m}^3$。

同一种土，用不同的功能击实，得到的击实曲线，有一定的差异。

① 土的最大干密度和最优含水率不是常量；$\rho_{d\max}$ 随击数的增加而逐渐增大，而 w_{op} 则随击数的增加而逐渐减小。

② 当含水量较低时，击数的影响较明显；当含水量较高时，含水量与干密度关系曲线趋近于饱和线，也就是说，这时提高击实功能是无效的。

（2）试验证明，最优含水量 w_{op} 约与 w_p 相近，大约为 $w_{op} = w_p + 2$。填土中所含的细粒越多（即黏土矿物越多），则最优含水率越大，最大干密度越小。

（3）有机质对土的击实效果有不好的影响。因为有机质亲水性强，不易将土击实到较大的干密度，且能使土质恶化。

（4）在同类土中，土的颗粒级配对土的压实效果影响很大，颗粒级配不均匀的容易压实，均匀的不易压实。这是因为级配均匀的土中较粗颗粒形成的孔隙很少有细颗粒去充填。

1.6 土的工程分类

1.6.1 土的分类标准

在国际上土的统一分类系统(Unified Soil Classification System)来源于美国A. 卡萨格兰特(Casagrande,1942)提出的一种分类法体系(属于材料工程系统的分类)。其主要特点是充分考虑了土的粒度成分和塑性指标,即粗粒土土粒的个体特征和细粒土土粒与水的相互作用。这种方法采用了扰动土的测试指标,对于天然土作为地基或环境时,忽略了土粒的集合体特征(土的结构性)。因此,无法考虑土的成因、年代对工程性质的影响,是这种方法存在的缺陷。

在我国,为了统一工程用土的鉴别、定名和描述,同时也便于对土性状做出一般定性的评价,制定了国标土的分类标准(GB/T 50145—2007)。它的分类体系基本上采用与卡氏相似的分类原则,所采用的简便易测的定量分类指标,最能反映土的基本属性和工程性质,也便于电子计算机的资料检索。

1. 巨粒土和粗粒土的分类标准

巨粒土和含巨粒的土(包括混合巨粒土和巨粒混合土)和粗粒土(包括砾类土和砂类土),按粒组含量、级配指标(不均匀系数 C_u 和曲率系数 C_c)和所含细粒的塑性高低,划分为16种土类,见表1-12、表1-13和表1-14。

表1-12 巨粒土和含巨粒的土的分类

土类	粒组含量		土代号	土名称
巨粒土	巨粒($d>60$mm)含量100~75%	漂石粒($d>200$mm)>50%	B	漂石
		漂石粒≤50%	Cb	卵石
混合巨粒土	巨粒含量<75%,>50%	漂石粒>50%	BSl	混合土漂石
		漂石粒≤50%	CbSl	混合土卵石
巨粒混合土	巨粒含量50~15%	漂石粒>卵石($d=60$mm~200mm)	SlB	漂石混合土
		漂石粒≤卵石	SlCb	卵石混合土

表 1-13　砾类土的分类（2mm < $d \leqslant$ 60mm 砾粒组 > 50%）

土类	粒组含量		土代号	土名称
砾	细粒含量 <5%	级配 $C_u \geqslant 5, C_c = 1 \sim 3$	GW	级配良好砾
		级配不同时满足上述要求	GP	级配不良砾
含细粒土砾	细粒含量 5% ~15%		GF	含细粒土砾
细粒土质砾	细粒含量 >15%，≤50%	细粒为黏土	GC	黏土质砾
		细粒为粉土	GM	粉土质砾
注：细粒粒组包括粉粒（0.005mm < $d \leqslant$ 0.075mm）和黏粒（$d \leqslant$ 0.005mm）				

表 1-14　砂类土的分类（砾粒组≤50%）

土类	粒组含量		土代号	土名称
砂	细粒含量 <5%	级配 $C_u \geqslant 5, C_c = 1 \sim 3$	SW	级配良好砂
		级配不同时满足上述要求	SP	级配不良砂
含细粒土砂	细粒含量 5% ~15%		SF	含细粒土砂
细粒土质砂	细粒含量 >15%，≤50%	细粒为黏土	SC	黏土质砂
		细粒为粉土	SM	粉土质砂

2. 细粒土的分类标准

细粒土是指粗粒组（0.075mm < $d \leqslant$ 60mm）含量少于 25% 的土，综合我国的情况，参照塑性图（图 1-9）和表 1-15 可进一步细分，有关图、表见国家标准土的分类标准（GB/T 50145—2007）。

表 1-15　细粒土的分类

土的塑性指标在塑性图中的位置		土代号	土名称
塑性指数 I_P	液限 w_L/%		
$I_P \geqslant 0.63(w_L - 20)$ 和 $I_P \geqslant 10$	$w_L \geqslant 40$	CH	高液限黏土
	$w_L < 40$	CL	低液限黏土
$I_P < 0.63(w_L - 20)$ 和 $I_P < 10$	$w_L \geqslant 40$	MH	高液限粉土
	$w_L < 40$	ML	低液限粉土

若细粒土内粗粒含量为 25% ~50%，则该土属于含粗粒的细粒土。这类土的分类仍按上述塑性图进行划分，并根据所含粗粒类型进行如下分类。

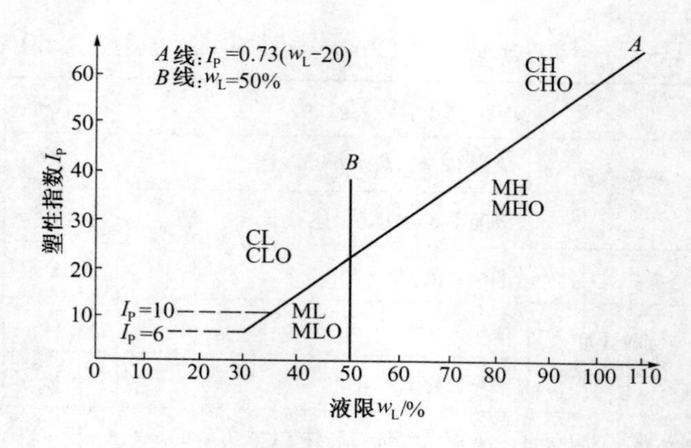

图1-9　塑性图

（1）当粗粒中砾粒占优势，称为含砾细粒土，在细粒土代号后缀以代号 G，例如含砾低液限黏土，代号 CLG。

（2）当粗粒中砂粒占优势，称为含砂细粒土，在细粒土代号后缀以代号 S，例如含砂高液限黏土，代号 CHS。

若细粒土内部分含有机制，则土名前加“有机质”，对有机质细粒土的代号则在细粒土代号后缀以代号 O。例如低液限有机质粉土，代号 MLO。

1.6.2　建筑地基土的分类

根据《建筑地基基础设计规范》（GB 50007—2002）将土分为碎石土、砂土、粉土、黏性土和人工填土等。

1. 碎石土

粒径大于 2mm 的颗粒含量超过全重 50% 的土称为碎石土。根据颗粒级配和颗粒形状按表 1-16 分为漂石、块石、卵石、碎石、圆砾和角砾。

表1-16　碎石土分类

土的名称	颗粒形状	颗粒级配
漂石	圆形及亚圆形为主	粒径大于 200mm 的颗粒超过全重 50%
块石	棱角形为主	
卵石	圆形及亚圆形为主	粒径大于 20mm 的颗粒超过全重 50%
碎石	棱角形为主	
圆砾	圆形及亚圆形为主	粒径大于 2mm 的颗粒超过全重 50%
角砾	棱角形为主	
注：定名时应根据颗粒级配由上到下以最先符合者确定		

2. 砂土

粒径大于2mm的颗粒含量不超过全重50%，且粒径大于0.075mm的颗粒含量超过全重50%的土称为砂土。根据颗粒级配按表1－17分为砾砂、粗砂、中砂、细砂和粉砂。

表1－17　砂土分类

土的名称	颗粒级配
砾　砂	粒径大于2mm的颗粒占全重25%～50%
粗　砂	粒径大于0.5mm的颗粒超过全重50%
中　砂	粒径大于0.25mm的颗粒超过全重50%
细　砂	粒径大于0.075mm的颗粒超过全重85%
粉　砂	粒径大于0.075mm的颗粒超过全重50%
注：定名时应根据颗粒级配由上到下以最先符合者确定	

3. 粉土

粉土介于砂土与黏性土之间，塑性指数$I_P \leq 10$，粒径大于0.075mm的颗粒含量不超过全重50%的土。且根据黏粒含量的多少，可按表1－18划分为黏质粉土和砂质粉土。

表1－18　粉土分类

土的名称	颗粒级配
砂质粉土	粒径小于0.005mm的颗粒含量不超过全重10%
黏质粉土	粒径小于0.005mm的颗粒含量超过全重10%

4. 黏性土

塑性指数大于10的土称为黏性土。根据塑性指数I_P按表1－19分为粉质黏土和黏土。

表1－19　黏性土分类

土的名称	塑性指数
粉质黏土	$10 < I_P \leq 17$
黏　土	$I_P > 17$
注：塑性指数由相应76g圆锥体沉入土样中深度为10mm时测定的液限计算而得	

5. 人工填土

由人工活动堆填形成的各类土称为人工填土。

按人工填土的组成物质，分为三种素填土、压实填土、杂填土、冲填土。

6. 其它

具有一定分布区域或工程意义，具有特殊成分、状态和结构特征的土称为特殊土，它分为湿陷性土、红黏土、软土（包括淤泥和淤泥质土）、混合土、填土、冻土、膨胀土、盐渍土、风化岩与残积土、污染土等。

复习思考题

1. 土由哪几部分组成？黏土矿物分为哪几种？
2. 何谓土的颗粒级配？不均匀系数 $C_u>10$ 反映土的什么性质？
3. 土中水包括哪几种？结合水有何特征？
4. 何谓土的结构？土的结构有哪几种？
5. 无黏性土最主要的物理状态指标是什么？
6. 黏性土最主要的物理状态指标是什么？何谓液限和塑限？如何测定？
7. 地基土分为哪几类？

习　题

［1－1］　某办公楼工程地质勘察中取原状土做实验，用天平称 $50cm^3$ 湿土质量为95.15g，烘干后质量为75.05g，土粒比重为2.67。计算该土样的天然密度、干密度、饱和密度、有效密度、天然含水量、孔隙比、孔隙率和饱和度。

［1－2］　一厂房地基表层为杂填土厚1.2m，第二层为黏性土厚5m，地下水位深1.8m。在黏性土中部试土做试验，测得天然密度为 $1.84g/cm^3$，土粒比重为2.75，求该土样的含水量、有效密度、干密度及孔隙比。

［1－3］　某宾馆地基土的试验中，已测得土样的干密度为 $1.54g/cm^3$、含水量为19.3%、土粒比重（土粒相对密度）为2.71，液限为28.3%，塑限为16.7%，试求该土样的孔隙比、孔隙率和饱和度，并按塑性指数和液性指数分别定出该黏性土的分类名称和软硬状态。

［1－4］　某砂土土样的密度为 $1.77g/cm^3$，含水量为9.8%，土粒比重为2.67，烘干后测定最小孔隙比为0.461，最大孔隙比为0.943，试求孔隙比 e 和相对密实度 D_r，并评定该砂土的密实度。

［1－5］　某无黏性土样的颗粒分析结果见表1－20，试定出该土的名称。

表1－20

粒径/mm	10～2	2～0.5	0.5～0.25	0.25～0.075	<0.075
相对含量/%	4.5	12.4	35.5	33.5	14.1

第2章　土的渗透性与渗流

2.1　概　　述

我们在现场挖土时常常看到,只要土坑低于地下水位,水会源源不断渗出,给施工带来不便,为此常用抽水机抽水来保证施工,水能从土体中渗出原因在于,土是具有连续孔隙的介质,水能在水头差作用下,从水位较高的一侧透过土体的孔隙流向水位较低的一侧。

在水头差作用下,水透过土体孔隙的流动现象称为渗透,而土体能透过水的性能则称为土的渗透性。

研究土的渗透性是非常重要的,这是因为:

(1) 土是具有连续孔隙的多孔介质,与其它所有材料的物理性质常数的变化范围相比,土的渗透性的变化范围要大得多。实际上,干净砾石的渗透系数 k 值可达 30cm/s,纯黏土的 k 值可以小于 10^{-9}cm/s,相差可达 10^{10} 倍以上。其他物理性质参数变化没有这么大。

(2) 土的三个主要力学性质即强度、变形和渗透性之间,有着密切的相互关系。在土力学理论中,用有效应力原理将三者有机地联系在一起,形成一个理论体系。因此渗透性的研究已不限于渗流问题自身的范畴。例如,控制土在荷重下变形的时间过程的渗透固结阶段,其变形速率就取决于土的渗透性;用有效应力原理研究土的强度和稳定性时,土的孔隙压力消散和有效应力的增长控制着土体强度随时间而增长的过程,而孔隙压力消散速度又主要取决于土的渗透性、压缩性和排水条件。在无黏性土的动力稳定性和振动液化的试验研究中,也发现其它条件相同时,渗透性小的土比渗透性大的土更易于液化。

(3) 土木工程各个领域内许多课题都与土的渗透性有密切关系。

水在土体中渗透,一方面会造成水量损失(如水库),影响工程效益,另一方面会引起土体内部应力状态的变化,如基坑开挖可能会造成基坑坑壁失稳、管涌、流砂等现象,使原有建筑物破坏或施工不便。

工程上通常研究土的三个方面的问题。

① 渗流量问题：如基坑开挖或施工围堰时的渗水量及排水量计算（图 2－1(a)），土堤坝身、坝基土中的渗水量（图 2－1(b)），水井的供水量或排水量（图 2－1(c)）等。

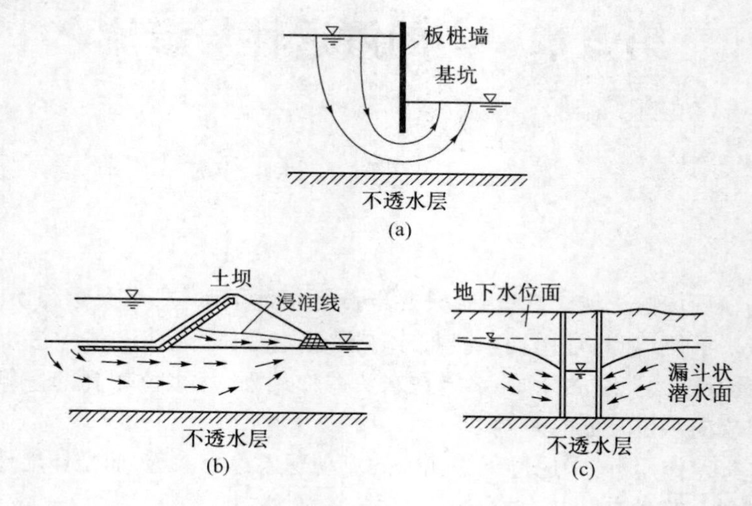

图 2－1　渗流示意图

(a) 板桩维护下的基坑渗流；(b) 坝身及坝基中的渗流；(c) 水井。

② 渗透破坏问题：土中的渗流会对土颗粒施加作用力，即渗流力（渗透力），当渗流力过大时就会引起土颗粒或土体的移动，产生渗透变形，甚至渗透破坏，如边坡破坏、地面隆起、堤坝失稳等现象。近年来高层建筑基坑失稳事故有不少就是由渗透破坏引起的。

③ 渗流控制问题：当渗流量或渗透变形不满足设计要求时，就要研究工程措施进行渗流控制。

本章主要介绍土的渗透性及渗流规律、土中二维渗流和流网及其应用、渗透破坏与渗流控制。

2.2　土的渗透性

2.2.1　土的渗透定律

土体中孔隙一般非常微小且很曲折，水在土体流动过程中黏滞阻力很大，流速十分缓慢，因此多数情况下其流动状态属于层流，即相邻两个水分子运动的轨迹相互平行而不混流。

1855 年法国工程师达西（Darcy）利用图 2－2 所示的试验装置对均匀砂进行了大量渗透试验，得出了层流条件下，土中水渗流速度与能量（水头）损失之间关系的渗流规律，即达西定律。

达西试验装置的主要部分是一个上端开口的直立圆筒，下部放碎石，碎石上放一块多孔滤板 c，滤板上面放置颗粒均匀的土样，其断面积为 A，长度为 L。筒的侧壁装有两支测压管，分别设置在土样上下两端的过水断面处 1、2。水由上端进水管 a 注入圆筒，并以溢水管 b 保持筒内为恒定水位。透过土样的水从装有控制阀门 d 的弯管流入容器 V 中。

当筒的上部水面保持恒定以后，通过砂土的渗流是恒定流，测压管中的水面将恒定不变。图 2－2 中的 0－0 面为基准面，h_1、h_2 分别为 1、2 断面处的测压管水头；$\Delta h = h_1 - h_2$ 即为经过砂样渗流长度 L 后的水头损失。

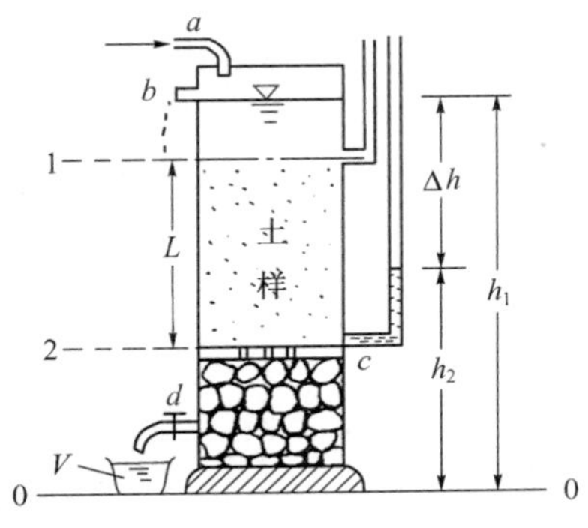

图 2－2　达西渗透试验装

达西根据对不同尺寸的圆筒和不同类型及长度的土样所进行的试验发现，单位时间内的渗出水量 q 与圆筒断面积 A 和水力梯度 i 成正比，且与土的透水性质有关，即

$$q \propto A \times \frac{\Delta h}{L} \tag{2-1}$$

写成等式则为

$$q = kAi \tag{2-2}$$

或

$$v = \frac{q}{A} = ki \tag{2-3}$$

式中　q——单位渗水量（cm^3/s）；

v——断面平均渗流速度（cm/s）；

i——水力梯度，表示单位渗流长度上的水头损失（$\Delta h/L$），或称水力坡降；

k——反映土的透水性的比例系数，称为土的渗透系数。它相当于水力梯度 $i = 1$ 时的渗流速度，故其量纲与渗流速度相同（cm/s）。

式（2－3）即为达西定律表达式，达西定律表明在层流状态的渗流中，渗流

速度 v 与水力梯度 i 的一次方成正比(图 2-3(a))。但是,对于密实的黏土,由于吸着水具有较大的黏滞阻力,因此,只有当水力梯度达到某一数值,克服了吸着水的黏滞阻力以后,才能发生渗透。将这一开始发生渗透时的水力梯度称为黏性土的起始水力梯度。一些试验资料表明,当水力梯度超过起始水力梯度后,渗流速度与水力梯度的规律还偏离达西定律而呈非线性关系,如图 2-3(b)中的实线所示,为了实用方便,常用图中的虚直线来描述密实黏土的渗流速度与水力梯度的关系,并以下式表示:

$$v = k(i - i_b) \tag{2-4}$$

式中 i_b——密实黏土的起始水力梯度;其余符号意义同前。

另外,试验也表明,在砾类土和巨粒土中,只有在小的水力梯度下,渗流速度与水力梯度才呈线性关系,而在较大的水力梯度下,水在土中的流动即进入紊流状态,则呈非线性关系,此时达西定律同样不能适用,如图 2-3(c)所示,$v = k\sqrt{i}$。

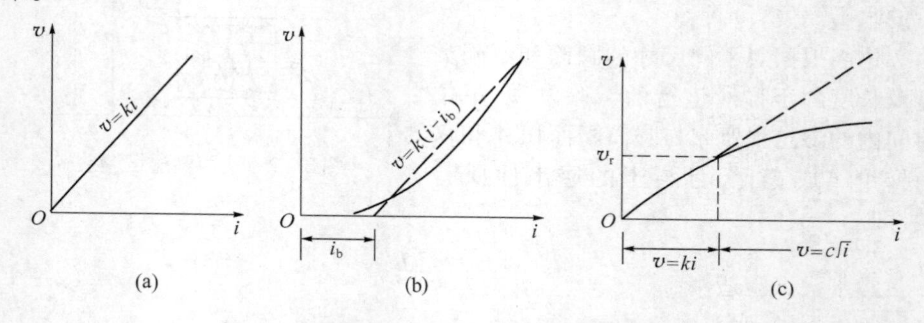

图 2-3　土的渗透速度与水力梯度的关系

需要注意的是,式(2-3)中的渗流速度 v 并不是土孔隙中水的实际平均流速。因为公式推导中采用的是土样的整个断面积,其中包括了土粒骨架所占的部分面积在内。显然,土粒本身是不能透水的,故真实的过水断面积 A_r 应小于整个断面积 A,从而实际平均流速 v_r 应大于 v,一般 v 称为假想平均流速。v 与 v_r 的关系可通过水流连续原理建立如下:

$$q = vA = v_r A_r \tag{2-5}$$

若均质砂土的孔隙率为 n,则 $A_r = nA$,即

$$v_r = \frac{vA}{nA} = \frac{v}{n} \tag{2-6}$$

由于水在土中沿孔隙流动的实际路径是十分弯曲的(图 2-4),比试样长度大得多,而且也无法知道。达西考虑了以试样长度计的平均水力梯度,而不是局

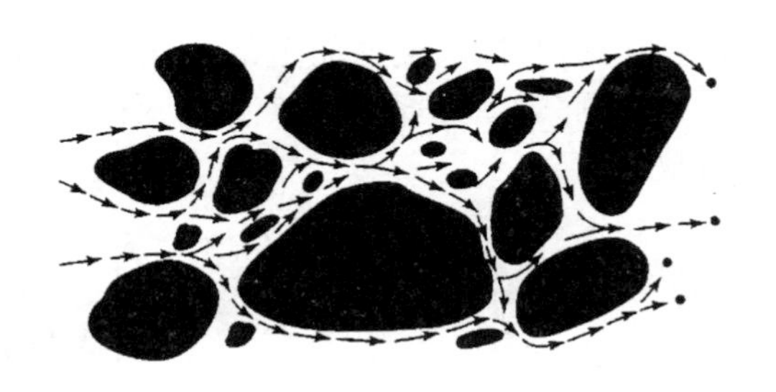

图 2－4　水通过土孔隙示意图

部的真正水力梯度。

这样处理就避免了微观流体力学分析上的困难，得出一种统计平均值，基本上是经验性的宏观分析，但不影响其理论和实用价值，故一直沿用到今。

2.2.2　渗透系数的测定

渗透系数 k 是反映土的渗透能力的定量指标，也是渗流计算时必须用到的一个基本参数。它可以通过试验直接测定。测定方法可分为室内渗透试验和现场试验两大类。一般地讲，现场试验比室内试验得到的成果较准确可靠。因此，对于重要工程常需进行现场测定。现场试验常用野外井点抽水试验。

室内试验测定土的渗透系数的仪器和方法较多，但就原理来说可分为常水头试验和变水头试验两种。

1. 常水头试验

常水头试验适用于透水性较大的土（例如砂土），常水头试验的方法是在整个试验过程中，水头保持不变，其试验装置如图 2－5 所示。前述达西渗透试验也属于这种类型。

设试样的高度即渗流长度为 L，截面积为 A，试验时的水位差为 Δh，这三者在试验前可以直接量测或控制。试验中只要用量筒和秒表测得在某一时段 t 内经过试样的渗水量 Q，即可求出该时段内通过土体的单位渗水量：

$$q = \frac{Q}{t} \tag{2-7}$$

将式（2－7）代入式（2－2）中，便可得到土的渗透系数为

$$k = \frac{QL}{A\Delta ht} \tag{2-8}$$

2. 变水头试验

变水头试验适用于透水性较差的黏性土。黏性土由于渗透系数很小，流经试样的水量很少，难以直接准确量测，因此，应采用变水头法。在整个试验过程

中，水头是随着时间而变化的，其试验装置如图 2－6 所示。试样的一端与细玻璃管相接，在试验过程中量测某一时段内细玻璃管中水位的变化，就可根据达西定律，求得土的渗透系数。

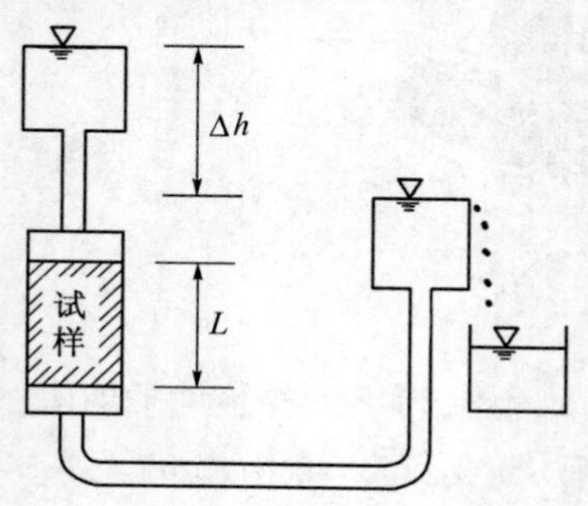

图 2－5　常水头试验装置示意图

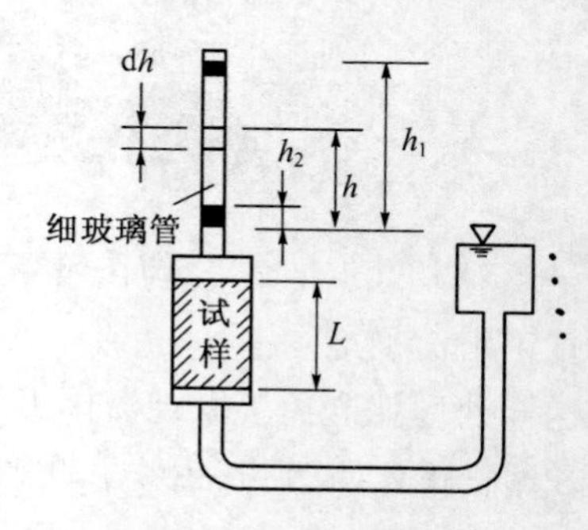

图 2－6　变水头试验装置示意图

设细玻璃管的内截面积为 a，试验开始以后任一时刻 t 的水位差为 h，经过时段 dt，细玻璃管中水位下落 dh，则在时段 dt 内经过细管的流水量为

$$\mathrm{d}Q = -a\mathrm{d}h$$

式中：负号表示渗水量随 h 的减小而增加。

根据达西定律，在时段 dt 内流经试样的水量又可表示为

$$\mathrm{d}Q = k\frac{h}{L}A\mathrm{d}t$$

同一时间内经过土样的渗水量应与细管流水量相等：

$$\mathrm{d}t = -\frac{aL}{kA}\frac{\mathrm{d}h}{h}$$

将上式两边积分，有

$$\int_{t_1}^{t_2}\mathrm{d}t = -\int_{h_1}^{h_2}\frac{aL}{kA}\frac{\mathrm{d}h}{h}$$

即可得到土的渗透系数为

$$k = \frac{aL}{A(t_2 - t_1)}\ln\frac{h_1}{h_2} \qquad (2-9\mathrm{a})$$

如用常用对数表示，则式（2－9a）可写为

$$k = 2.3\frac{aL}{A(t_2 - t_1)}\lg\frac{h_1}{h_2} \qquad (2-9\mathrm{b})$$

式(2-9)中的 a、L、A 为已知,试验时只要量测与时刻 t_1、t_2 对应的水位 h_1、h_2,就可求出渗透系数。

各种土常见的渗透系数 k 值变化范围见表 2-1。

表 2-1　土的渗透系数 k 值范围

土的类型	渗透系数 k/(cm/s)	土的类型	渗透系数 k/(cm/s)
砾石、粗砂	10^{-1} ~ 10^{-2}	粉土	10^{-4} ~ 10^{-6}
中　砂	10^{-2} ~ 10^{-3}	粉质黏土	10^{-6} ~ 10^{-7}
细砂、粉砂	10^{-3} ~ 10^{-4}	黏　土	10^{-7} ~ 10^{-10}

2.2.3　成层土的等效渗透系数

天然沉积土往往由渗透性不同的土层所组成,宏观上具有非均质性。对于平面问题与土层层面平行和垂直的简单渗流情况,当各土层的渗透系数和厚度为已知时,即可求出整个土层与层面平行和垂直的平均渗透系数,作为进行渗流计算的依据。

1. 渗流方向平行于层面(水平向渗流)

如图 2-7 所示,在渗流场中截取渗流长度为 L 的与层面平行的一段渗流区域进行研究,假设各土层的水平向渗透系数分别为 k_{1x}、k_{2x}、…、k_{nx},各土层厚度分别为 H_1、H_2、…、H_n,总厚度为 H。若通过各土层的单位渗水量为 q_{1x}、q_{2x}、…、q_{nx},则通过整个土层的总单位渗水量 q_x 应为各土层单位渗水量之总和,即

$$q_x = q_{1x} + q_{2x} + \cdots + q_{nx} = \sum_{i=1}^{n} q_{ix} \tag{2-10a}$$

根据达西定律,总的单位渗水量又可表示为

$$q_x = k_x iH \tag{2-10b}$$

式中　k_x——与层面平行的土层平均渗;

　　　i——土层的平均水力梯度($i = \Delta h/L$)。

对于这种条件下的渗流,通过各土层相同距离的水头损失均相等。因此,各土层的水力梯度与整个土层的平均水力梯度亦应相等。于是任一土层的单位渗水量为

$$q_{ix} = k_{ix} iH_i \tag{2-10c}$$

将式(2-10b)和式(2-10c)代入式(2-10a)后可得到整个土层与层面平行的平均渗透系数为

$$k_x = \frac{1}{H}\sum_{i=1}^{n} k_{ix}H_i \tag{2-11}$$

2. 渗流方向垂直于层面(竖向渗流)

如图 2－8 所示,在渗流场中截取渗流长度为 L 的与层面平行的一段渗流区域进行研究,假设各土层的竖向渗透系数分别为 k_{1y}、k_{2y}、…、k_{ny},各土层厚度分别为 H_1、H_2、…、H_n,总厚度为 H。设通过各土层的单位渗水量为 q_{1y}、q_{2y}、…、q_{ny},根据水流连续定理,通过整个土层的单位渗水量 q_y 必等于通过各土层的渗流量,即

$$q_y = q_{1y} = q_{2y} = \cdots = q_{ny} \tag{2-12a}$$

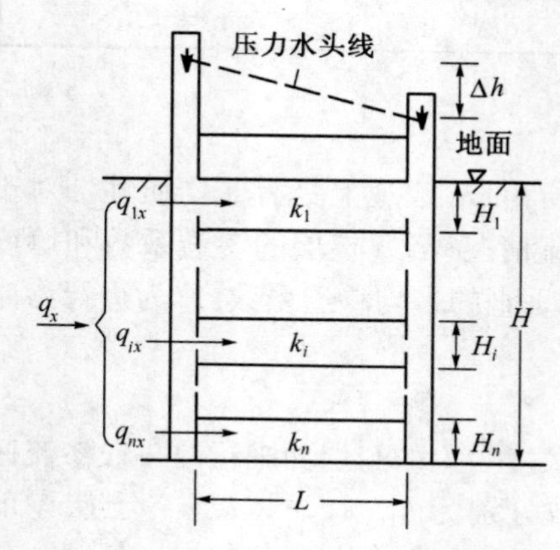

图 2－7　成层土水平向渗流

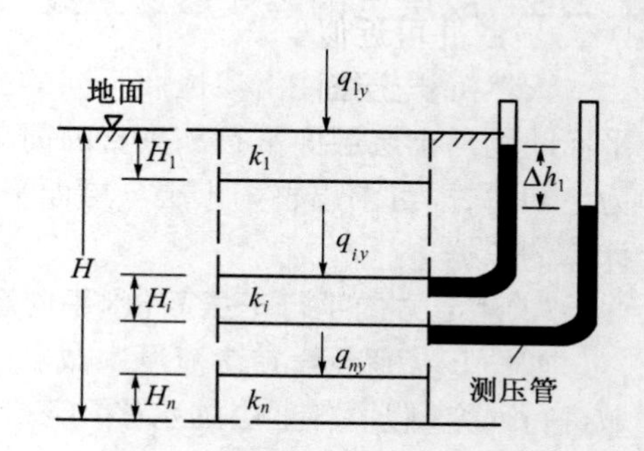

图 2－8　成层土竖向渗流

设渗流通过任一土层的水头损失为 Δh_i,水力梯度 i_i 为 $\Delta h_i/H_i$,则通过整个土层的水头总损失 h 应为 $\sum \Delta h_i$,总的平均水力梯度 i 应为 h/H。由达西定律通过整个土层的总单位渗水量为

$$q_y = k_y \frac{h}{H} A \tag{2-12b}$$

式中　k_y——与层面垂直的土层平均渗透系数;

A——渗流断面积。

通过任一土层渗水量为

$$q_{iy} = k_{iy} \frac{\Delta h_i}{H_i} A = k_{iy} i_i A \tag{2-12c}$$

将式(2－12b)、式(2－12c)代入式(2－12a),消去 A 后可得

$$k_y \frac{h}{H} = k_{iy} i_i \tag{2-12d}$$

而整个土层的水头总损失又可表示为

$$h = i_1 H_1 + i_2 H_2 + \cdots + i_n H_n = \sum_{i=1}^{n} i_i H_i \tag{2-12e}$$

将式(2－12e)代入式(2－12d)并经整理后即可得到整个土层与层面垂直的平均渗透系数为

$$k_y = \frac{H}{\dfrac{H_1}{k_{1y}} + \dfrac{H_2}{k_{2y}} + \cdots + \dfrac{H_n}{k_{ny}}} = \frac{H}{\sum_{i=1}^{n} \left(\dfrac{H_i}{k_{iy}} \right)} \tag{2-13}$$

由式(2－11)、式(2－13)可知，对于成层土，如果各土层的厚度大致相近，而渗透却相差悬殊时，与层向平行的平均渗透系数将取决于最透水土层的厚度和渗透性，并可近似地表示为$k'H'/H$，式中k'和H'分别为最透水土层的渗透系数和厚度；而与层面垂直的平均渗透系数将取决于最不透水层的厚度和渗透性，并可近地表示为$k''H/H''$，式中k''和H''分别为最不透水层的渗透系数和厚度。因此成层土与层面平行的平均渗透系数总大于与层面垂直的平均渗透系数。

2.2.4 影响渗透系数的主要因素

影响土渗透系数的因素很多，主要有土的粒度成分、矿物成分、土的结构和土中气体等。

1. 土的粒度成分及矿物成分的影响

土的颗粒大小、形状及级配会影响土中孔隙大小及其形状因素，进而影响土的渗透系数。土粒越细、越圆、越均匀时，渗透系数就越大。砂土中含有较多粉土或黏性土颗粒时，其渗透系数就会大大减小。

土中含有亲水性较大的黏土矿物或有机质时，因为结合水膜厚度较厚，会阻塞土的孔隙，土的渗透系数减小。因此，土的渗透系数还和水中交换阳离子的性质有关系。

2. 土结构的影响

天然土层通常不是各向同性的。因此，土的渗透系数在各个方向是不相同的。如黄土具有竖向大孔隙，所以竖向渗透系数要比水平方向大得多。这在实际工程中具有十分重要意义。

3. 土中气体的影响

当土孔隙中存在密闭气泡时，会阻塞水的渗流，从而减小土的渗透系数。这种密闭气泡有时是由溶解于水中的气体分离出来而形成的，故水中的含气量也影响土的渗透性。

4. 渗透水的性质对渗透系数的影响

水的性质对渗透系数的影响主要是由于黏滞度不同所引起的。温度高时，水的黏滞性降低,渗透系数变大;反之变小。所以,测定渗透系数 k 时,以 20℃ 作为标准温度,不是 20℃ 时要作温度校正。

2.3 土中二维渗流及流网

上述渗流属简单边界条件下的一维渗流,可用达西定律进行渗流计算。但实际工程中,边界条件复杂,如围堰工程中的渗流,水流形态往往是二维或三维的,介质内的流动特性逐点不同,不能再视为一维渗流。这时达西定律需要用微分形式表达,然后根据边界条件进行求解。

2.3.1 二维渗流方程

当渗流场中水头及流速等渗流要素不随时间改变时,这种渗流称为稳定渗流。

现从稳定渗流场中任意点 A 处取一微单元体,面积为 $\mathrm{d}x\mathrm{d}z$,厚度为 $\mathrm{d}y=1$,在 x 和 z 方向各有流速 v_x 和 v_z,如图 2-9 所示。

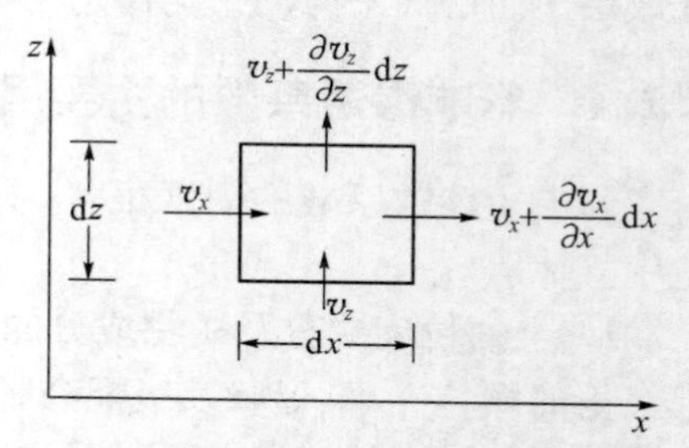

图 2-9 二维渗流的连续条件

单位时间内流入这个微单元体的渗水量为 $\mathrm{d}q_{\mathrm{e}}$,则

$$\mathrm{d}q_{\mathrm{e}} = v_x\mathrm{d}z\cdot 1 + v_z\mathrm{d}x\cdot 1$$

单位时间内流出这个微单元体的渗水量为 $\mathrm{d}q_{\mathrm{o}}$,则

$$\mathrm{d}q_{\mathrm{o}} = \left(v_x + \frac{\partial v_x}{\partial x}\mathrm{d}x\right)\mathrm{d}z\cdot 1 + \left(v_z + \frac{\partial v_z}{\partial z}\mathrm{d}z\right)\mathrm{d}x\cdot 1$$

假定水体不可压缩,则根据水流连续原理,单位时间内流入和流出微元体的水量应相等,即 $\mathrm{d}q_{\mathrm{e}}=\mathrm{d}q_{\mathrm{o}}$,从而得出

$$\frac{\partial v_x}{\partial x} + \frac{\partial v_z}{\partial z} = 0 \qquad (2-14)$$

式(2-14)即为二维渗流连续方程。

再根据达西定律,对于各向异性土,有

$$v_x = k_x i_x = k_x\frac{\partial h}{\partial x} \qquad (2-15)$$

$$v_z = k_z i_z = k_z\frac{\partial h}{\partial z} \qquad (2-16)$$

式中　k_x、k_z——x 和 z 方向的渗透系数；

　　　h——测压管水头。

将式(2-15)和式(2-16)代入式(2-14)可得

$$k_x \frac{\partial^2 h}{\partial x^2} + k_z \frac{\partial^2 h}{\partial z^2} = 0 \tag{2-17}$$

对于各向同性的均质土，$k_x = k_z$，则式(2-17)可表达为

$$\frac{\partial^2 h}{\partial x^2} + \frac{\partial^2 h}{\partial z^2} = 0 \tag{2-18}$$

式(2-18)即为著名的拉普拉斯方程，也是平面稳定渗流的基本方程式。通过求解一定边界条件下的拉普拉斯方程，即可求得该条件下的渗流场。

下面以图2-10为例说明拉普拉斯方程的应用。设一个两层的土样保持常水头土层1顶面和土层2底面的水头差为 h_1，由于渗流只是沿着竖向 z 方向发生，因此式(2-18)可简化为

$$\frac{\partial^2 h}{\partial z^2} = 0 \tag{2-19}$$

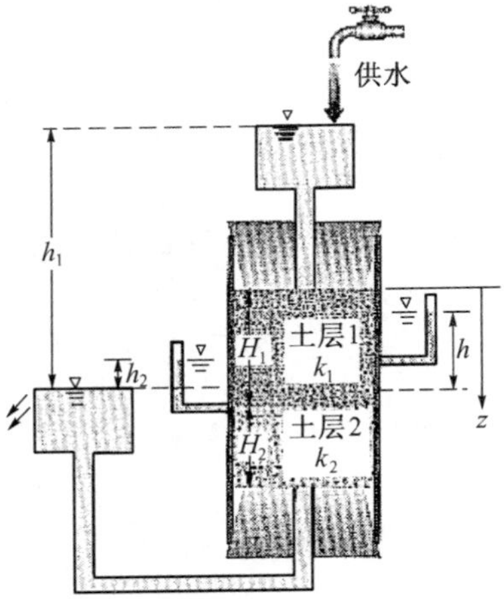

图2-10　通过二层土的渗流图

解得

$$h = A_1 z + A_2 \tag{2-20}$$

式中　A_1 和 A_2——常数。

根据边界条件，可以求得通过土层1的系数 A_1、A_2 如下：

边界条件1：当 $z=0$，$h=h_1$。

边界条件2：当 $z=H_1$，$h=h_2$。

把边界条件1代入式(2-20)得

$$A_2 = h_1 \tag{2-21}$$

同样，把边界条件2和式(2-21)代入式(2-20)得

$$h_2 = A_1 H_1 + h_1$$

或

$$A_1 = -\left(\frac{h_1 - h_2}{H_1}\right) \tag{2-22}$$

联立求解式(2-20)、式(2-21)、式(2-22),得

$$h=-\left(\frac{h_1-h_2}{H_1}\right)z+h_1 \quad (0 \leqslant z \leqslant H_1) \tag{2-23}$$

当水流通过土层2,边界条件如下:

边界条件1: $z=H_1, h=h_2$。

边界条件2: $z=H_1+H_2, h=0$。

把边界条件1代入式(2-20)得

$$A_2=h_2-A_1H_1 \tag{2-24}$$

把边界条件2代入式(2-20)和式(2-24)得

$$0=A_1(H_1+H_2)+(h_2-A_1H_1)$$

或

$$A_1=-\frac{h_2}{H_2} \tag{2-25}$$

从式(2-20)、式(2-24)、式(2-25)得

$$h=-\left(\frac{h_2}{H_2}\right)z+h_2\left(1+\frac{H_1}{H_2}\right) \quad (H_1 \leqslant z \leqslant H_1+H_2) \tag{2-26}$$

在给定的时间内,通过土层1的水量和通过土层2的水量相等,由此得

$$q=k_1\left(\frac{h_1-h_2}{H_1}\right)A=k_2\left(\frac{h_2-0}{H_2}\right)A \tag{2-27}$$

式中 A——土样的截面积;

k_1——土层1的渗透系数;

k_2——土层2的渗透系数。

或

$$h_2=\frac{h_1k_1}{H_1\left(\frac{k_1}{H_1}+\frac{k_2}{H_2}\right)} \tag{2-28}$$

把式(2-28)代入式(2-23),得

$$h=h_1\left(1-\frac{k_2z}{k_1H_2+k_2H_1}\right) \quad (0 \leqslant z \leqslant H_1) \tag{2-29}$$

同样,联立求解式(2-26)和式(2-28)得

$$h = h_1\left[\left(\frac{k_1}{k_1H_2 + k_2H_1}\right)(H_1 + H_2 - z)\right] \quad (H_1 \leqslant z \leqslant H_1 + H_2)$$

(2 - 30)

根据式(2-29)和式(2-30)可以得到任何位置的水头 h。

[**例 2-1**] 如图 2-10 所示,已知 $H_1 = 300\text{mm}$, $H_2 = 500\text{mm}$, $h_1 = 600\text{mm}$,在 $z = 200\text{mm}$ 处, $h = 500\text{mm}$,求 $z = 600\text{mm}$ 时 h 为多少。

解: 当 $z = 200\text{mm}$ 时位于土层 1,因此可采用式(2-29)计算:

$$500 = 600\left(1 - \frac{k_2(200)}{k_1(500) + k_2(300)}\right)$$

得

$$\frac{k_1}{k_2} = 1.8$$

因为 $z = 600\text{mm}$ 时位于土层 2,因此采用式(2-30)计算:

$$h = 600\left[\left(\frac{1}{500 + \frac{300}{1.8}}\right)(300 + 500 - 600)\right] = 180\text{mm}$$

2.3.2 流网特征与绘制

上述拉普拉斯方程表明,渗流场内任一点水头是其坐标的函数,知道了水头分布,即可确定渗流场的其它特征。求解拉普拉斯方程一般有四类方法:数学解析法、数值解法、电模拟法、图解法。其中图解法简便、快速,在工程中实用性强,因此,这里简要介绍图解法。所谓图解法即用绘制流网的方法求解拉普拉斯方程的近似解。

1. 流网的特征

流网是由流线和等势线所组成的曲线正交网格。在稳定渗流场中,流线(seepage lines)表示水质点的流动路线,流线上任一点的切线方向就是流速矢量的方向。等势线(equipotential lines)是渗流场中势能或水头的等值线。

对于各向同性渗流介质,由水力学可知,流网具有下列特征。

(1) 流线与等势线互相正交。

(2) 流线与等势线构成的各个网格的长宽比为常数。当长宽比为 1 时,网格为曲线正方形,这也是最常见的一种流网。

(3) 相邻等势线之间的水头损失相等。

（4）各个流槽的渗流量相等。

由这些特征可进一步知道，流网中等势线越密的部位，水力梯度越大，流线越密的部位流速越大。

2. 流网的绘制

如图 2－11 所示，流网绘制步骤如下：

（1）按一定比例绘出结构物和土层的剖面图。

（2）判定边界条件。

（3）先试绘若干条流线（应相互平行，不交叉且是缓和曲线）；流线应与进水面、出水面正交，并与不透水面接近平行，不交叉。

（4）加绘等势线。须与流线正交，且每个渗流区的形状接近"方块"。

上述过程不可能一次就合适，经反复修改调整，直到满足上述条件为止，图 2－12 为几种典型流网图。

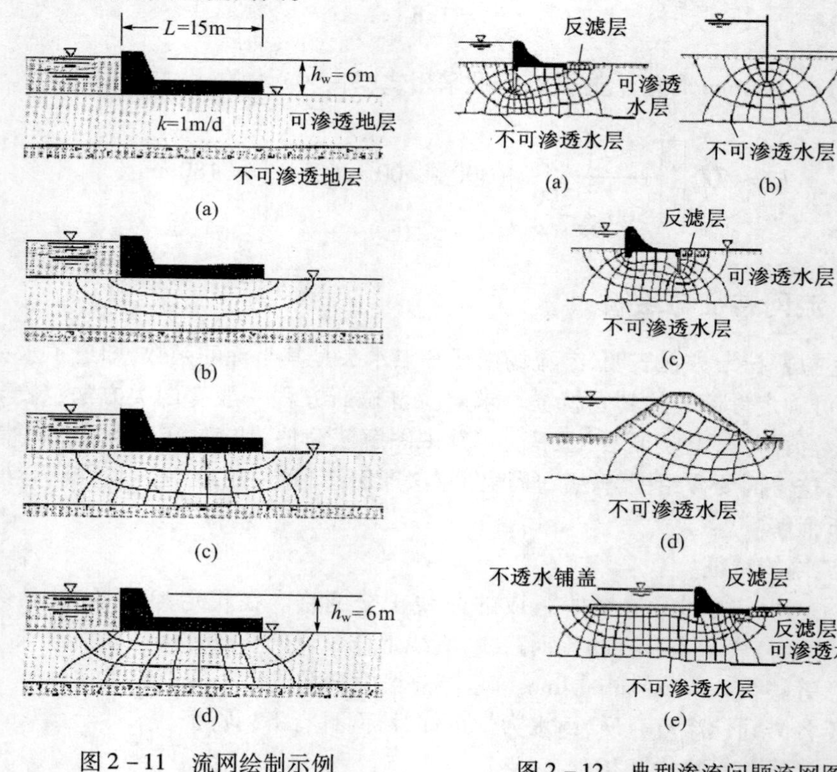

图 2－11　流网绘制示例

图 2－12　典型渗流问题流网图

（a）混凝土坝基下有钢板桩；（b）钢板桩；（c）混凝土坝趾设置钢板桩和滤层；（d）土坝；（e）混凝土坝上游防渗层，下游滤层。

根据流网，就可以直观地获得渗流特性的总体轮廓，并可定量求得渗流场中各点的水头、水力坡降、渗流速度和渗流量。

$$渗流量\ q = kh_w\left(\frac{N_f}{N_d}\right)\times(宽度) =$$

$$(1\text{m/d})\times(6\text{m})\times\frac{3}{9}(1\text{m 宽}) =$$

$$2\text{m}^3/\text{d}$$

3. 渗流量计算

如图 2－11 所示，若总水头差为 ΔH，则相邻等势线之间的水头损失为 Δh，有

$$\Delta h = \frac{\Delta H}{N_d} \tag{2-31}$$

式中 N_d——等势线条数减 1，图中 $N_d = 10 - 1 = 9$，则每个流槽的渗流量 $\Delta q(\text{m}^3/\text{d})$为

$$\Delta q = Aki = (b\times 1)\times k\frac{\Delta h}{L} = k\frac{\Delta hb}{L} = k\frac{\Delta H}{N_d}\frac{b}{L} \tag{2-32}$$

若 b/L 构造成 1，则总渗流量(m^3/d)为

$$q = k\sum_{i=1}^{N_f}\left(\frac{\Delta H}{N_d}\right)_i = k\Delta H\frac{N_f}{N_d} \tag{2-33}$$

式中 N_f——流槽的数量，等于流线数减 1，图中 $N_f = 4 - 1 = 3$。

［**例 2－2**］ 图 2－13 中，$H_1 = 11\text{m}$，$H_2 = 2\text{m}$，板桩的入土深度是 5m，地基土

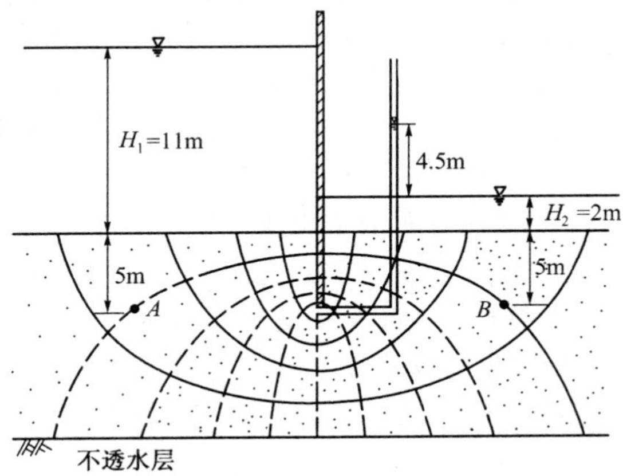

图 2－13 例 2－2 图

的渗透系数是 5×10^{-4} cm/s。(1) 求图中 A 点和 B 点的孔隙水压力;(2) 求每 1m 板桩宽的渗流量。

解: (1) 在图 2－13 中,流网网格 $N_d=10$,$N_f=5$,总水头差 $H_1-H_2=11-2=9$m,则每个网格的水头损失 $\Delta h=9/10=0.9$m。A、B 两点的孔隙水压力分别为

$$u_A=(5+11-0.9)\times9.8=148.0\text{kN/m}^2$$

$$u_B=(5+11-0.9\times9)\times9.8=77.4\text{kN/m}^2$$

(2) 已知渗透系为 5×10^{-4}cm/s $=0.432$m/d,根据公式流网可求得渗流量为

$$Q=k(H_1-H_2)\frac{N_f}{N_d}=0.432\times9\times\frac{5}{10}=1.944\text{m}^3/\text{d}$$

2.4 渗透破坏与控制

渗流引起的渗透破坏问题主要有两大类:一是由于渗流力的作用,使土体颗粒流失或局部土体产生移动,导致土体变形甚至失稳;二是由于渗流作用,使水压力或浮力发生变化,导致土体或结构物失稳。前者主要表现为流砂和管涌,后者则表现为岸坡滑动或挡土墙等构造物整体失稳。这里先介绍渗流力,再分析流砂和管涌现象。关于渗流对土坡稳定的影响将在第 7 章进行介绍。

2.4.1 渗流力

水在土体中流动时,由于受到土粒的阻力,而引起水头损失,从作用力与反作用力的原理可知,水流经过时必定对土颗粒施加一种渗流作用力。为研究方便,称单位体积土颗粒所受到的渗流作用力为渗流力或动水力。

在图 2－14 的渗透破坏试验中,对土样假想将土骨架和水分开来取隔离体,则对假想水柱隔离体来说,作用在其上的力有:

(1) 水柱重力 G_w 为土中水重力和土粒浮力的反力(等于土粒同体积的水重)之和,即 $G_w=V_v\gamma_w+V_s\gamma_w=V\gamma_w=LA_w\gamma_w$。

(2) 水柱上下两端面的边界水压力,γ_wh_w 和 γ_wh_1。

(3) 土柱内土粒对水流的阻力,其大小应与渗流力相等,方向相反。设单位土体内的渗流力和土粒对水流阻力分别为 J 和 T,则总阻力 $T'=TLA_w$,方向竖直向下,而渗流力 $J=T$,方向竖直向上。

现考虑假想水柱隔离体(图 2－14(b))的平衡条件,可得

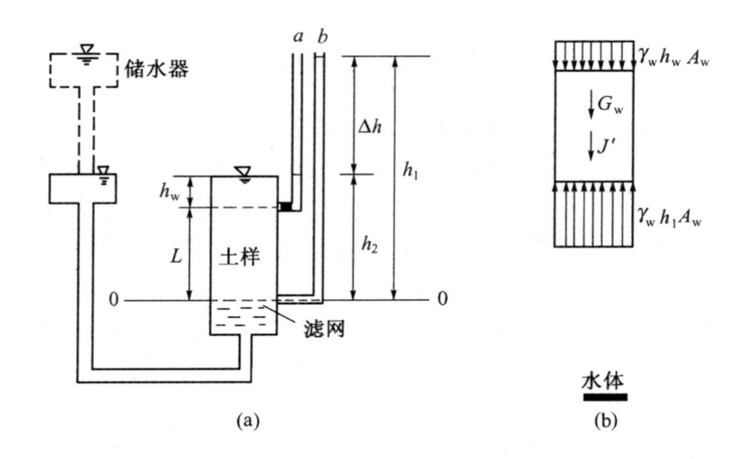

图 2－14　饱和土体中的渗流力计算

（a）渗透破坏试验示意；（b）假想水柱隔离体。

$$A_w\gamma_w h_w + G_w + T' = \gamma_w h_1 A_w$$

$$T = \frac{\gamma_w(h_1 - h_w - L)}{L} = \frac{\gamma_w \Delta h}{L} = \gamma_w i$$

得

$$J = T = \gamma_w i \tag{2-34}$$

从式(2－34)可知，渗流力是一种体积力，量纲与 γ_w 相同。渗透力的大小和水力梯度成正比，其方向与渗透方向一致。

2.4.2　流砂或流土现象

在图 2－14 的试验装置中，若储水器不断上提则 Δh 逐渐增大，从而作用在土体中的渗流力也逐渐增大。当 Δh 增大到某一数值，向上的渗流力克服了向下的重力时，土体就要发生浮起或受到破坏。将这种在向上的渗流力作用下，粒间有效应力为零时，颗粒群发生悬浮、移动的现象称为流砂现象，或流土现象。

这种现象多发生在颗粒级配均匀的饱和细、粉砂和粉土层中。它的发生一般是突发性的，对工程危害极大。

流砂现象的产生不仅取决于渗流力大小，同时与土颗粒级配、密度及透水性等条件相关。

使土开始发生流砂现象时的水力梯度称为临界水力梯度 i_{cr}，显然，渗流力 $\gamma_w i$ 等于土的浮重度 γ'时，土处于产生流砂的临界状态，因此临界水力梯度 i_{cr}为

$$i_{cr} = \frac{\gamma'}{\gamma_w} = (d_s - 1)(1 - n) \tag{2-35}$$

式(2－35)亦表明，临界水力梯度与土性密切相关，研究表明，土的不均匀系数越大，i_{cr}值越小；土中细颗粒含量高，i_{cr}值增大；土的渗透系数越大，临界水力坡度越低。上海地区的经验表明流砂现象多发生在下列特征的土层中：① 土的颗粒组成中，黏粒含量小于10%，粉粒、砂粒含量大于75%；② 土的不均匀系数小于5；③ 土的含水量大于30%；④ 土的孔隙率大于43%（孔隙比大于0.75）；⑤ 黏性土中夹有砂层时，其层厚大于25cm；国外文献资料也有类似的标准即：孔隙比 $e > 0.75 \sim 0.80$，有效粒径 $d_{10} < 0.1$mm 及不均匀系数小于5的细砂最易发生流砂现象。

流砂现象的防治原则是：① 减小或消除水头差，如采取基坑外的井点降水法降低地下水位或采取水下挖掘；② 增长渗流路径，如打板桩；③ 在向上渗流出口处地表用透水材料覆盖压重以平衡渗流力；④ 土层加固处理，如冻结法、注浆法等。

2.4.3 管涌现象

在水流渗透作用下，土中的细颗粒在粗颗粒形成的孔隙中移动，以至流失；随着土的孔隙不断扩大，渗流速度不断增加，较粗的颗粒也相继被水流逐渐带走，最终导致土体内形成贯通的渗流管道，如图2－15所示，造成土体塌陷，这种现象称为管涌。可见，管涌破坏一般有个时间发展过程，是一种渐进性质的破坏。

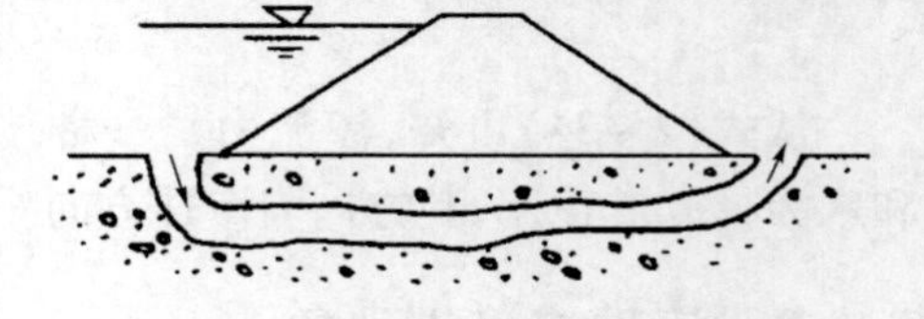

图2－15　通过坝基的管涌图

在自然界中，在一定条件下同样会发生上述渗透破坏作用，为了与人类工程活动所引起的管涌相区别，通常称为潜蚀。潜蚀作用有机械的和化学的两种。机械潜蚀是指渗流的机械力将细土粒冲走而形成洞穴；化学潜蚀是指水流溶解了土中的易溶盐或胶结物使土变松散，细土粒被水冲走而形成洞穴，机械和化学两种作用往往是同时存在的。

土是否发生管涌，首先取决于土的性质。管涌多发生在砂性土中，其特征是颗粒大小差别较大，往往缺少某种粒经，孔隙直径大且相互连通。无黏性土产生管涌必须具备两个条件：① 几何条件：土中粗颗粒所构成的孔隙直径必须大于细颗粒的直径，这是必要条件，一般不均匀系数 $C_u > 10$ 的土才会发生管涌；② 水力条件：渗流力能够带动细颗粒在孔隙间滚动或移动是发生管涌的水力条件，可用管涌的水力梯度来表示。但管涌临界水力梯度的计算至今尚未成熟。

对于重大工程,应尽量由试验确定。

防治管涌现象,一般可从下列两个方面采取措施:① 改变水力条件,降低水力梯度,如打板桩;② 改变几何条件,在渗流逸出部位铺设反滤层是防止管涌破坏的有效措施。

复习思考题

1. 试解释起始水力梯度产生的原因。
2. 为什么室内渗透试验与现场测试得出的渗透系数有较大差别?
3. 拉普拉斯方程适用于什么条件的渗流场?
4. 地下水渗流时为什么会产生水头损失?
5. 为什么流线与等势线总是正交的?
6. 流砂与管涌现象有什么区别和联系?
7. 渗流力还会引起哪些破坏?

习　题

[2-1] 某渗透试验装置如图 2-16 所示。砂Ⅰ的渗透系数 $k_1 = 2 \times 10^{-1}$cm/s;砂Ⅱ的渗透系数 $k_2 = 1 \times 10^{-1}$cm/s,砂样断面积 $A = 200\text{cm}^2$,试问:

(1) 若在砂Ⅰ与砂Ⅱ分界面处安装一测压管,则测压管中水面将升至右端水面以上多高?

(2) 砂Ⅰ与砂Ⅱ界面处的单位渗水量 q 多大?

[2-2] 定水头渗透试验中,已知渗透仪直径 $D = 75$mm,在 $L = 200$mm 渗流途径上的水头损失 $h = 83$mm,在 60s 时间内的渗水量 $Q = 71.6\text{cm}^3$,求土的渗透系数。

[2-3] 设做变水头渗透试验的黏土试样的截面积为 30cm^2,厚度为 4cm,渗透仪细玻璃管的内径为 0.4cm,试验开始时的水位差为 145cm,经时段 7min25s 观察得水位差为 100cm,试验时的水温为 20℃,试求试样的渗透系数。

[2-4] 图 2-17 为一板桩打入透水土层后形成的流网。已知透水土层深 18.0m,渗透系数 $k = 3 \times 10^{-4}$mm/s,板桩打入土层表面以下 9.0m,板桩前后水深如图中所示。试求:(1) 图中所示 a、b、c、d、e 各点的孔隙水压力;(2) 地基的单位渗水量。

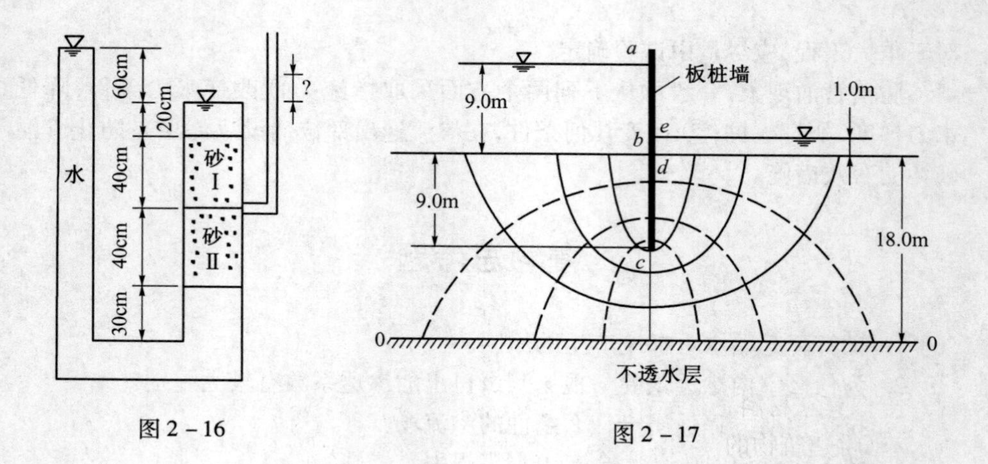

60cm
20cm
40cm
40cm
30cm
水
砂 I
砂 II
?
a
板桩墙
9.0m
1.0m
e
b
d
9.0m
18.0m
c
0
0
不透水层

图 2 – 16

图 2 – 17

第3章　土中应力计算

3.1　概　　述

土像其它材料一样，受力后也要产生应力和变形。在地基土层上建造建筑物，基础将建筑物的荷载传给地基，使地基中原有的应力状态发生变化，引起地基变形，从而使建筑物产生一定的沉降量和沉降差。如果应力变化引起的变形量在容许范围以内，则不致对建筑物的使用和安全造成危害；但当外荷载在土中引起的应力过大时，则不仅会使建筑物发生不能容许的过量沉降，甚至可以使土体发生整体破坏而失去稳定。因此，研究土中应力计算和分布规律是研究地基和土工建筑物变形和稳定问题的依据。

土体中的应力，就其产生的原因主要有两种：一是自重应力；二是附加应力。自重应力是在未建造基础前，由于土体本身受重力作用引起的应力，附加应力则是由于建筑物荷载在土中引起的应力。本章将主要介绍自重应力和附加应力的计算方法。

3.1.1　应力计算的有关假定

土体中的应力分布，主要取决于土的应力—应变关系特性。真实土的应力—应变关系是非常复杂的，实用中多对其进行简化处理。目前在计算地基中的附加应力时，常把土当成线弹性体，即假定地基土是均匀、连续、各向同性的半无限线性变形体，其应力与应变呈线性关系，服从广义胡克定律，从而可直接应用弹性理论得出应力的解析解。尽管这种假定是对真实土体性质的高度简化，但在一定条件下，再配合以合理的判断，实践证明，用弹性理论得到的土中应力解答虽有误差但仍可满足工程需要。

3.1.2　土力学中应力符号的规定

土是散粒体，一般不能承受拉应力。在土中出现拉应力的情况很少，因此在土力学中对土中应力的正负符号与材料力学中的规定不同。如图3－1

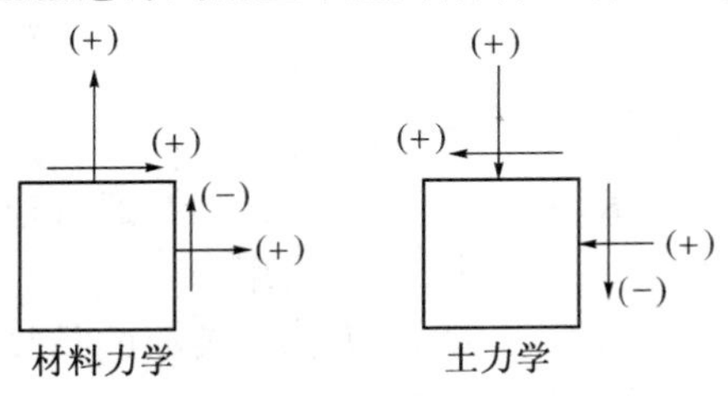

图3－1　应力符号的规定

所示,在土力学中,规定压应力为正,拉应力为负;剪应力方向的符号规定也与材料力学相反,材料力学中规定剪应力以顺时针方向为正,土力学中则规定剪应力以逆时针方向为正。

3.2 土的自重应力计算

3.2.1 均质土的自重应力计算

土体的自重应力 σ_c 是在加载前由于上覆地层引起的应力,该应力是指在受力单元体任意斜面上的应力;而竖向自重应力 σ_{cz} 则特指作用在单元体水平面上的垂直应力,该单元体埋深为 z,假定为密实材料(没有孔隙),如图 3-2 所示。

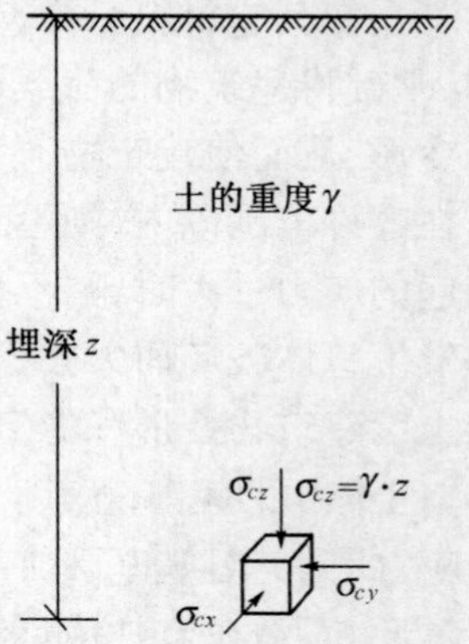

自重应力或竖向自重应力取决于土体本身的特性。竖向自重应力 σ_{cz} 可通过一个简单的公式来确定:

$$\sigma_{cz} = \gamma \cdot z \tag{3-1}$$

式中 z——受力单元体的埋深(m);

γ——土的重度(kN/m^3)。

图 3-2 匀质土中自重应力

从式(3-1)可知,σ_{cz} 与深度 z 成正比例增加。地基土在自重作用下,除受竖向正应力作用外,还受水平向正应力作用。按弹性理论,水平自重应力可根据广义胡克定律求得,而水平向及竖向的剪应力均为零,即

$$\sigma_{cx}(\sigma_{cy}) = \frac{\mu}{1-\mu}\sigma_{cz} = K_0 \cdot \sigma_{cz} \tag{3-2}$$

$$\tau_{xy} = \tau_{yz} = \tau_{zx} = 0 \tag{3-3}$$

式中 μ——土的泊松比;

K_0——静止土压力系数,通常通过做试验测得,无试验资料时,可考虑由表 3-1 选用。

在实际工程中,人们多关心的是竖向自重应力,故通常说的自重应力即指竖向自重应力。

表 3-1　侧压力系数 K_0 与泊松比 μ 值

土的种类和状态		K_0	μ
碎石土		0.18~0.25	0.15~0.20
砂土		0.25~0.33	0.20~0.25
粉土		0.33	0.25
粉质黏土	坚硬状态	0.33	0.25
	可塑状态	0.43	0.30
	软塑及流塑状态	0.53	0.35
黏土	坚硬状态	0.33	0.25
	可塑状态	0.53	0.35
	软塑及流塑状态	0.72	0.42

3.2.2 成层土的自重应力计算

一般情况下，地基土多为层状土，若各层土的厚度和重度分别为 h_i 和 γ_i 时，则深度 z 处的竖向应力可按下式计算：

$$\sigma_{cz} = \gamma_1 \cdot h_1 + \gamma_2 \cdot h_2 + \cdots + \gamma_n \cdot h_n = \sum_{i=1}^{n} \gamma_i \cdot h_i \qquad (3-4)$$

式中　n——从天然地面起到深度 z 处的土层数；

h_i——第 i 层土的厚度(m)；

γ_i——第 i 层土的重度，在地下水位以下土受到水的浮力作用，取土的浮重度 γ'_i 代替 γ_i，水的重度取 $10\mathrm{kN/m^3}$。

按式(3-4)计算出各土层分界处的自重应力，然后在所计算竖线的左边用水平线按一定比例表示各点的自重应力值，再用直线加以连接(图 3-3)，所得折线通称为土的自重应力曲线。土的自重应力分布线是一条折线，折点在土层交界处和地下水位处，在不透水层处分布线有突变。

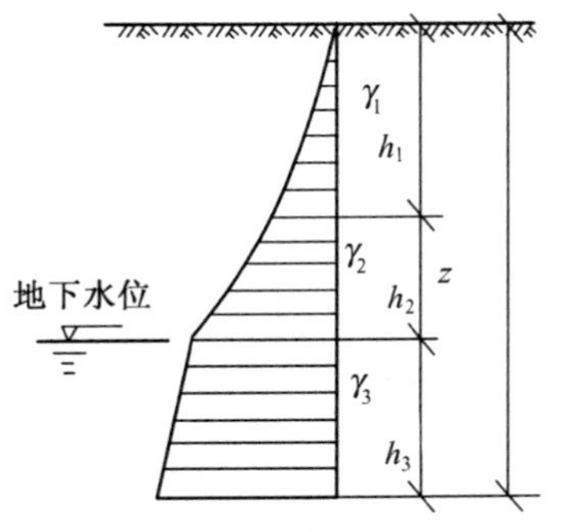

图 3-3　成层土中自重应力

自然界中的土层，从形成至今已有很长年代，可认为自重应力引起的压缩变形早已完成，因此自重应力不会引起建筑物地基的沉降。但对于近期沉积或堆积的土层，应考虑在自重应力作用下的变形。

[例 3-1]　已知某地基土层剖面(图 3-4)，已知填土 $\gamma = 15.7\mathrm{kN/m^3}$，粉质

黏土$\gamma = 18.0\text{kN/m}^3$,淤泥$\gamma = 16.7\text{kN/m}^3$,水$\gamma = 10\text{kN/m}^3$,求各层土的竖向自重应力及地下水位下降至淤泥层顶面时的竖向自重应力,并分别绘出其分布曲线。

解:按式(3-4)计算各层面处的自重应力。

(1)地下水位下降前:

$$\sigma_{cz0} = 0$$

$$\sigma_{cz1} = 15.7 \times 0.5 = 7.85\text{kPa}$$

$$\sigma_{cz2} = 7.85 + 18 \times 0.5 = 16.85\text{kPa}$$

$$\sigma_{cz3} = 16.85 + (18 - 10) \times 3 = 40.85\text{kPa}$$

$$\sigma_{cz4}^{上} = 40.85 + (16.7 - 10) \times 7 = 87.75\text{kPa}$$

$$\sigma_{cz4}^{下} = 87.75 + 10 \times (3 + 7) = 187.75\text{kPa}$$

(2)当地下水位下降至淤泥层顶面时:

$$\sigma_{cz1} = 7.85\text{kPa}$$

$$\sigma_{cz2} = 16.85\text{kPa}$$

$$\sigma_{cz3} = 16.85 + 18 \times 3 = 70.85\text{kPa}$$

$$\sigma_{cz4}^{上} = 70.85 + (16.7 - 10) \times 7 = 117.75\text{kPa}$$

$$\sigma_{cz4}^{下} = 117.75 + 10 \times 7 = 187.75\text{kPa}$$

依次用直线连结以上各点,即可得到土层的自重应力曲线,如图3-4所示。

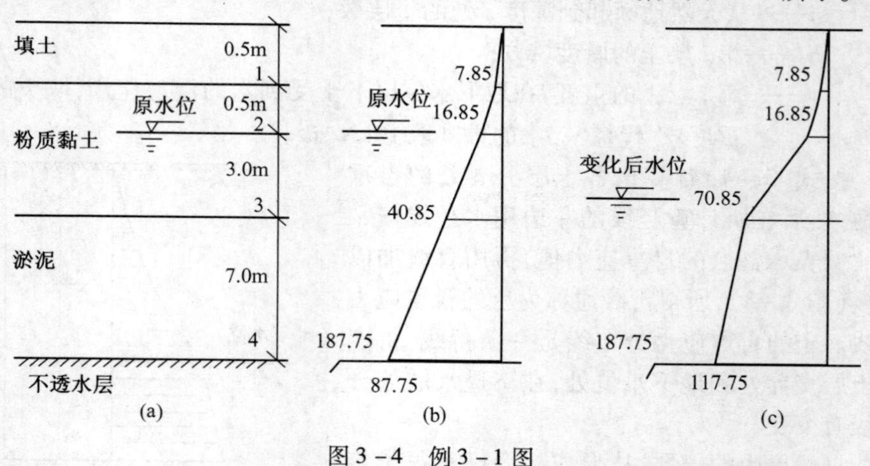

图3-4 例3-1图

(a)土层剖面;(b)地下水位下降前的自重应力;(c)地下水位下降后的自重应力。

由例3-1图可知,地下水位的升降会引起土中自重应力的变化。当水位下降时,原水位以下自重应力增加,增加值可看作附加应力,会引起地表或基础的下沉;当水位上升时,对地下建筑工程地基的防潮不利,对黏性土的强度也会有一定的影响。

3.3 基底压力计算及分布

建筑物的荷载通过基础传给地基，在基础底面与地基之间产生接触压力，称为基底压力。它既是基础作用于地基表面的力，又是地基作用于基础的地基反力。要计算上部荷载在地基中产生的附加应力，就必须首先研究基底压力的大小与分布规律。

3.3.1 基底压力的分布

基底压力的分布与基础的大小与刚度、荷载的大小与分布、地基土的性质、基础埋置深度等许多因素有关。它涉及上部结构、基础和地基相互作用的问题。实测表明，基底压力的分布有以下几种形态。

1. 柔性基础

柔性基础如土坝、路基等，抗弯刚度很小，如同放在地基上的柔软薄膜，在竖向荷载作用下没有抵抗弯曲变形的能力，基础随着地基一起变形，基础底面的沉降中部大而边缘小。因此，基底压力的分布与上部荷载分布情况相同，如图 3－5(a)所示。如果要使柔性基础底面各点沉降相同，则必定要增加边缘荷载，减少中部荷载，如图 3－5(b)所示。

2. 刚性基础

绝对刚性基础的抗弯刚度为无穷大，将不产生任何的挠曲变形，在均布荷载作用下，只能保持平面下沉而不能弯曲。基础的变形与地基不相适应，基础中部将会与地面脱开，出现应力架桥作用。为使地基与基础的变形能保持相容，必然要重新调整基底压力的分布形式，使两端应力增大，中间应力减小，从而使地基保持均匀下沉，以适应绝对刚性基础的变形。若地基为完全弹性体，根据弹性理论解得的基底压力中间小，两边无穷大，如图 3－6 所示。

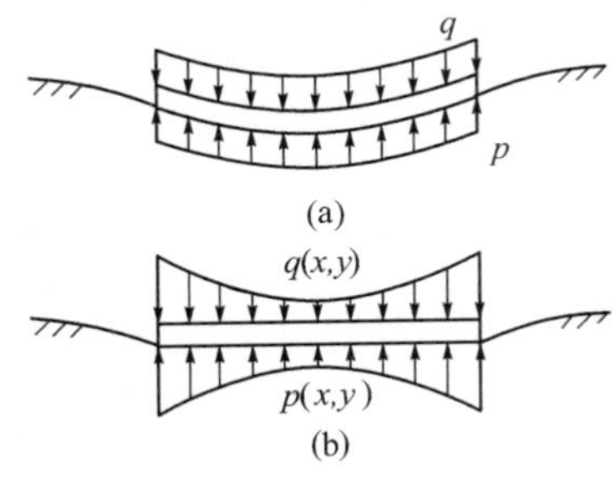

图 3－5　柔性基础基底压力分布

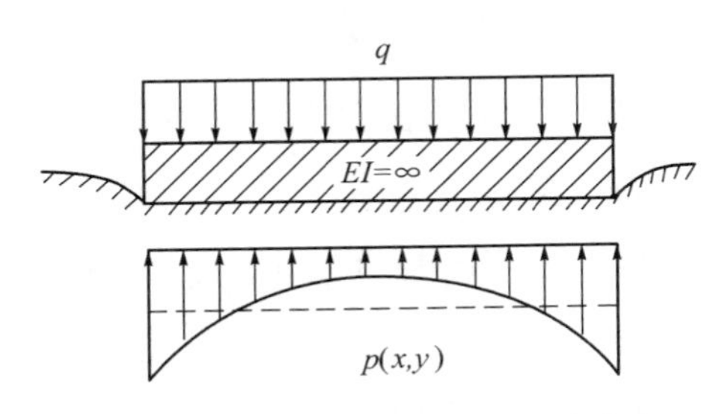

图 3－6　绝对刚性基础基底压力分布

实际工程中,最常见的是有限刚度基础。同时,地基也不是完全弹性体。当地基两端的压力足够大,超过土的极限强度后,土体就会形成塑性区,这时基底两端处地基土所承受的压力不能继续增大,多余的应力自行调整向中间转移;又因为基础也不是绝对刚性的,可以稍微弯曲,故基底压力的分布形式较复杂。

对于砂性土地基表面上的条形基础,由于受到中心荷载作用时,基底压力分布呈抛物线,随着荷载增加,基底压力分布的抛物线曲率增大。这主要是散状砂土颗粒的侧向移动导致边缘的压力向中部转移而形成的。

对于黏性土表面上的条形基础,其基底压力随荷载增大分别呈近似弹性解、马鞍形、抛物线形和倒钟形分布,如图 3-7 所示。其中,$q_1 < q_2 < q_3$。

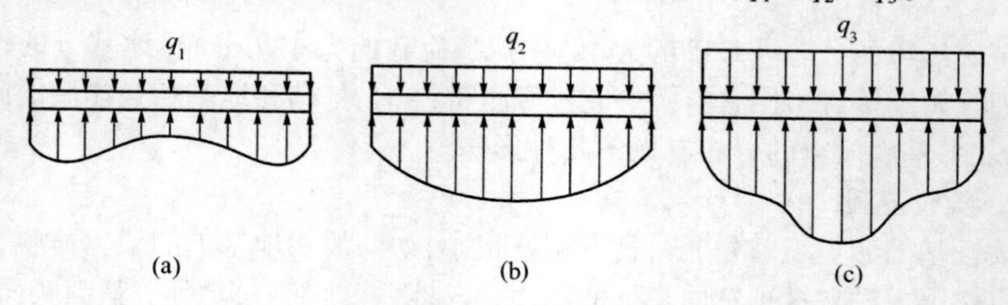

图 3-7　刚性基础基底压力分布

(a) 马鞍形; (b) 抛物线形; (c) 钟形。

根据弹性力学中的圣维南原理,基底压力的具体分布形式对地基应力计算的影响仅局限于一定深度范围;超出此范围以后,地基中附加应力的分布将只取决于荷载的大小、方向和合力的位置,而基本上不受基底压力分布形状的影响。因此,对于有限刚度且尺寸较小的基础等,其基底压力可近似地按直线分布,应用材料力学公式进行简化计算。

实际工程中,基础介于柔性和绝对刚性之间,一般具有较大的刚度。由于受到地基承载力限制,作用在基础上的荷载不会太大,基础又有一定的埋深,基底压力大多属于马鞍形分布,比较接近直线。因此工程中近似认为基底压力按直线分布,按照材料力学公式简化计算。

3.3.2　基底压力的简化计算

1. 中心受压基础

基础所受荷载的合力通过基底形心,假定基底压力为均匀分布,如图 3-8 所示。

$$p_k = \frac{F_k + G_k}{A} \tag{3-5}$$

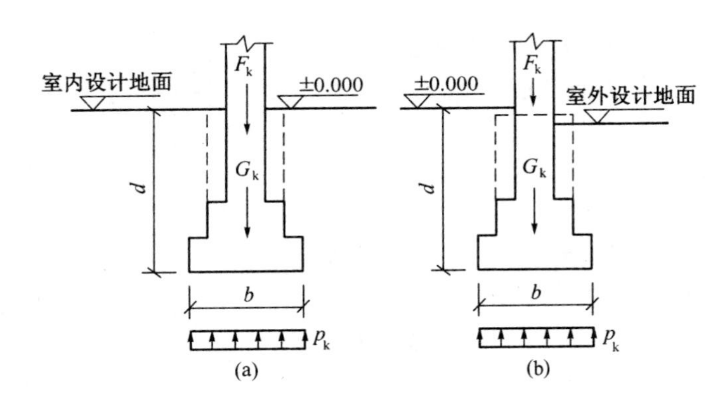

图 3－8

式中 p_k——相应于荷载效应标准组合时，基础底面处的平均压力值（kPa）；

F_k——相应于荷载效应标准组合时，上部结构传至基础顶面的竖向力值（kN）；

G_k——基础自重和基础上的土重（kN）（$G_k=\gamma_G Ad$，其中 γ_G 为基础和回填土的平均重度，一般取 $20kN/m^3$；在地下水位以下部分 G_k 应扣除浮力）；

d——基础埋深，一般从设计地面或室内外平均设计地面算起（m）；

A——基础底面面积（m^2）。

对于基础长度大于宽度 10 倍的条形基础，通常沿基础长度方向取 1m 来计算，此时式（3－5）中 A 取基础宽度 b，而 F_k 和 G_k 则为每延米内的相应值（kN/m）。

2. 偏心受压基础

单向偏心荷载作用下，通常将基底长边方向取与偏心方向一致，如图 3－9 所示，此时基底边缘压力为

$$p_{\substack{kmax\\kmin}}=\frac{F_k+G_k}{bl}\pm\frac{M_k}{W}=\frac{F_k+G_k}{bl}\left(1\pm\frac{6e}{l}\right) \quad (3-6)$$

式中 p_{kmax}，p_{kmin}——相应于荷载效应标准组合时，基础底面边缘的最大、最小压力值（kPa）；

M_k——相应于荷载效应标准组合时，作用于基础底面的力矩值（kN·m）；

W——基础底面的抵抗矩，$W=\frac{bl^2}{6}$（m^3）；

e——偏心距，$e=\frac{M_k}{F_k+G_k}$（m）。

由式(3－6)可知,按照荷载偏心距 e 的大小,基底压力的分布可能出现如下三种情况。

(1) 当 $e<l/6$ 时,$p_{\mathrm{kimn}}>0$,基底压力呈梯形分布,如图3－9(a)所示。

(2) 当 $e=l/6$ 时,$p_{\mathrm{kmin}}=0$,基底压力呈三角形分布,如图3－9(b)所示。

(3) 当 $e>l/6$ 时,$p_{\mathrm{kmin}}<0$;地基反力出现拉力,如图3－9(c)所示。由于地基土不可能承受拉力,此时产生拉应力部分的基底将与地基土局部脱开,使基底压力重新分布。根据偏心荷载与基底压力的平衡条件,偏心荷载合力 $F_{\mathrm{k}}+G_{\mathrm{k}}$ 作用线应通过三角形基底压力分布图的形心,由此得出

$$\frac{3a}{2}p_{\mathrm{kmax}}b=F_{\mathrm{k}}+G_{\mathrm{k}}$$

即

$$p_{\mathrm{kmax}}=\frac{2(F_{\mathrm{k}}+G_{\mathrm{k}})}{3ab}=\frac{2(F_{\mathrm{k}}+G_{\mathrm{k}})}{3b(l/2-e)} \tag{3-7}$$

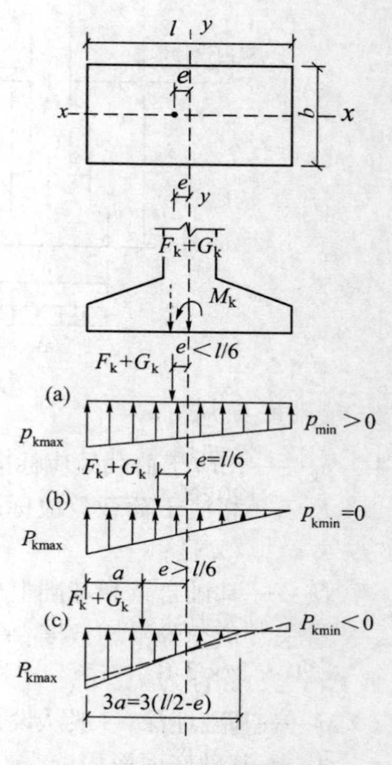

图3－9　偏心荷载作用下基底压力分布

3.3.3　基底附加压力的计算

基底附加压力计算见图3－10所示。

$$p_0=p_{\mathrm{k}}-\sigma_{cz}=p_{\mathrm{k}}-\gamma_0 d \tag{3-8}$$

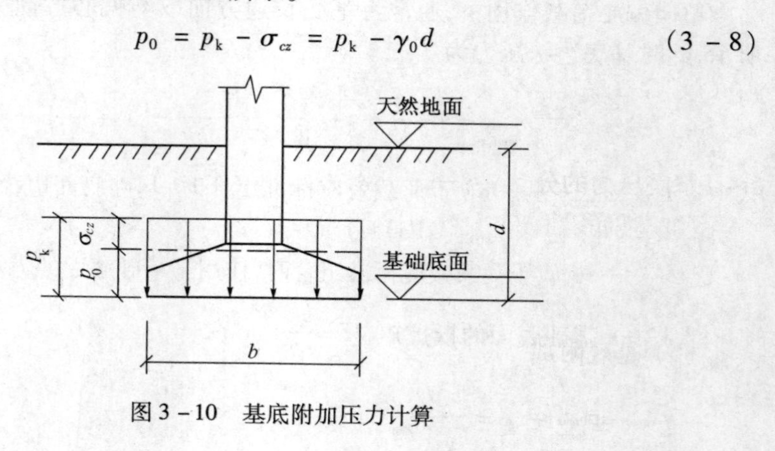

图3－10　基底附加压力计算

式中 σ_{cz}——基底处土的自重应力标准值(kPa);

γ_0——基础底面标高以上天然土层的加权平均重度;其中地下水位以下的土层用有效重度算;

$\gamma_0 = (\gamma_1 h_1 + \gamma_2 h_2 + \cdots + \gamma_n h_n)/(h_1 + h_2 + \cdots + h_n)(\mathrm{kN/m^3})$。

d——基础理置深度,从天然地面算起;对于新填土场地,则应从老天然地面算起 $d = h_1 + h_2 + \cdots + h_n$。

需要指出的是,以上公式用于地基承载力计算;如果用于计算地基变形量,所求基底压力和基底附加压力则为相应于荷载效应准永久组合时的压力值。

[**例 3-2**] 某矩形单向偏心受压基础,基础底面尺寸为 $b = 2\mathrm{m}, l = 3\mathrm{m}$。其上作用荷载如图 3-11 所示,$F_k = 300\mathrm{kN}, M_k = 120\mathrm{kN \cdot m}$,试计算基底压力(绘出分布图)和基底附加压力。

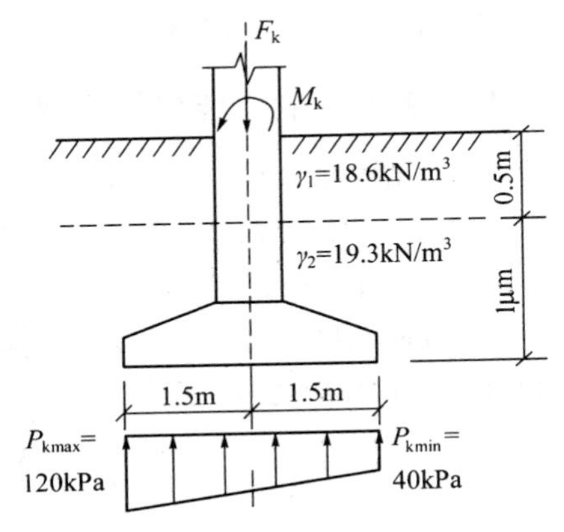

图 3-11 基底附加压力分布

解:

(1) 基础及其上回填土的重量:

$$G_k = 20 \times 2 \times 3 \times 1.5 = 180(\mathrm{kN})$$

(2) 偏心距:

$$e = \frac{M_k}{F_k + G_k} = \frac{120}{300 + 180}$$

$$= 0.25 < \frac{l}{6} = \frac{3}{6} = 0.5(\mathrm{m})$$

(3) 基底压力:

$$p_{\substack{kmax \\ kmin}} = \frac{F_k + G_k}{bl} \pm \frac{M_k}{W} = \frac{F_k + G_k}{bl}\left(1 \pm \frac{6e}{l}\right) =$$

$$\frac{300 + 180}{2 \times 3}\left(1 \pm \frac{6 \times 0.25}{3}\right) = 80(1 \pm 0.5) = \frac{120}{40}(\mathrm{kPa})$$

基底压力的分布图形如图 3-11 所示。

(4) 基底以上土的加权平均重度:

$$\gamma_0 = \frac{\gamma_1 h_1 + \gamma_2 h_2}{h_1 + h_2} = \frac{18.6 \times 0.5 + 19.3 \times 1.0}{0.5 + 1.0} = 19.07(\mathrm{kN/m^3})$$

(5) 基底附加压力:

$$p_{\substack{0max \\ 0min}} = p_{\substack{kmax \\ kmin}} - \gamma_0 d = \frac{120}{40} - 19.07 \times 1.5 = \frac{91.4}{11.4}(\mathrm{kPa})$$

3.4　地基土中附加应力

地基附加应力是指建筑物荷载在地基内引起的应力增量。对一般天然土层而言，自重应力引起的压缩变形在地质历史上早已完成，不会再引起地基的沉降；而附加应力是因为建筑物的修建而在自重应力基础上新增加的应力，因此它是使地基产生变形，引起建筑物沉降的主要原因。在计算地基中的附加应力时，一般假定地基土是连续、均质、各向同性的半无限空间线弹性体，直接应用弹性力学中关于弹性半空间的理论解答。

3.4.1　竖向集中力作用下地基附加应力

在半无限空间弹性体表面作用一个竖向集中力时，如图 3-12 所示，在半空间内任一点所引起的应力和位移的弹性力学解由法国人布辛奈斯克(J. Boussinesq, 1885)求得。其中在建筑工程中常用到的竖向附加应力 σ_z 表达式为

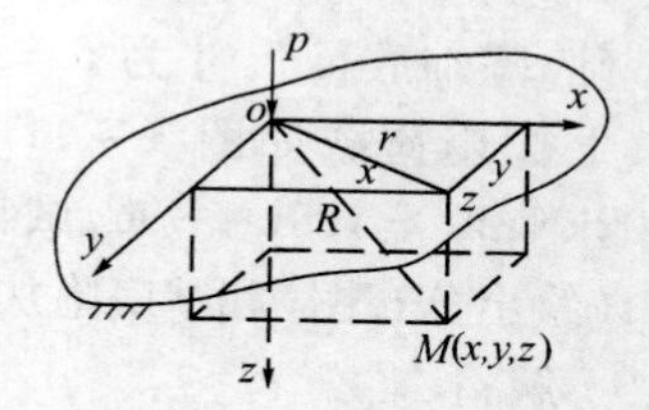

图 3-12　竖向集中力作用下土中附加应力

$$\sigma_z = \frac{3P}{2\pi}\frac{z^3}{R^5} = \alpha\frac{P}{z^2} \tag{3-9}$$

式中　α——竖向集中力作用下地基竖向附加应力系数(由式(3-10)计算，也可由表 3-2 查得)。

$$\alpha = \frac{3}{2\pi[1+(r/z)^2]^{5/2}} \tag{3-10}$$

表 3-2　竖向集中荷载作用下地基竖向附加应力系数 α

r/z	α	r/z	α	r/z	α	r/z	α	r/z	α
0.00	0.4775	0.50	0.2733	1.00	0.0844	1.50	0.0251	2.00	0.0085
0.05	0.4745	0.55	0.2466	1.05	0.0744	1.55	0.0224	2.20	0.0058
0.10	0.4657	0.60	0.2214	1.10	0.0658	1.60	0.0200	2.40	0.0040
0.15	0.4516	0.65	0.1978	1.15	0.0581	1.65	0.0179	2.60	0.0029
0.20	0.4329	0.70	0.1762	1.20	0.0513	1.70	0.0160	2.80	0.0021
0.25	0.4103	0.75	0.1565	1.25	0.0454	1.75	0.0144	3.00	0.0015
0.30	0.3849	0.80	0.1386	1.30	0.0402	1.80	0.0129	3.50	0.0007
0.35	0.3577	0.85	0.1226	1.35	0.0357	1.85	0.0116	4.00	0.0004
0.40	0.3294	0.90	0.1083	1.40	0.0317	1.90	0.0105	4.50	0.0002
0.45	0.3011	0.95	0.0956	1.45	0.0282	1.95	0.0095	5.00	0.0001

对式(3-9)进行分析，可以得到集中力作用下地基附加应力 σ_z 的分布特征，如图3-13所示。在荷载轴线上，$r=0$，竖向附加应力 σ_z 随着深度 z 的增加而减小；在任一水平线上，深度 z 为定值，当 $r=0$ 时，σ_z 最大，但随着 r 的增大，σ_z 逐渐减小；在 $r>0$ 的竖直线上，当 $z=0$ 时，$\sigma_z=0$，随着 z 的增大，σ_z 逐渐增大，但当 z 增大到一定深度时，σ_z 由最大值逐渐减小。

如果将地基中 σ_z 相同的点连接起来，便得到如图3-14所示的附加应力 σ_z 的等值线，由图可知，附加应力呈泡状向四周扩散分布，距离集中力作用点越远，附加应力就越小。

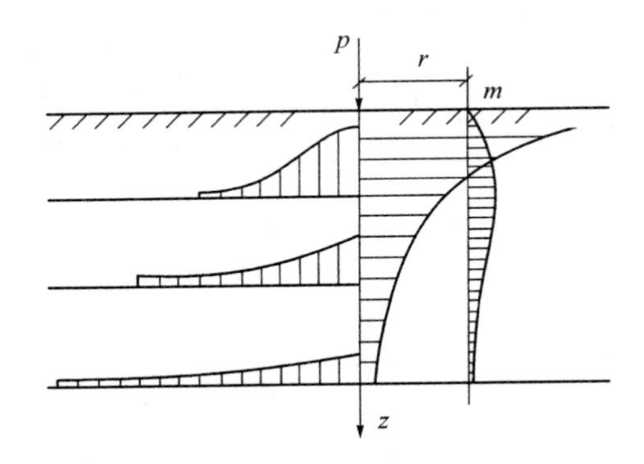

图3-13　竖向集中力作用下土中附加应力分布

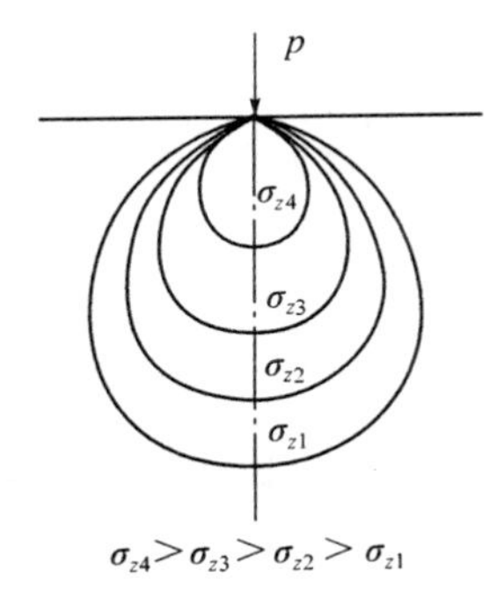

图3-14　附加应力 σ_z 的等值线

3.4.2　分布荷载作用下地基附加应力

1. 矩形基础底面受竖向荷载作用时地基中附加应力

1）竖向均布荷载作用角点下的附加应力

矩形基础底面尺寸为 $b\times l$，基底附加压力均匀分布。将基底角点作为坐标原点，并建立坐标系，如图3-15所示。在矩形内取一微面积 $\mathrm{d}x\mathrm{d}y$，微面积上的荷载为 $\mathrm{d}p=p_0\mathrm{d}x\mathrm{d}y$，则在角点下任一深度 z 处的 M 点由集中力 $\mathrm{d}p$ 引起的竖向附加应力 $\mathrm{d}\sigma_z$ 可由式(3-11)求得：

$$\mathrm{d}\sigma_z=\frac{3}{2\pi}\times\frac{p_0z^3}{(x^2+y^2+z^2)^{5/2}}\mathrm{d}x\mathrm{d}y \tag{3-11}$$

将其在基底范围内进行积分得

$$\sigma_z=\iint_A\mathrm{d}\sigma_z=\frac{3p_0z^3}{2\pi}\int_0^b\int_0^l\frac{1}{(x^2+y^2+c^2)^{5/2}}\mathrm{d}x\mathrm{d}y$$

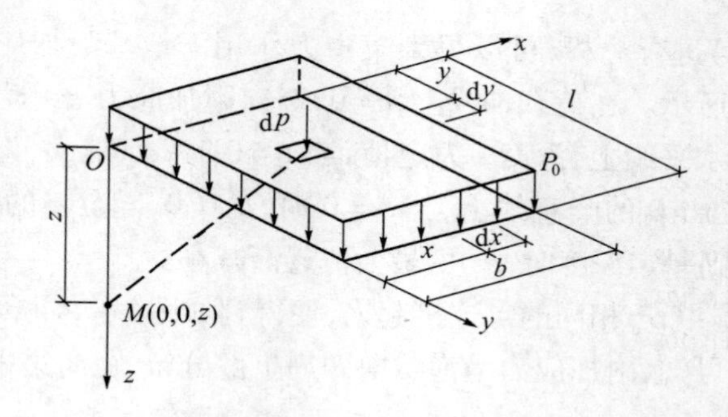

图 3-15　均布矩形荷载角点下的附加应力

$$
= \frac{p_0}{2\pi}\left[\frac{blz(b^2+l^2+2z^2)}{(b^2+z^2)(l^2+z^2)\sqrt{b^2+l^2+z^2}} + \arctan\frac{bl}{z\sqrt{b^2+l^2+z^2}}\right] \tag{3-12}
$$

令

$$
\alpha_c = \frac{1}{2\pi}\left[\frac{blz(b^2+l^2+2z^2)}{(b^2+z^2)(l^2+z^2)\sqrt{b^2+l^2+z^2}} + \arctan\frac{bl}{z\sqrt{b^2+l^2+z^2}}\right] \tag{3-13}
$$

则

$$
\sigma_z = \alpha_c p_0 \tag{3-14}
$$

式中　α_c——矩形基础底面受竖向均布荷载作用时角点下土的竖向附加应力系数（由 $m=l/b$、$n=z/b$ 查表 3-3 求得。但需注意，l 为基底长边，b 为基底短边）；

P_0——基底附加压力；

Z——由基础底面起算的地基深度。

表 3-3　竖向均布矩形荷载角点下土的竖向附加应力系数 α_c

$n=z/b$	$m=l/b$											
	1.0	1.2	1.4	1.6	1.8	2.0	3.0	4.0	5.0	6.0	10.0	条形
0.0	0.250	0.250	0.250	0.250	0.250	0.250	0.250	0.250	0.250	0.250	0.250	0.250
0.2	0.249	0.249	0.249	0.249	0.249	0.249	0.249	0.249	0.249	0.249	0.249	0.249
0.4	0.240	0.242	0.243	0.243	0.244	0.244	0.244	0.244	0.244	0.244	0.244	0.244
0.6	0.223	0.228	0.230	0.232	0.232	0.233	0.234	0.234	0.234	0.234	0.234	0.234
0.8	0.200	0.207	0.212	0.215	0.216	0.218	0.220	0.220	0.220	0.220	0.220	0.220
1.0	0.175	0.185	0.191	0.195	0.198	0.200	0.203	0.204	0.204	0.204	0.205	0.205

（续）

$n=z/b$	$m=l/b$											
	1.0	1.2	1.4	1.6	1.8	2.0	3.0	4.0	5.0	6.0	10.0	条形
1.2	0.152	0.163	0.171	0.176	0.179	0.182	0.187	0.188	0.189	0.189	0.189	0.189
1.4	0.131	0.142	0.151	0.157	0.161	0.164	0.171	0.173	0.174	0.174	0.174	0.174
1.6	0.112	0.124	0.133	0.140	0.145	0.148	0.157	0.159	0.160	0.160	0.160	0.160
1.8	0.097	0.108	0.117	0.124	0.129	0.133	0.143	0.146	0.147	0.148	0.148	0.148
2.0	0.084	0.095	0.103	0.110	0.116	0.120	0.131	0.135	0.136	0.137	0.137	0.137
2.2	0.073	0.083	0.092	0.098	0.104	0.108	0.121	0.125	0.126	0.127	0.128	0.128
2.4	0.064	0.073	0.081	0.088	0.093	0.098	0.111	0.116	0.118	0.118	0.119	0.119
2.6	0.057	0.065	0.072	0.079	0.084	0.089	0.102	0.107	0.110	0.111	0.112	0.112
2.8	0.050	0.058	0.065	0.071	0.076	0.080	0.094	0.100	0.102	0.104	0.105	0.105
3.0	0.045	0.052	0.058	0.064	0.069	0.073	0.087	0.093	0.096	0.097	0.099	0.099
3.2	0.040	0.047	0.053	0.058	0.063	0.067	0.081	0.087	0.090	0.092	0.093	0.094
3.4	0.036	0.042	0.048	0.053	0.057	0.061	0.075	0.081	0.085	0.086	0.088	0.089
3.6	0.033	0.038	0.043	0.048	0.052	0.056	0.069	0.076	0.080	0.082	0.084	0.084
3.8	0.030	0.035	0.040	0.044	0.048	0.052	0.065	0.072	0.075	0.077	0.080	0.080
4.0	0.027	0.032	0.036	0.040	0.044	0.048	0.060	0.067	0.071	0.073	0.076	0.076
4.2	0.025	0.029	0.033	0.037	0.041	0.044	0.056	0.063	0.067	0.070	0.072	0.073
4.4	0.023	0.027	0.031	0.034	0.038	0.041	0.053	0.060	0.064	0.066	0.069	0.070
4.6	0.021	0.025	0.028	0.032	0.035	0.038	0.049	0.056	0.061	0.063	0.066	0.067
4.8	0.019	0.023	0.026	0.029	0.032	0.035	0.046	0.053	0.058	0.060	0.064	0.064
5.0	0.018	0.021	0.024	0.027	0.030	0.033	0.043	0.050	0.055	0.057	0.061	0.062
6.0	0.013	0.015	0.017	0.020	0.022	0.024	0.033	0.039	0.043	0.046	0.051	0.052
7.0	0.009	0.011	0.013	0.015	0.016	0.018	0.025	0.031	0.035	0.038	0.043	0.045
8.0	0.007	0.009	0.010	0.011	0.013	0.014	0.020	0.025	0.028	0.031	0.037	0.039
9.0	0.006	0.007	0.008	0.009	0.010	0.011	0.016	0.020	0.024	0.026	0.032	0.035
10.0	0.005	0.006	0.007	0.007	0.008	0.009	0.013	0.017	0.020	0.022	0.028	0.032
12.0	0.003	0.004	0.005	0.005	0.006	0.006	0.009	0.012	0.014	0.017	0.022	0.026
14.0	0.002	0.003	0.004	0.004	0.004	0.005	0.007	0.009	0.011	0.013	0.018	0.023
16.0	0.002	0.002	0.003	0.003	0.003	0.004	0.005	0.007	0.009	0.010	0.014	0.020
18.0	0.001	0.002	0.002	0.002	0.003	0.003	0.004	0.006	0.007	0.008	0.012	0.018
20.0	0.001	0.001	0.002	0.002	0.002	0.002	0.004	0.005	0.006	0.007	0.010	0.016
25.0	0.001	0.001	0.001	0.001	0.001	0.002	0.002	0.003	0.004	0.004	0.007	0.013
30.0	0.001	0.001	0.001	0.001	0.001	0.001	0.002	0.002	0.003	0.003	0.005	0.011
35.0	0.000	0.000	0.001	0.001	0.001	0.001	0.001	0.002	0.002	0.002	0.004	0.009
40.0	0.000	0.000	0.000	0.000	0.001	0.001	0.001	0.001	0.001	0.002	0.003	0.008

2）竖向均布荷载作用任意点下的附加应力

如图 3－16 所示，若要求解地基中任意点 o 下的附加应力，可通过 o 点将荷载面积划分为若干矩形面积，使 o 点处于划分的这若干个矩形面积的共同角点上，再利用式(3－14)和应力叠加原理即可求得，这种方法称为角点法。

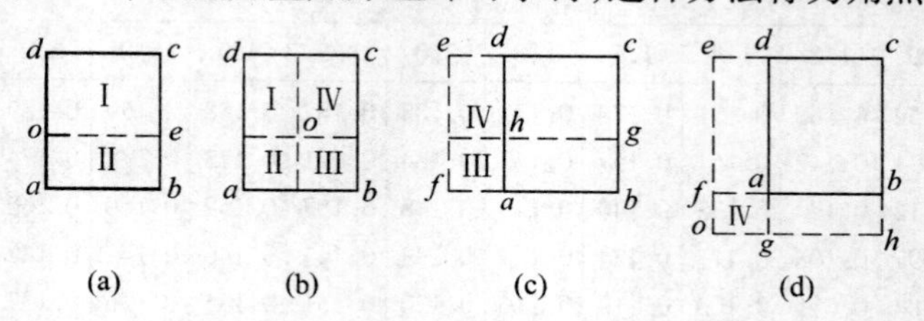

图 3－16　角点法计算均布矩形荷载下地基附加应力

(1) 矩形基础底面边上 o 点下的附加应力(图 3－16(a))：

$$\sigma_z = (\alpha_{c\mathrm{I}} + \alpha_{c\mathrm{II}})p_0 \tag{3-15}$$

式中　$\alpha_{c\mathrm{I}}, \alpha_{c\mathrm{II}}$——分别表示相应于面积Ⅰ、面积Ⅱ角点下的附加应力系数。但需注意，l 为任一矩形荷载面的长边，b 则为短边，以下相同。

(2) 矩形基础底面以内 o 点下的附加应力(图 3－16(b))：

$$\sigma_z = (\alpha_{c\mathrm{I}} + \alpha_{c\mathrm{II}} + \alpha_{c\mathrm{III}} + \alpha_{c\mathrm{IV}})p_0 \tag{3-16}$$

(3) 矩形基础底面边缘以外 o 点下的附加应力，如图 3－16(c)所示。此时荷载面 $abcd$ 可看作由Ⅰ($ofbg$)与Ⅲ($ofah$)之差和Ⅱ($oecg$)与Ⅳ($oedh$)之差合成的，因此有

$$\sigma_z = (\alpha_{c\mathrm{I}} + \alpha_{c\mathrm{II}} - \alpha_{c\mathrm{III}} - \alpha_{c\mathrm{IV}})p_0 \tag{3-17}$$

(4) 矩形基础底面角点以外 o 点下的附加应力，如图 3－16(d)所示。此时荷载面 $abcd$ 可看作由Ⅰ($ohce$)扣除Ⅱ($ohbf$)和Ⅲ($ogde$)之后再加上Ⅳ($ogaf$)而成的，因此有

$$\sigma_z = (\alpha_{c\mathrm{I}} - \alpha_{c\mathrm{II}} - \alpha_{c\mathrm{III}} + \alpha_{c\mathrm{IV}})p_0 \tag{3-18}$$

[例 3－3]　如图 3－17 所示，某矩形轴心受压基础，基础底面尺寸为 $b = 2\mathrm{m}$，$l = 3\mathrm{m}$，基础埋深 $d = 1.0\mathrm{m}$，基底附加压力 $p_0 = 100\mathrm{kPa}$，试计算基础中点下土的附加应力并绘出应力分布图。

解：采用角点法，将基底划分为四块相同的小矩形，则小矩形面积的长边 $l = 1.5\mathrm{m}$，短边 $b = 1\mathrm{m}$，$m = l/b = 1.5/1 = 1.5$。基础中点下土的附加应力 $\sigma_z = 4\alpha_{c\mathrm{I}}p_0$，计算过程见表 3－4。

3) 竖向三角形分布荷载作用角点下的附加应力

对于单向偏心受压基础，基底附加压力一般呈梯形分布，此时可将梯形分布分解为均匀分布和三角形分布的叠加来进行计算。

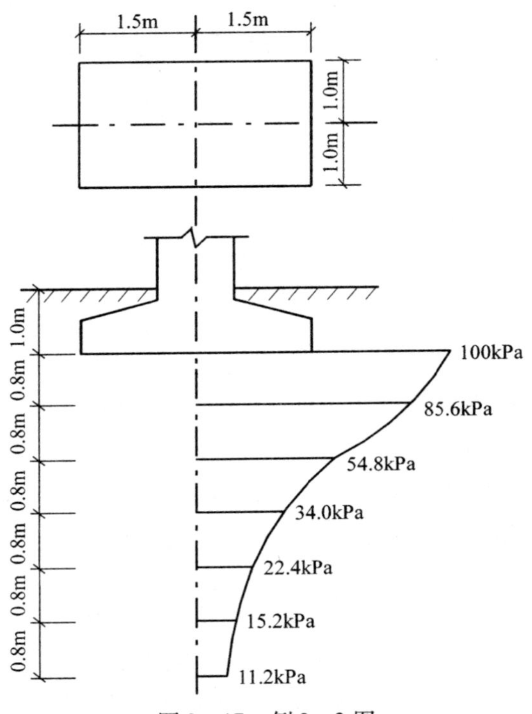

图 3－17　例 3－3 图

表 3－4　例 3－3 表

点	Z/m	Z/b	$\alpha_{c\,I}$	$\sigma_z = 4\alpha_{c\,I}\,p_0$ (kPa)
0	0	0	0.250	100
1	0.8	0.8	0.214	85.6
2	1.6	1.6	0.137	54.8
3	2.4	2.4	0.085	34.0
4	3.2	3.2	0.056	22.4
5	4.0	4.0	0.038	15.2
6	4.8	4.8	0.028	11.2

如图 3－18 所示，将坐标原点 o 建立在荷载强度为零的一个角点上，荷载为零的角点记作 1 角点，荷载为 p_0 的角点记作 2 角点，则 1 角点下 z 深度处的竖向附加应力为

$$\sigma_z = \alpha_{t1} p_0 \tag{3-19}$$

式中　α_{t1}——1 角点下土的竖向附加应力系数，按式（3－20）计算或由 $m = l/b$、$n = z/b$ 查表 3－5 求得。需要注意的是，b 为沿三角形分布荷载方向的边长。

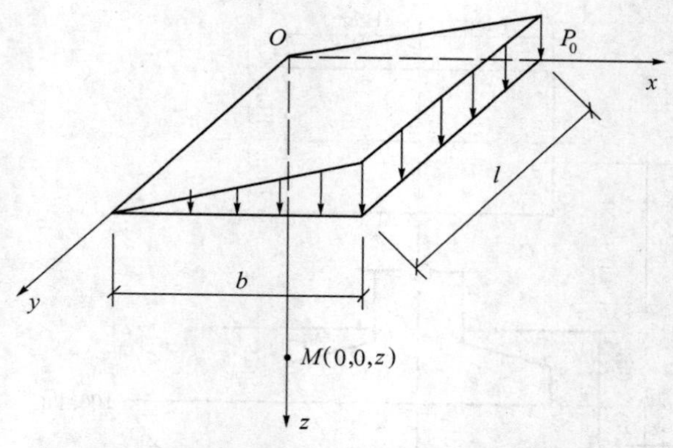

图 3-18　三角形分布矩形荷载作用下的附加应力

$$\alpha_{t1} = \frac{mn}{2\pi}\left[\frac{1}{\sqrt{m^2+n^2}} - \frac{n^2}{(1+n^2)\sqrt{m^2+n^2+1}}\right] \quad (3-20)$$

同理,可求得荷载最大值边角点 2 下 z 深度处的竖向附加应力为

$$\sigma_z = (\alpha_c - \alpha_{t1})p_0 = \alpha_{t2}p_0 \quad (3-21)$$

式中　α_{t2}——2 角点下土的竖向附加应力系数,由 $m=l/b$、$n=z/b$ 查表 3-5 求得。

对于地基中任意点的竖向附加应力,则可应用上述均布和三角形分布的矩形荷载角点下附加应力系数 α_c、α_{t1}、α_{t2},考虑荷载的叠加以及荷载面积的叠加,应用角点法计算。

2. 条形基础底面受竖向荷载作用时地基中附加应力

1) 竖向均布荷载作用下附加应力

如图 3-19 所示,条形基础基底附加压力为均布荷载 p_0,则地基中任意点 M 处的竖向附加应力为

$$\sigma_z = \alpha_{sz}p_0 \quad (3-22)$$

式中　α_{sz}——条形均布荷载下土的竖向附加应力系数,按式(3-23)计算或由 $m=z/b$、$n=x/b$ 查表 3-6 求得。

$$\alpha_{sz} = \frac{1}{\pi}\left[\arctan\frac{1-2n}{2m} + \arctan\frac{1+2n}{2m} - \frac{4m(4n^2-4m^2-1)}{(4n^2+4m^2-1)^2+16m^2}\right] \quad (3-23)$$

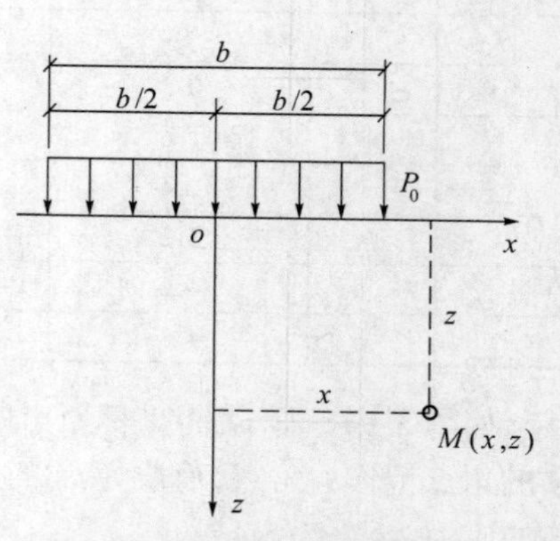

图 3-19　条形均布荷载作用下的附加应力

表 3-5　竖向三角形分布的矩形荷载角点下土的竖向附加应力系数 α_{t1}、α_{t2}

z/b \ l/b / 点	0.2		0.4		0.6		0.8		1.0	
	1	2	1	2	1	2	1	2	1	2
0.0	0.0000	0.2500	0.0000	0.2500	0.0000	0.2500	0.0000	0.2500	0.0000	0.2500
0.2	0.0223	0.1821	0.0280	0.2115	0.0296	0.2165	0.0301	0.2178	0.0304	0.2182
0.4	0.0269	0.1094	0.0420	0.1604	0.0487	0.1781	0.0517	0.1844	0.0531	0.1870
0.6	0.0259	0.0700	0.0448	0.1165	0.0560	0.1405	0.0621	0.1520	0.0654	0.1575
0.8	0.0232	0.0480	0.0421	0.0853	0.0553	0.1093	0.0637	0.1232	0.0688	0.1311
1.0	0.0201	0.0346	0.0375	0.0638	0.0508	0.0852	0.0602	0.0996	0.0666	0.1086
1.2	0.0171	0.0260	0.0324	0.0491	0.0450	0.0673	0.0546	0.0807	0.0615	0.0901
1.4	0.0145	0.0202	0.0278	0.0386	0.0392	0.0540	0.0483	0.0661	0.0554	0.0751
1.6	0.0123	0.0160	0.0238	0.0310	0.0339	0.0440	0.0424	0.0547	0.0492	0.0628
1.8	0.0105	0.0130	0.0204	0.0254	0.0294	0.0363	0.0371	0.0457	0.0435	0.0534
2.0	0.0090	0.0108	0.0176	0.0211	0.0255	0.0304	0.0324	0.0387	0.0384	0.0456
2.5	0.0063	0.0072	0.0125	0.0140	0.0183	0.0205	0.0236	0.0265	0.0284	0.0318
3.0	0.0046	0.0051	0.0092	0.0100	0.0135	0.0148	0.0176	0.0192	0.0214	0.0233
5.0	0.0018	0.0019	0.0036	0.0038	0.0054	0.0056	0.0071	0.0074	0.0088	0.0091
7.0	0.0009	0.0010	0.0019	0.0019	0.0028	0.0029	0.0038	0.0038	0.0047	0.0047
10.0	0.0005	0.0004	0.0009	0.0010	0.0014	0.0014	0.0019	0.0019	0.0023	0.0024

（续）

l/b \ 点 \ z/b	1.2		1.4		1.6		1.8		2.0	
	1	2	1	2	1	2	1	2	1	2
0.0	0.0000	0.2500	0.0000	0.2500	0.0000	0.2500	0.0000	0.2500	0.0000	0.2500
0.2	0.0305	0.2184	0.0305	0.2185	0.0306	0.2185	0.0306	0.2185	0.0306	0.2185
0.4	0.0539	0.1881	0.0543	0.1886	0.0545	0.1889	0.0546	0.1891	0.0547	0.1892
0.6	0.0673	0.1602	0.0684	0.1616	0.0690	0.1625	0.0694	0.1630	0.0696	0.1633
0.8	0.0720	0.1355	0.0739	0.1381	0.0751	0.1396	0.0759	0.1405	0.0764	0.1414
1.0	0.0708	0.1143	0.0735	0.1176	0.0753	0.1202	0.0766	0.1215	0.0774	0.1225
1.2	0.0664	0.0962	0.0698	0.1007	0.0721	0.1037	0.0738	0.1055	0.0749	0.1069
1.4	0.0606	0.0817	0.0644	0.0864	0.0672	0.0897	0.0692	0.0921	0.0707	0.0937
1.6	0.0545	0.0696	0.0586	0.0743	0.0616	0.0780	0.0639	0.0806	0.0656	0.0826
1.8	0.0487	0.0596	0.0528	0.0644	0.0560	0.0681	0.0585	0.0709	0.0604	0.0730
2.0	0.0434	0.0513	0.0474	0.0560	0.0507	0.0596	0.0533	0.0625	0.0553	0.0649
2.5	0.0326	0.0365	0.0362	0.0405	0.0393	0.0440	0.0419	0.0469	0.0440	0.0491
3.0	0.0249	0.0270	0.0280	0.0303	0.0307	0.0333	0.0331	0.0359	0.0352	0.0380
5.0	0.0104	0.0108	0.0120	0.0123	0.0135	0.0139	0.0148	0.0154	0.0161	0.0167
7.0	0.0056	0.0056	0.0064	0.0066	0.0073	0.0074	0.0081	0.0083	0.0089	0.0091
10.0	0.0028	0.0028	0.0033	0.0032	0.0037	0.0037	0.0041	0.0042	0.0046	0.0046

（续）

l/b 点 z/b	3.0		4.0		6.0		8.0		10.0	
	1	2	1	2	1	2	1	2	1	2
0.0	0.0000	0.2500	0.0000	0.2500	0.0000	0.2500	0.0000	0.2500	0.0000	0.2500
0.2	0.0306	0.2186	0.0306	0.2186	0.0306	0.2186	0.0306	0.2186	0.0306	0.2186
0.4	0.0548	0.1894	0.0549	0.1894	0.0549	0.1894	0.0549	0.1896	0.0549	0.1894
0.6	0.0701	0.1638	0.0702	0.1639	0.0702	0.1640	0.0702	0.1640	0.0702	0.1640
0.8	0.0773	0.1423	0.0776	0.1424	0.0776	0.1426	0.0776	0.1426	0.0776	0.1426
1.0	0.0790	0.1244	0.0794	0.1248	0.0795	0.1250	0.0796	0.1250	0.0796	0.1250
1.2	0.0774	0.1096	0.0779	0.1103	0.0782	0.1105	0.0783	0.1105	0.0783	0.1105
1.4	0.0739	0.0973	0.0748	0.0982	0.0752	0.0986	0.0752	0.0987	0.0753	0.0987
1.6	0.0697	0.0870	0.0708	0.0882	0.0714	0.0887	0.0715	0.0888	0.0715	0.0889
1.8	0.0652	0.0782	0.0666	0.0797	0.0673	0.0805	0.0675	0.0806	0.0675	0.0808
2.0	0.0607	0.0707	0.0624	0.0726	0.0634	0.0734	0.0636	0.0736	0.0636	0.0738
2.5	0.0504	0.0559	0.0529	0.0585	0.0543	0.0601	0.0547	0.0604	0.0548	0.0605
3.0	0.0419	0.0451	0.0449	0.0482	0.0469	0.0504	0.0474	0.0509	0.0476	0.0511
5.0	0.0214	0.0221	0.0248	0.0256	0.0283	0.0290	0.0296	0.0303	0.0301	0.0309
7.0	0.0124	0.0126	0.0152	0.0154	0.0186	0.0190	0.0204	0.0207	0.0212	0.0216
10.0	0.0066	0.0066	0.0084	0.0083	0.0111	0.0111	0.0128	0.0130	0.0139	0.0141

表 3-6　竖向条形均布荷载作用下土的竖向附加应力系数 α_{sz}

$m=z/b$	$n=x/b$					
	0.00	0.25	0.50	1.00	1.50	2.00
0.00	1.00	1.00	0.50	0.00	0.00	0.00
0.25	0.96	0.90	0.50	0.02	0.00	0.00
0.50	0.82	0.74	0.48	0.08	0.02	0.00
0.75	0.67	0.61	0.45	0.15	0.04	0.02
1.00	0.55	0.51	0.41	0.19	0.07	0.03
1.25	0.46	0.44	0.37	0.20	0.10	0.04
1.50	0.40	0.38	0.33	0.21	0.11	0.06
1.75	0.35	0.34	0.30	0.21	0.13	0.07
2.00	0.31	0.31	0.28	0.20	0.14	0.08
3.00	0.21	0.21	0.20	0.17	0.13	0.10
4.00	0.16	0.16	0.15	0.14	0.12	0.10
5.00	0.13	0.13	0.12	0.12	0.11	0.09
6.00	0.11	0.10	0.10	0.10	0.10	—

2）竖向三角形分布条形荷载作用下附加应力

如图 3-20 所示，条形基础基底附加压力为三角形分布，若将坐标原点 o 定在条形基础底面中点，x 坐标以指向荷载增大方向为正，则地基中任意点 M 处的竖向附加应力为

$$\sigma_z = \alpha_{tz} p_0 \qquad (3-24)$$

式中　α_{tz}——三角形分布条形荷载下土的竖向附加应力系数，由 $m=z/b$、$n=x/b$ 查表 3-7 求得。

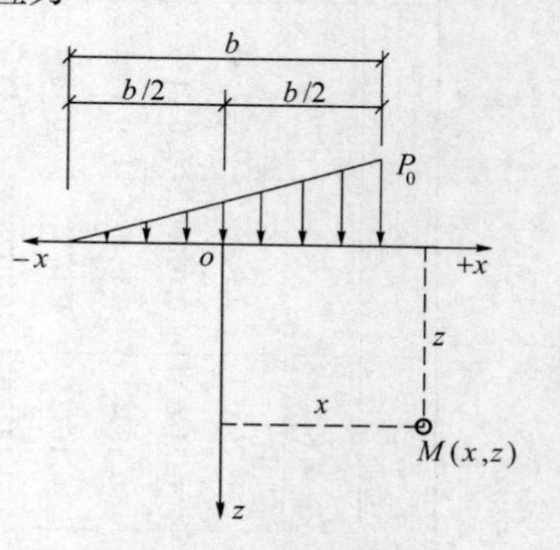

图 3-20　三角形分布条形荷载作用下的附加应力

以上对工程实践中常见的矩形轴心受压基础、矩形单向偏心受压基础、条形轴心受压基础、条形单向偏心受压基础在地基中产生的附加应力的求解进行了阐述，使用中要特别注意各种计算公式所取的坐标原点 o 的位置以及 x 坐标轴的方向。

表 3－7　竖向三角形分布条形荷载作用下土的竖向附加应力系数 α_{tz}

$m=z/b$	$n=x/b$											
	-1.50	-1.00	-0.75	-0.50	-0.25	0.00	0.25	0.50	0.75	1.00	1.50	2.00
0.00	0.00	0.00	0.00	0.00	0.25	0.50	0.75	0.50	0.00	0.00	0.00	0.00
0.25	0.00	0.00	0.01	0.08	0.26	0.48	0.65	0.42	0.08	0.02	0.00	0.00
0.50	0.01	0.02	0.05	0.13	0.26	0.41	0.47	0.35	0.16	0.06	0.01	0.00
0.75	0.01	0.05	0.08	0.15	0.25	0.33	0.36	0.29	0.19	0.10	0.03	0.01
1.00	0.03	0.06	0.10	0.16	0.22	0.28	0.29	0.25	0.18	0.12	0.05	0.02
1.50	0.05	0.09	0.11	0.15	0.18	0.20	0.20	0.19	0.16	0.13	0.07	0.04
2.00	0.06	0.09	0.11	0.14	0.16	0.16	0.16	0.15	0.13	0.12	0.08	0.05
2.50	0.06	0.08	0.12	0.13	0.13	0.13	0.13	0.12	0.11	0.10	0.07	0.05
3.00	0.06	0.08	0.09	0.10	0.10	0.11	0.11	0.10	0.10	0.09	0.07	0.05
4.00	0.06	0.07	0.07	0.08	0.08	0.08	0.08	0.08	0.08	0.07	0.06	0.05
5.00	0.05	0.06	0.06	0.06	0.06	0.06	0.06	0.06	0.06	0.06	0.05	0.04

3.4.3　非均质地基中附加应力计算

以上土中附加应力的计算方法将土体视为均质、连续、各向同性的半无限空间弹性体，与土的性质无关。但是，地基土往往由软硬不一的多种土层所组成，其变形特性在竖直方向差异较大，应属于双层地基的应力分布问题。对双层地基的应力分布问题，存在两种情况：一种是坚硬土层上覆盖着不厚的可压缩土层即薄压缩层情况；另一种是软弱土层上有一层压缩性较低的土层即硬壳层情况。对前者（薄压缩层情况），土中附加应力分布将发生应力集中的现象；对后者（硬壳层情况），土中附加应力分布将发生应力扩散现象，如图3－21所示。

在实际地基中，下卧刚性岩层将引起应力集中的现象，若岩层埋藏越浅，应力集中越显著。在坚硬土层下存在软弱下卧层时，土中应力扩散的现象将随上层坚硬土层厚度的增大而更加显著，同时它还与双层地基的变形模量 E_0、泊松比 μ 有关，即随下列参数 f 的增加而显著：

$$f=\frac{E_{01}}{E_{02}}\frac{1-\mu_2^2}{1-\mu_1^2} \tag{3-25}$$

式中　E_{01}、E_{02}——上面硬层与下卧软弱层的变形模量；

μ_1、μ_2——上面硬层与下卧软弱层的泊松比。

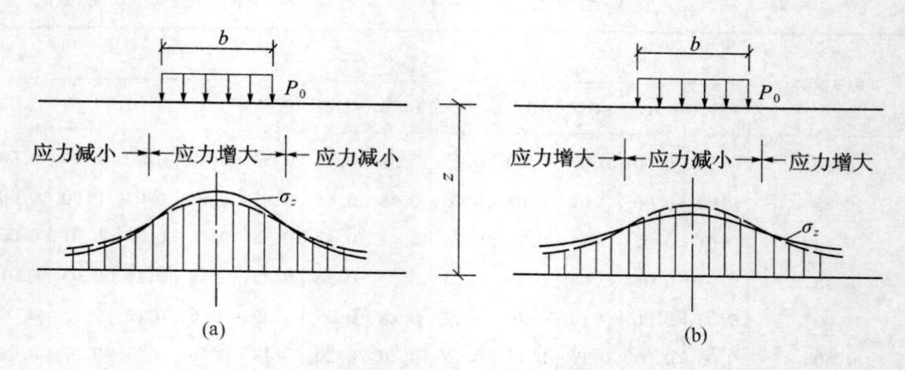

图 3－21　双层地基对附加应力的影响

（虚线表示均质地基中水平面上的附加应力分布）

（a）应力集中；（b）应力扩散。

由于土的泊松比变化不大，一般为 $\mu=0.3\sim0.4$，因此参数 f 的大小主要取决于变形模量的比值 E_{01}/E_{02}。

双层地基中应力集中和应力扩散的概念有着重要的工程意义，特别是在软土地区，表面有一层硬壳层，由于应力扩散作用，可以减少地基的沉降，故在设计中基础应尽量浅埋，并在施工中采取保护措施，避免浅层土的结构遭受破坏。

复习思考题

1. 试述自重应力的分布规律。

2. 何谓土的自重应力，何谓土的附加应力，两者有何区别？

3. 当地下水位从地表处下降至基底平面处，对应力有何影响？

4. 计算基底压力有何实用意义？如何计算中心及偏心荷载作用下的基底压力？

5. 有一独立基础，在允许荷载作用下，基底各点的沉降都相等，则作用在基底的反力应如何分布？

6. 当地基中附加应力曲线为矩形时，则地面荷载的分布形式是什么？

7. 地下水突然从基础底面处下降 3m，对土中的应力有何影响？

8. 在地面上修建一座梯形土坝，则坝基的反力分布形状应为何种形式？

9. 一矩形基础，短边 $b=3\text{m}$，长边 $l=4\text{m}$，在长边方向作用一偏心荷载 $F+G=1200\text{kN}$，则偏心距为多少时，基底不会出现拉应力？

习　题

[3－1]　某场地的地质剖面如图 3－22 所示，试求 1、2、3、4 各点的自重应力。已知粉土 $\gamma = 19.13\text{kN/m}^3$，粉质黏土 $\gamma = 17.66\text{kN/m}^3$，粉砂 $\gamma = 17.17\text{kN/m}^3$，中砂饱和 $\gamma = 19.62\text{kN/m}^3$。

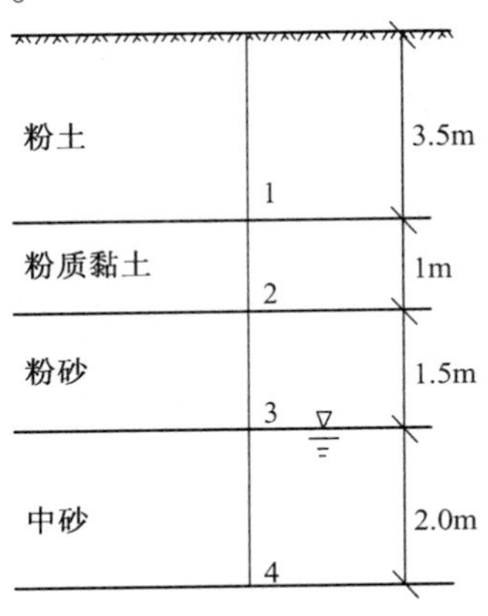

图 3－22

[3－2]　某地基为粉土，层厚 4.80m。地下水位埋深 1.10m，地下水位以上粉土呈毛细管饱和状态。粉土的饱和重度 $\gamma = 20.1\text{kN/m}^3$。计算粉土层底面处土的自重应力。

[3－3]　已知矩形基础底面尺寸 $b = 4\text{m}$，$l = 10\text{m}$，作用在基础底面中心的荷载 $N = 400\text{kN}$，$M = 240\text{kN} \cdot \text{m}$（偏心方向在短边上），求基底压力最大值与最小值。

[3－4]　地基表面作用三个集中荷载（图 3－23），试计算在 1、2、3、4、5 各点产生的附加应力。

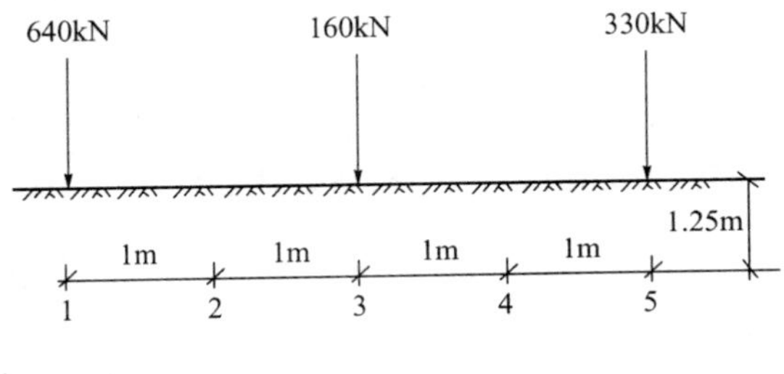

图 3－23

[3-5] 某矩形基础底面尺寸为2.00m×6.00m。在基底均布荷载作用下，基础角点下10.00m深度处的竖向附加应力为4.30kPa，求该基础中心点下5.00m深度处的附加应力值。

[3-6] 有一个环形烟囱基础，外径$R=8$m，内径$r=4$m。在环基上作用着均布荷载100kPa，计算环基中心点O下16m处的竖向附加应力值。

第4章　土的压缩性与地基沉降计算

4.1　概　　述

土的压缩性与地基沉降计算是土力学的重要内容之一。因为不少土工建筑物工程事故都是由于土压缩性高或压缩性不均匀，导致地基严重沉降或不均匀沉降。

荷载通过基础、填方路基（路堤）或填方坝基（水坝）传递给地基，使地基土产生了附加应力和竖向、侧向（或剪切）变形（deformation），导致建筑物或堤坝及其周边环境沉降（settlement）和位移（displacement）。沉降包括地基表面沉降（即基础、路基或坝基的沉降）、基坑回弹、地基土分层沉降和周边场地沉降等；位移包括建筑物主体倾斜、堤坝的垂直和水平位移、基坑支护倾斜、周边场地滑坡（边坡的垂直和水平位移）等。在建筑物或堤坝修建时，天然地基（natural ground）早已存在着土体自重产生的自重应力，通常认为，地质年代长久的土体，其自身的变形已经完成。但对于第四纪全新世近期沉积的土（天然地基）、近期人工填土和换土垫层人工地基（artifical ground），尚应考虑土中自重应力产生的地基变形。

一般情况下，地基土在其自重应力作用下已经压缩稳定。但是，当土工建筑物通过基础将荷载传给地基之后，将在地基中产生附加应力，这种附加应力会导致地基土体的变形，从而引起基础的沉降。如果地基土各部分的竖向变形不相同，则在基础的不同部位将会产生沉降差，使基础发生不均匀沉降。基础的沉降量或沉降差过大，常常影响土工建筑物的正常使用，严重的甚至危及其安全，产生巨大的经济损失和恶劣的社会影响。例如，2005年浙江省萧甬铁路牟山段近150m长的铁轨路基突然整体下沉，形成一道近8m深的裂谷，导致上海与宁波之间的铁路运输线暂时中断，近10趟上海前往宁波的列车受影响。又如，2009年杭州文晖路半道红桥的桥面路段，由于路基不均匀沉降导致自来水管错位，造成某所中学8间教室被淹，周边180多户居民停水7个多h，并引发了21世纪以来杭州最大的堵车事件。

因此,研究地基土的压缩性和地基沉降,对于保证土工建筑物的正常使用和安全稳定、以及保护建筑物的周边环境,都具有很大的意义。为了保证土工建筑物的安全和正常使用,基础的沉降量必须限制在保证土工建筑物安全的允许范围之内。这就要求在设计时,必须预先估计基础可能产生的最大沉降量和沉降差。如果此沉降量和沉降差在容许值范围之内,该建筑物或构筑物的安全和正常使用一般就有保证的;否则,必须采取相应的工程措施,如地基处理或修改设计方案,以确保土工建筑物的安全和正常使用。

学习本章的目的:在研究土的压缩性和荷载下地基的应力分布基础上,根据建筑地基土层的分布、厚度、物理力学性质和上部结构的荷载,计算地基的变形值,同时弄清地基变形随时间增长的变化规律。

4.2 土的压缩特性及压缩性指标

4.2.1 土的压缩性

土是散粒体结构材料,其颗粒间的孔隙与它所受到的外力大小有关。外力增加,土颗粒将重新排列,土体发生体积缩小。这种在外力作用下,土体体积减小的特性称为土的压缩性。

地基土产生压缩的外因有:建筑物荷载作用;地下水位大幅度下降;施工时,基槽持力层土的结构扰动影响;振动影响,产生震沉;温度变化影响,如冬季冰冻,春季融化;浸水下沉,如黄土湿陷,填土下沉。

地基土产生压缩的内因有:① 土颗粒本身的压缩;② 土中液相水的压缩;③ 土中孔隙的压缩,土中水与气体受压后从孔隙挤出,使土的孔隙减小。试验研究表明,在一般的压力(土常受到的压力为100kPa~600kPa)作用下,土颗粒本身和孔隙水的压缩量极其微小(不到土体总压缩量的1/400),一般可忽略不计。因此,目前在研究土的压缩性时,均认为土体压缩完全是由于土中孔隙体积减小的结果。土体体积减小必然伴随着土中孔隙水或孔隙气的排出,对完全饱和的土体,其体积变化的原因只可能是水从孔隙中排出所致。饱和土中孔隙水向外排出要有一个时间过程,其排出的速率与土体的渗透性有关,即土的压缩随时间而增长。透水性强的土,孔隙水排出速率快;透水性弱的土,孔隙水排出速率慢。将这种土的压缩随时间增长的过程称为土的固结。所以,对透水性弱的黏性土地基,建筑物基础的沉降并不是瞬时发生的,而是随着时间增长逐渐完成的。

4.2.2 土的压缩性指标

1. 室内固结试验与压缩曲线

1）试验仪器

主要仪器为侧限压缩仪(固结仪)，如图 4－1 所示。

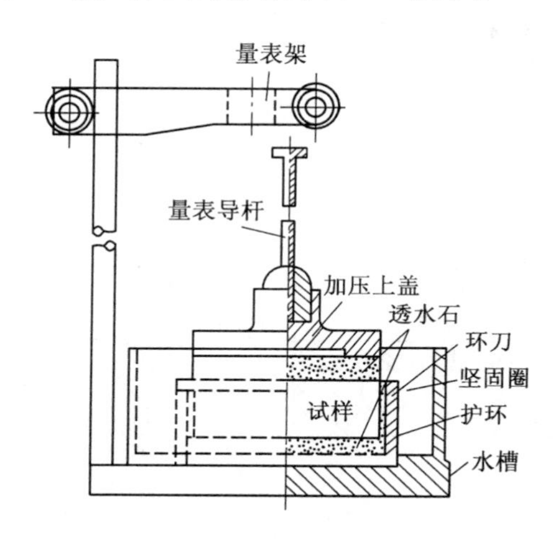

图 4－1　固结仪示意图

2）试验方法

(1) 用环刀切取原状土样，用天平称质量。

(2) 将土样依次装入侧限压缩仪的容器：先装入下透水石再将试样装入侧限铜环(护环)中，形成侧限条件；然后加上透水石和加压板，安装测微计并调零。

(3) 加上杠杆，分级施加竖向压力 σ_i。一般工程压力等级可为 25kPa、50kPa、100kPa、200kPa、400kPa、800kPa。

(4) 用测微计(百分表)按一定时间间隔测记每级荷载施加后的读数。

(5) 计算每级压力稳定后试验的孔隙比 e_i。

3）试验结果

用这种仪器进行试验时，由于刚性护环所限，试样只能在竖向产生压缩，而不可能产生侧向变形，故此试验被称为单向固结试验或侧限固结试验。如前所述，假定试样土粒本身体积是不变的，土的压缩仅仅是孔隙体积的减小所致，因此，土的压缩变形常用孔隙比 e 的变化来表示。在固结试验中，土样在天然状态下或经过人工饱和后(地下水位以下的土样)，进行逐级加压，测定各级压力 p_i 作用下土样竖向变形稳定后的孔隙比 e_i，可建立压力 p_i 与相应的稳定孔隙比 e_i

的关系曲线，即土的压缩曲线。下面导出 e_i 的计算公式。

设土样的初始高度为 H_0，受压后土样高度为 H_i，则 $H_i = H_0 - \Delta H_i$，ΔH_i 为压力 p_i 作用下土样的稳定压缩量，如图 4-2 所示。根据土的孔隙比的定义以及假定土粒体积 V_s 不会变化，并令 $V_s = 1$，则孔隙体积 V_v 在受压前等于初始孔隙比 e_0，在受压后为孔隙比 e_i。又根据侧限条件土样受压前后的横截面面积不变，则土粒的初始高度 $H_0/(1+e_0)$ 相等于受压后土粒高度 $H_i/(1+e_i)$，得

$$\frac{H_i}{H_0} = \frac{1+e_i}{1+e_0} \tag{4-1a}$$

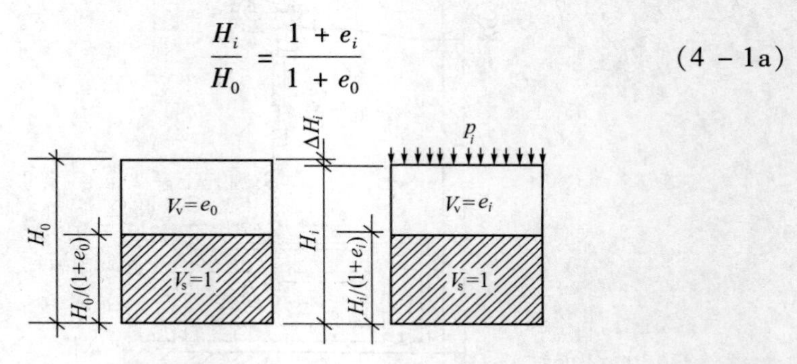

图 4-2　侧限条件下土样孔隙比的变化

或

$$\frac{\Delta H_i}{H_0} = \frac{e_i - e_0}{1+e_0} \tag{4-1b}$$

则

$$e_i = e_0 - \frac{\Delta H_i}{H_0}(1+e_0) \tag{4-2}$$

式中：$e_0 = G_s(1+w_0)(\rho_w/\rho_0) - 1$，其中 G_s、w_0、ρ_0、ρ_w 分别为土粒比重、土样初始含水量、土样初始密度和水的密度。

因此，只要测定土样在各级压力 p_i 作用下的稳定压缩量 ΔH_i 后，就可按式(4-2)计算出相应的孔隙比 e_i，从而绘制土的压缩曲线。

压缩曲线可以按两种方式绘制：一种是按普通直角坐标绘制的 $e-p$ 曲线；另一种是用半对数直角坐标绘制的 $e-\lg p$ 曲线。图 4-3 为固结试验成果——土的压缩曲线。

由图 4-3 可以看出，随着压力的增加，试样孔隙比减小，试样逐渐被压缩。在某一压力作用下，试样开始压缩较快，而后逐渐趋于稳定，稳定的快慢与土的性质有关。对于饱和土，主要取决于试样的透水性。透水性强，稳定得快；透水

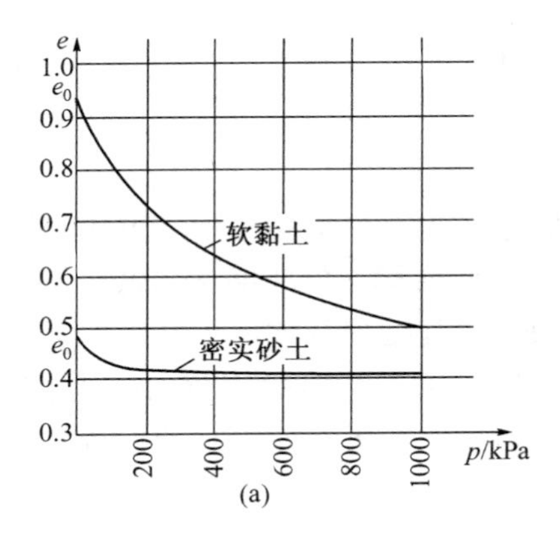

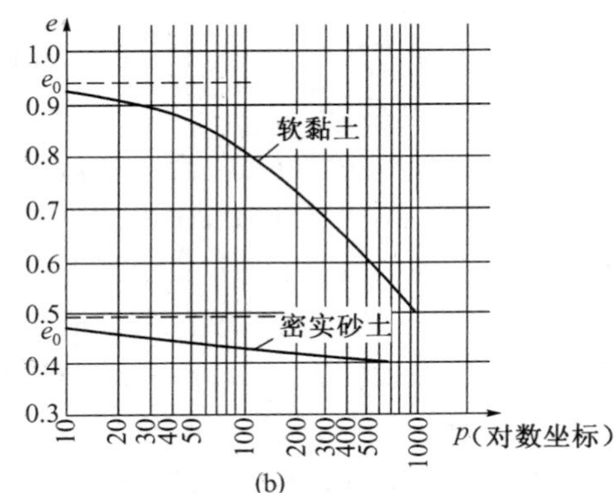

图 4－3　土的压缩曲线

（a）$e-p$ 曲线；（b）$e-\lg p$ 曲线。

性弱，稳定所需的时间就长。

应当指出，即使对同一种土，图 4－3 所示的压力与孔隙比之间的关系并不是固定不变的，也就是说，所谓的稳定孔隙比，并不是一个绝对的值，它与每级荷载历时的长短及荷载级的大小有关。所谓稳定是指附加应力完全转化为有效应力而言的。对 2cm 厚的黏土试样约需 24h。荷载级的大小可用荷载率表示，即新增加的荷载与原有的荷载之比。现行规范的荷载率为 1。

2. 压缩系数

压缩曲线反映了土受压后的压缩特性。图 4－4 中假定，试样在压力 p_1 下已经压缩稳定，对应孔隙比为 e_1，即试样处于 M_1 点。现增加一压力增量 Δp 至压力 p_2，稳定后的孔隙比为 e_2，试样处于 M_2 点。很明显，对于该压力增量 Δp，如果 e_1-e_2 的差值越大，表示体积压缩越大，该土的压缩性越高。因此，可以用单位压力增量所引起的孔隙比变化，即压缩曲线的割线的坡度来表征土的压缩性高低（图 4－4）。

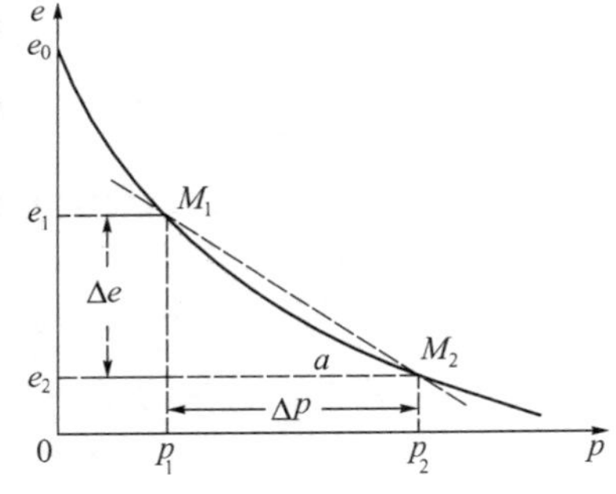

图 4－4　侧限压缩曲线

$$a=\tan\beta=\frac{\Delta e}{\Delta p}=\frac{e_1-e_2}{p_2-p_1} \quad (4-3)$$

式中　a——土的压缩系数（MPa^{-1}）；

p_1——地基某深度处土中（竖向）自重应力，是指土中某点的“原始压力”

(MPa);

p_2——地基某深度处土中(竖向)自重应力与(竖向)附加应力之和(MPa);

e_1、e_2——相应于 p_1,p_2 作用下压缩稳定后的孔隙比。

压缩系数 a 是表征土压缩性的重要指标之一。$e-p$ 曲线越陡,a 就越大,则土的压缩性越高。反之,$e-p$ 曲线越平缓,a 就越小,则土的压缩性越低。但是,由于 $e-p$ 曲线不是直线,因此,即使是同一种土,其压缩系数也不是一个常量。其值取决于所取的压力增量(p_2-p_1)及压力增量的起始值的 p_1 大小。它随着 p_1 的增加及压力增量的增大而减小。在工程中,为了便于统一比较,习惯上采用100kPa 和 200kPa 范围的压缩系数 a_{1-2}来衡量土的压缩性高低。

我国的《建筑地基基础设计规范》按 a_{1-2}的大小,划分地基土的压缩性。

当 $a_{1-2}<0.1\text{MPa}^{-1}$时,属低压缩性土。

当$0.1\text{MPa}^{-1}<a_{1-2}<0.5\text{MPa}^{-1}$时,属中压缩性土。

当 $a_{1-2}>0.5\text{MPa}^{-1}$时,属高压缩性土。

3. 压缩模量和体积压缩系数

土的压缩模量 E_s 的定义是土体在侧限条件下的竖向附加压应力与竖向应变之比值(MPa)。它是按 $e-p$ 曲线求得的第二个压缩性指标。如果 $e-p$ 曲线中的土样孔隙比变化 $\Delta e=e_1-e_2$ 为已知,可反算相应的土样高度变化 $\Delta H=H_1-H_2$,如图 4-5 所示,在侧限条件下压力增量 $\Delta p=p_2-p_1$ 施加前后土粒体积不变又假设等于1的条件,受压 p_1 时的土粒高度 $H_1/(1+e_1)$ 相等于受压 p_2 时的土粒高度 $H_2/(1+e_2)$,得

$$\frac{H_2}{H_1}=\frac{1+e_2}{1+e_1} \tag{4-4a}$$

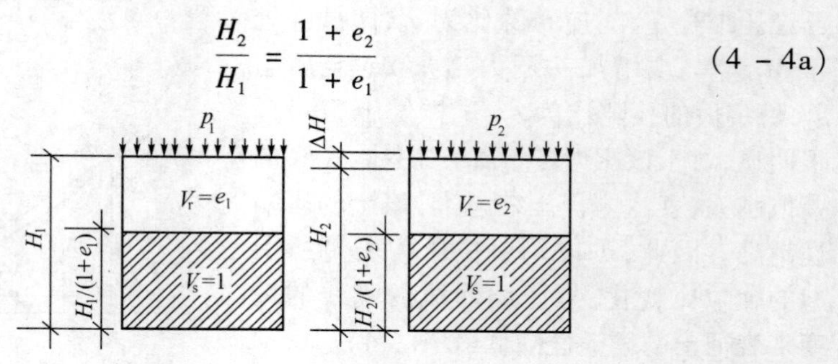

图 4-5　侧限条件下压力增量施加后土样高度变化

或

$$\frac{\Delta H}{H_1}=\frac{e_1-e_2}{1+e_1} \tag{4-4b}$$

式中　$\Delta H/H_1$——土样在横截面面积不变的侧限条件下由于压力增量 Δp 的施加所引起的单位体积的体积变化，即土样的竖向应变。

由于 $\Delta e = a\Delta p$（参见式(4-3)）并结合公式(4-46)，得出侧限条件下的应力应变模量，即土的压缩模量 E_s（MPa）为

$$E_s = \frac{\Delta p}{(e_1 - e_2)/(1 + e_1)} = \frac{1 + e_1}{a} \tag{4-5}$$

式中：其它符号意义同式(4-3)。

式(4-5)表示土体在侧限条件下，当土中应力变化不大时，压应力增量与压应变增量成正比，其比例系数 E_s 称为土的压缩模量，或称侧限模量，以便与无侧限条件下简单拉伸或压缩时的弹性模量 E 相区别。式(4-5)表示了压缩模量与压缩系数紧密相关。

E_s 的大小反映了土体在单向压缩条件下对压缩变形的抵抗能力。土的压缩模量 E_s 值越小，土压缩性越高。为了便于比较，参照低压缩性土 $a_{1-2} < 0.1\text{MPa}^{-1}$ 时，近似取 $e_1 = 0.6$，则 $E_{s,1-2} > 16\text{MPa}$；高压缩性土 $a_{1-2} \geqslant 0.5\text{MPa}^{-1}$ 时，近似取 $e_1 = 0.9$，则 $E_{s,1-2} \leqslant 3.8\text{MPa}$。

土的体积压缩系数 m_v（coefficient of volume compressibility）是按 $e-p$ 曲线求得的第三个压缩性指标，它的定义是土体在侧限条件下的竖向（体积）应变与竖向附加压应力之比（MPa^{-1}），亦称单向体积压缩系数，即土的压缩模量的倒数，为

$$m_v = 1/E_s = a/(1 + e_1) \tag{4-6}$$

同压缩系数和压缩指数一样，体积压缩系数 m_v 值越大，土的压缩性越高。

4. 压缩指数与回弹再压缩指数

土的固结试验的结果也可以绘在半对数坐标上，即坐标横轴 p 用对数坐标，而纵轴 e 用普通坐标，由此得到的压缩曲线称为 $e-\lg p$ 曲线，如图4-6所示。从图中可以看出，在较高的压力范围内，$e-\lg p$ 曲线近似为一直线。很明显，该直线越陡，同样的压力范围 p_1、p_2 内的孔隙比 $e_1 - e_2$ 的差值越大，意味着土的压缩性越高。因此，可用直线的坡度——压缩指数 C_c 来表示土的压缩性高低，即

$$C_c = \frac{e_1 - e_2}{\lg p_2 - \lg p_1} = -\frac{\Delta e}{\lg\left(\dfrac{p_1 + \Delta p}{p_1}\right)} \tag{4-7}$$

式中　e_1、e_2——p_1、p_2 所对应的孔隙比。

压缩指数 C_c 也是反映土的压缩性高低的一个指标。C_c 越大，$e-\lg p$ 曲线

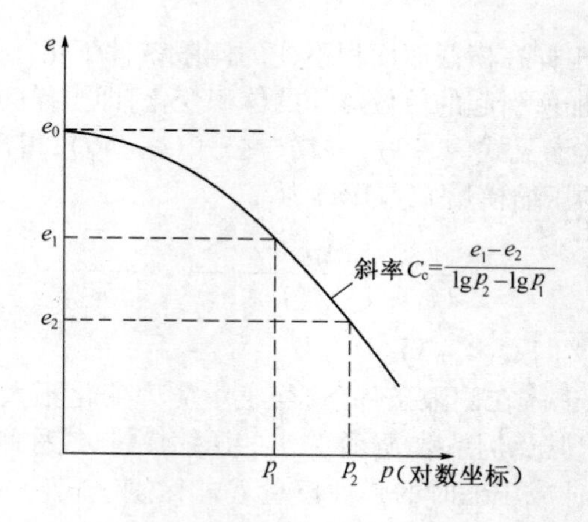

图4－6　固结试验的$e-\lg p$曲线

越陡，土的压缩性就高；反之，C_c越小，$e-\lg p$曲线越平缓，土的压缩性就低。太沙基根据试验资料发现，灵敏度较低的正常固结土的现场压缩指数C_c与液限w_L之间关系可表示为$C_c=0.009(w_L-10)$。

虽然压缩系数和压缩指数都是反映土的压缩性的指标，但两者有所不同。前者随所取的初始压力及压力增量的大小而异，而后者在较高的压力范围内是常数。

为了研究土的卸载回弹和再压缩的特性，可以进行卸荷和再加荷的固结试验，如图4－7(a)所示。试样从a点开始分级加荷压缩至b点后，分级卸荷回弹至c点，再分级加荷让试样压缩。从图4－7(a)可以看出：① 卸荷时，试样不是沿初始压缩曲线，而是沿曲线bc回弹。说明土体的变形是由可恢复的弹性变形和不可恢复的塑性变形两部分组成；② 回弹曲线和再压缩曲线构成一回滞环，这是土体不是完全弹性体的又一表征；③ 在同样的压力范围内，回弹和再压缩曲线要比初始压缩曲线平缓得多，说明在回弹或再压缩范围内，土的压缩性大大降低；④ 当再加荷时的压力超过b点所对应的压力时，再压缩曲线就趋于初始压缩曲线的延长线。

将图4－7(a)压缩曲线重新绘在$e-\lg p$平面内，如图4－7(b)所示。与图4－7(a)一样，图4－7(b)中的回弹和再压缩曲线构成了一回滞环。研究表明，土体在回弹和再压缩过程中，回滞环的面积常常不大。因而，实际应用时可认为回弹和再压缩曲线（在$e-\lg p$平面内）为直线，且其直线的斜率近似相等。该直线的坡度称为再压缩指数或回弹指数，用C_s表示。从图4－7(b)可以看出，C_s比C_c小得多，一般为$C_s=(0.1\sim0.2)C_c$，同样说明在回弹和再压缩阶段，土的压缩性大为减小。

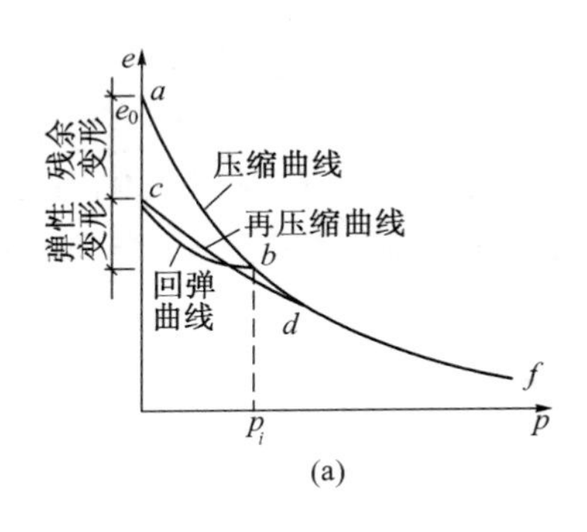

(a)

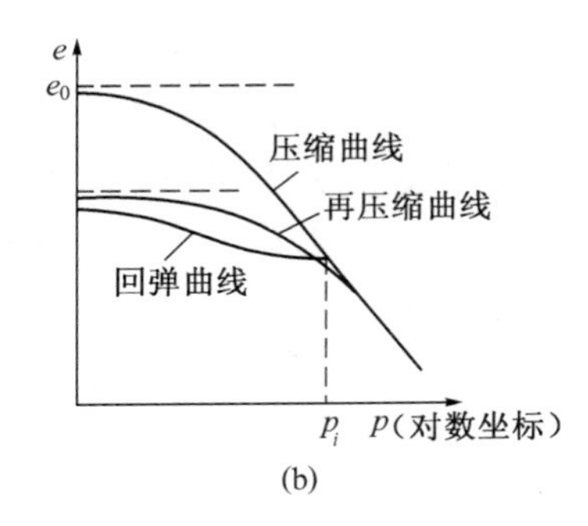

(b)

图 4－7　土的回弹—再压缩曲线

(a) $e-p$ 曲线；(b) $e-\lg p$ 曲线。

图 4－7(a)和图 4－7(b)都表明，土体如果曾经受到比现在大的应力，即现在处于再压缩或回弹阶段，则其压缩性大大降低。也就是说，土的应力历史对压缩性有很大的影响，因此，工程上利用土的这种特性，提出了一种软土地基加固处理方法，即预先对地基进行加压，待压缩到一定程度以后，再把压力卸除，然后在其上修造建筑物，这样，建筑物基础的沉降就会大大减少。关于应力历史对土的压缩性的影响将在本节稍后作详细介绍。

5. 其它压缩性指标

对理想弹性体，应力与应变之间为线性关系。根据广义胡克定律，在 X、Y、Z 三个坐标方向的应变可表示为

$$
\begin{cases}
\varepsilon_x = \dfrac{\sigma_x}{E} - \dfrac{\mu}{E}(\sigma_y + \sigma_z) \\[2ex]
\varepsilon_y = \dfrac{\sigma_y}{E} - \dfrac{\mu}{E}(\sigma_x + \sigma_z) \\[2ex]
\varepsilon_z = \dfrac{\sigma_z}{E} - \dfrac{\mu}{E}(\sigma_x + \sigma_y)
\end{cases}
\tag{4-8}
$$

式中　E——土的变形模量，以 kPa 计（它表示土体在无侧限条件下应力与应变之比，相当于理想弹性体的弹性模量，但是由于土体不是理想弹性体，故称为变形模量。E 的大小反映了土体抵抗弹塑性变形的能力）；

μ——土的泊松比，它是土体在无侧限条件下单向压缩时侧向膨胀的应变与竖向压缩的应变之比，变化范围不大，一般在 0.3～0.4 之间，饱和黏土在不排水条件下的泊松比可能接近 0.5。

土的变形模量常用于瞬时沉降的估计等。它可用室内三轴试验或现场试验

(如现场荷载板试验、旁压试验)测定,也可用土的压缩模量 E_s 求得。变形模量与压缩模量关系推导如下。

假定竖向有效应力为 σ_z,而侧向有效应力为 σ_x 和 σ_y,则在无侧向变形条件下有 $\sigma_x=\sigma_y=\sigma_z K_0$(其中,$K_0$ 为静止侧压力系数),同时有 $\varepsilon_x=\varepsilon_y=0$。于是,式(4-8)的前两式中的任何一式都可写为

$$\sigma_x-\mu(\sigma_x+\sigma_z)=0 \tag{4-9}$$

则

$$\frac{\sigma_x}{\sigma_z}=\frac{\mu}{1-\mu}$$

所以有

$$K_0=\frac{\mu}{1-\mu} \tag{4-10}$$

在无侧向变形条件下 $\sigma_x=\sigma_y=\sigma_z K_0$,将此式代入式(4-8)第三式,可以得

$$E=\frac{\sigma_z}{\varepsilon_z}\left(1-\frac{2\mu^2}{1-\mu}\right) \tag{4-11}$$

另一方面,根据压缩模量的定义,在无侧向变形条件下有 $E_s=\sigma_z/\varepsilon_z$。因此,式(4-11)可以写为

$$E=E_s\left(1-\frac{2\mu^2}{1-\mu}\right) \tag{4-12}$$

这就是变形模量与压缩模量的理论关系式。由于土的泊松比 μ 小于或等于0.5,因此,土的变形模量总小于压缩模量。式(4-12)是根据弹性理论中广义胡克定律推导出来的,由于土并不是理想弹性体,其变形性质并不一定完全符合虎克定律,因此,式(4-12)只是一个近似式。表4-1列出了不同土类的变形模量的经验值,可供参考。

表4-1 不同土类的变形模量经验值

土的类型	变形模量/kPa	土的类型	变形模量/kPa
泥炭	100~500	松砂	10000~20000
塑性黏土	500~4000	密实砂	50000~80000
硬塑黏土	4000~8000	密实砂砾、砾石	100000~200000
较硬黏土	8000~15000		

至此,已经对常用的土的压缩性指标作了介绍。这些指标包括压缩系数 a、压缩指数 C_c、体积压缩系数 m_v、压缩模量 E_s 和变形模量 E 等。它们都可用于沉降计算,但有不同的涵义,应当注意区别对待。

4.3 土的压缩性原位测试

上述土的侧限压缩试验(固结试验)操作简单,是目前测定地基土压缩性的常用方法。但遇到下列情况时,侧限压缩试验就不适用了:

(1) 地基土为粉、细砂,取原状土样很困难,或地基为软土,取土困难。

(2) 土层不均匀,土试样尺寸小,代表性差。

针对上述情况,可采用原位测试方法加以解决。建筑工程中土的压缩性的原位测试,主要有载荷试验和旁压试验。

4.3.1 载荷试验及变形模量

1. 试验装置与试验方法

试验装置如图 4-8 所示。

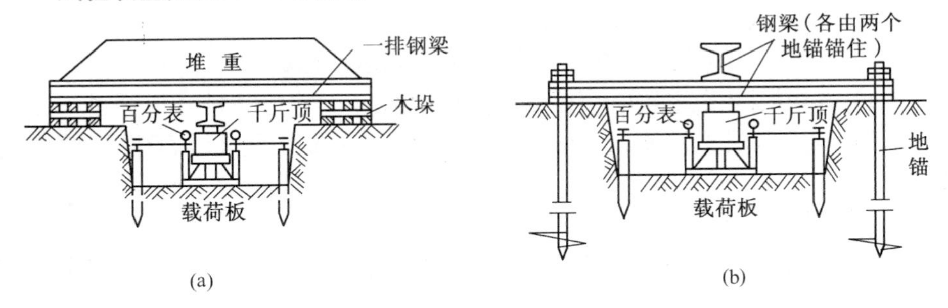

图 4-8 浅层平板载荷试验载荷架示例

(a) 堆重—千斤顶式;(b) 地锚—千斤顶式。

试验方法:

1) 选择试验部位

在建筑工地现场,选择有代表性的部位进行试验。开挖试坑,深度为基础设计埋深 d,宽度 $B \geqslant 3b$,b 为载荷试验压板宽度或直径。承压板面积不应小于 0.25m^2,软土不应小于 0.5m^2。

2) 加荷

(1) 在载荷平台上直接加铸铁块或砂袋等重物,如图 4-8(a)所示。试验时通过控制千斤顶的油泵进行加载。

（2）用油压千斤顶加荷，反力由基槽承担。如基础埋深较浅，则千斤顶的反力可由堆载或锚桩反力提供，如图 4-8(b)所示。

3）加荷标准：

（1）第一级荷载 $p_1 = \gamma D$，相当于开挖试坑卸除土的自重应力。

（2）第二级后，每级荷载：松软土 $p_i = 10\text{kPa} \sim 25\text{kPa}$，坚实土 $p_i = 50\text{kPa}$。

（3）加荷等级不应少于 8 级。最大加载量不应少于地基承载力设计值 2 倍，$\sum p_i \geqslant 2p_{设计}$。

4）测记压板沉降量

每级加载后，按间隔 10min、10min、10min、15min、15min、30min、30min、30min、30min 读一次百分表读数。

5）沉降稳定标准

当连续两次测记压板沉降量，其沉降差小于 0.1mm/h 时，则认为沉降已趋稳定，可加下一级荷载。

6）终止加载标准

当出现下列情况之一时，即可终止加载。

（1）沉降 s 急骤增大，荷载—沉降（$p-s$）曲线上有可判定极限承载力的陡降段，且沉降量超过 $0.04d$（d 为承压板直径）。

（2）在某一级荷载下，24h 内沉降速率不能达到稳定。

（3）本级沉降量大于前一级沉降量的 5 倍。

（4）当持力层土层坚硬，沉降量很小时，最大加载量不小于设计要求的 2 倍。

7）极限荷载 p_u

满足终止加荷标准(1)、(2)、(3)三种情况之一时，其对应的前一级荷载定为极限荷载 p_u。

2. 载荷试验结果

（1）绘制荷载—沉降（$p-s$）曲线，如图 4-9(a)所示。

（2）绘制沉降—时间（$s-t$）曲线，如图 4-9(b)所示。

3. 地基土的变形模量 E 计算公式

借用弹性理论计算沉降的公式，应用载荷试验结果 $p-s$ 曲线进行反算。

1）弹性理论沉降计算公式

在弹性理论中，当集中力 p 作用在弹性半无限空间的表面，引起地表任意点的沉降为

$$s = \frac{p(1-\mu^2)}{\pi E r} \tag{4-13}$$

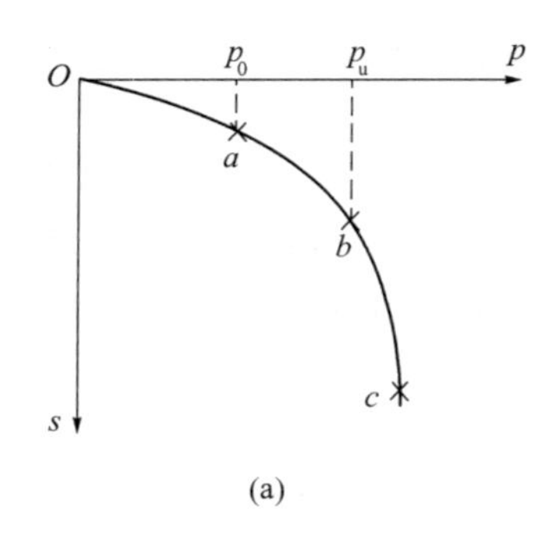

(a)

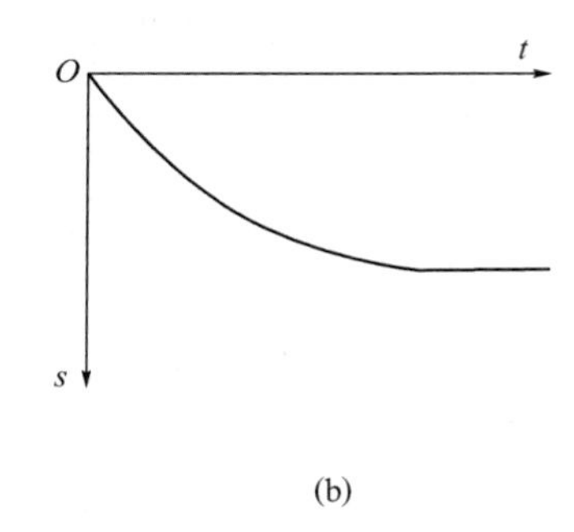

(b)

图 4 －9 载荷试验结果

（a）$p-s$ 曲线；（b）$s-t$ 曲线。

式中　μ——地基泊松比；

r——地表任意点至竖向集中力 p 作用点的距离，$r=\sqrt{x^2+y^2}$。

式(4 －13)通过积分，可得均布荷载下地基沉降公式：

$$s=\frac{\omega(1-\mu^2)pB}{E} \tag{4-14}$$

式中　s——地基沉降量(cm)；

p——荷载板的压应力(kPa)；

B——矩形荷载的短边或圆形荷载的直径(cm)；

ω——形状系数：刚性方形荷板 $\omega=0.88$，刚性圆形荷板 $\omega=0.79$；

E——地基土的变形模量(kPa)；

μ——地基土的泊松比。

2）地基土的变形模量计算公式

载荷试验第一阶段，当荷载较小时，荷载与沉降 $p-s$ 曲线 oa 段成线性关系见图 4 －9(a)。用此阶段实测的沉降值 s，利用式(4 －14)即可反算地基土的变形模量 E，如下式：

$$E=\omega(1-\mu^2)\frac{p_0B}{s} \tag{4-15}$$

式中　p_0——载荷试验 $p-s$ 曲线比例界限 a 点对应的荷载(kPa)；

s——相应于 $p-s$ 曲线上 a 点的沉降(cm)。

4.3.2　旁压试验及变形模量

上述载荷试验，如基础埋深很大，则试坑开挖很深，工程量太大，不适用。若地下水较浅，基础埋深在地下水位以下，则载荷试验无法使用。在这类情况下，可采用旁压试验。

旁压试验适用于碎石土、砂土、粉土、黏性土、残积土、极软岩和软岩等。根据测定初始压力、临塑压力、极限压力和旁压模量，结合地区经验可确定地基承载力和评定地基变形参数。根据自钻式旁压试验的旁压曲线，还可测求土的原位水平压力、静止侧压力系数和不排水抗剪强度。

1. 试验仪器

旁压试验(pressuremeter test,PMT) 是采用旁压仪(pressuremeter, pressiometer)在场地的钻孔中直接测定土的应力—应变关系的试验。1933 年德国 F. 寇克娄(Kögler)曾用一根可以膨胀的橡皮管在钻孔中加压，来测定不同深度处土的压缩性。后来法国 L. F. 梅纳(Menard,1956)改进了此种仪器，称为梅纳式旁压仪。中国建筑科学研究院地基研究所于 20 世纪 60 年代初研制成旁压仪，后在我国逐渐推广。为了便于说明旁压仪的工作原理，以下仅举我国早期设计的一种预钻式旁压仪，其形式大致与梅钠所提出的相同，它由旁压器、量测与输送系统、加压系统三部分组成(图 4-10)。

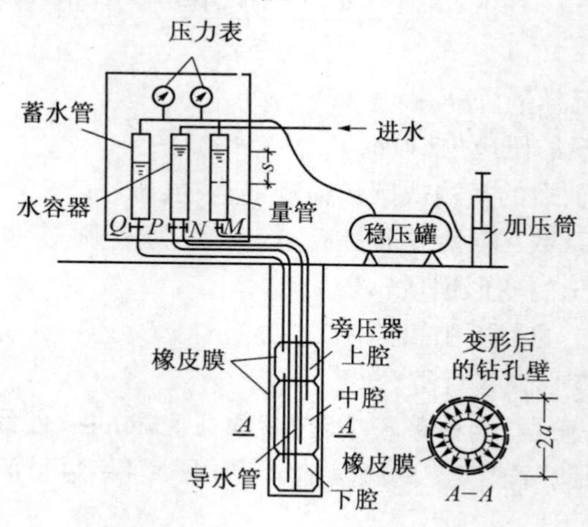

图 4-10　旁压仪示意图

2. 试验方法

(1) 在建筑场地试验地点钻孔，将旁压器放入钻孔中至测试高程。

(2) 用水加压力，使充满水的旁压器圆筒形橡胶膜膨胀，压向四周钻孔孔壁的土体。

(3) 分级加压，并测记施加的压力与四周孔壁土体变形值。

(4) 计算地基土的变形模量、压缩模量和地基承载力。

3. 试验结果的整理计算

1）压力校正

每级试验的压力表读数，加上静水压力后为总压力，再扣除橡胶膜的约束力，即为实际施加在孔壁土体的压力值。

2）土体变形校正

各级试验加压后，测管水位下降值扣除仪器综合变形校正值，即为实际土体压缩变形值。

3）绘制旁压曲线

以校正后的压力 p 为横坐标，校正后的测管水位下降值 s 为纵坐标，在直角坐标上绘制 $p-s$ 曲线。

4）地基土的变形模量 E

地基土的变形模量 E，按下式计算：

$$E = \frac{p_0}{s_t - s_0}(1-\mu^2)r^2 m \tag{4-16}$$

$$r^2 = \frac{Fs_0}{L \cdot \pi} + r_0^2 = \frac{15.28s_0}{25\pi} + 2.5^2 = 0.195s_0 + 6.25 \tag{4-17}$$

式中 s_t——与比例界限荷载 p_0 对应的测管水位下降值(cm)；

s_0——旁压器橡胶膜接触孔壁过程中，测管水位下降值，由 $p-s$ 曲线直线段延长与纵坐标交点即为 s_0 值(cm)；

μ——土的泊松比；

r——试验钻孔的半径(cm)；

F——测管水柱截面积，为 15.28cm^2；

L——旁压器中腔长度，为 25cm；

r_0——旁压器半径，为 2.5cm；

m——旁压系数(1/cm)；与土的物理力学性质、试验稳定标准和旁压仪规格等因素有关。

4.4 土的应力历史对土体压缩性的影响

4.4.1 沉积土(层)的应力历史

天然土层在历史上受过最大固结压力(指土体在固结过程中所受的最大竖向有效应力)，称为先期固结压力(preconsolidation pressure)，或称前期固结压力。根据应力历史可将土(层)分为正常固结土(层)、超固结土(层)和欠固结土(层)三类。正常固结土(normally consolidated soils)在历史上所经受的先期固结压力等于现有覆盖土重;超固结土(over consolidated soils)历史上曾经受过大于现有覆盖土重的先期固结压力;而欠固结土(under consolidated soils)的先期固结压力则小于现有覆盖土重。在研究沉积土层的应力历史时,通常将先期固结压力与现有覆盖土重之比值定义为超固结比(Over Consolidation Ratio,OCR):如下所示:

$$\mathrm{OCR} = p_c / p_1 \tag{4-18}$$

式中 p_c——先期固结压力(kPa);

p_1——现有覆盖土重(kPa)。

正常固结土(层)、超固结土(层)和欠固结土(层)的超固结比分别为 OCR = 1、OCR >1 和 OCR <1。通过高压固结试验的 $e-\lg p$ 曲线指标,考虑应力历史影响来计算土层固结变形(沉降)是饱和土地区和国际上习惯的主要方法之一。为促进钻探取样技术水平和土样质量的提高,满足国外设计企业越来越多地进入中国建设市场的需要,有必要推广应用应力历史法计算地基变形。但在工程实践中,钻探取样、包装、防护和运输条件是土样质量的首要影响因素,综合考虑实践经验按超固结比略大于理论取值,当 OCR =1.0 ~1.2 时,可视为正常固结土,见《高层建筑岩土工程勘察规程》(JGJ 72—2004)。

如图 4-11 所示,A 类覆盖土层是逐渐沉积到现在地面的,由于经历了漫长的地质年代,在土的自重作用下已经达到固结稳定状态(图 4-11(a)),其先期固结压力 p_c 等于现有覆盖土自重应力 $p_1=\gamma h$(γ 为均质土的天然重度,h 为现在地面下的计算点深度),所以 A 类土是正常固结土。B 类覆盖土层在历史上本是相当厚的覆盖沉积层,在土的自重作用下也已达到稳定状态,图 4-11(b)中虚线表示当时沉积层的地表,后来由于流水或冰川等的剥蚀作用而形成现在的地表,因此先期固结压为 $p_c=\gamma h_c$(h_c 为剥蚀前地面下的计算点深度)超过了现有的土自重应力 p_1,所以 B 类土是超固结土,其 OCR 值越大就表示超固结作用越大。C 类土层也和 A 类土层一样是逐渐沉积到现在地面的,但不同的是没有达到固结稳定状态。如新近沉积黏性土、人工填土等,由于沉积后经历年代时间不久,其自重固结作用尚未完成,图 4-11 (c)中虚线表示将来固结完毕后的地表,因此 p_c(这里 $p_c=\gamma h_c$,h_c 代表固结完毕后地面下的计算点深度)还小于现有的土自重应力 p_1,所以 C 类土是欠固结土。

当考虑土层的应力历史进行变形计算时,应进行高压固结试验,确定先期固结压力、压缩指数等压缩性指标,试验成果用 $e-\lg p$ 曲线表示。确定先期固结

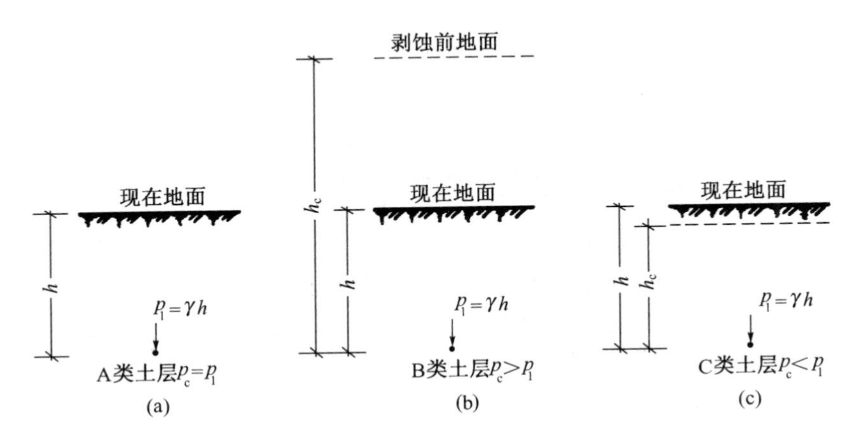

图 4-11　沉积土层按先期固结压力 p_c 分类

压力 p_c 最常用的方法是 A．卡萨格兰德（Cassagrande，1936）建议的经验作图法，作图步骤如下（图 4-12）：

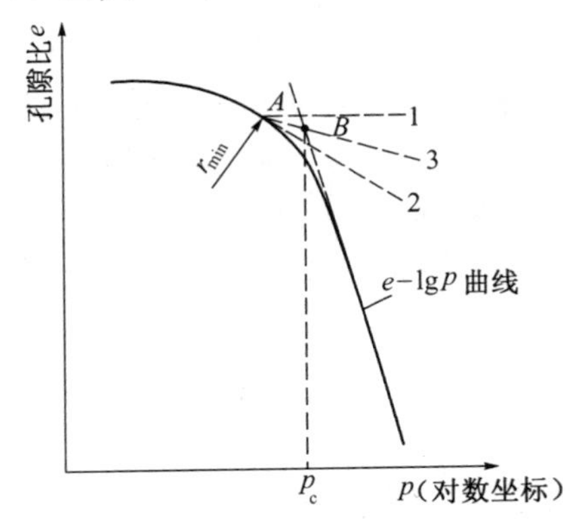

图 4-12　确定 p_c 的卡萨格兰德法

（1）从 $e-\lg p$ 曲线上找出曲率半径最小的一点 A，过 A 点作水平线 $A1$ 和切线 $A2$。

（2）作∠$1A2$ 的平分线 $A3$，与 $e-\lg p$ 曲线中直线段的延长线相交于 B 点。

（3）B 点所对应的有效应力就是先期固结压力 p_c。

必须指出，采用这种简易的经验作图法，对取土质量要求较高，绘制 $e-\lg p$ 曲线时要选用适当的比例尺等，否则，有时很难找到一个突变的 A 点，因此，不一定都能得出可靠的结果。确定先期固结压力，还应结合场地地形、地貌等形成历史的调查资料加以判断，例如历史上由于自然力（流水、冰川等地质作用的剥蚀）和人工开挖等剥去原始地表土层，或在现场堆载预压作用等，都可能使土层成为超固结土；而新近沉积的黏性土和粉土、海滨淤泥以及年代不久的人工填土等则属于欠固结土。此外，当地下水位发生前所未有的下降后，也会使土层处于欠固结状态。

4.4.2 现场原始压缩曲线及压缩性指标

现场原始压缩曲线（the field virgin compression curve）是指现场土层在其沉积过程中由上覆土重产生的压缩曲线，简称原始压缩曲线。从室内高压固结试验的 $e-\lg p$ 曲线，经修正后可得出符合现场原始土体的孔隙比与有效应力的关系曲线。在计算地基的固结沉降时，必须弄清楚土层所经受的应力历史，处于正常固结或超固结还是欠固结状态，从而由原始压缩曲线确定其压缩性指标值。

对于正常固结土，如图 4-13 所示的 $e-\lg p$ 曲线中的 ab 段表示在现场成土的历史过程中已经达到固结稳定状态。b 点压力是土样在应力历史上所经受的先期固结压力 p_c，它等于现有的覆盖土自重应力 p_1。在现场应力增量的作用下，孔隙比 e 的变化将沿着 ab 段的延伸线发展（图中虚线 bc 段）。但是，原始压缩曲线 ab 段不能由室内试验直接测得，只有将一般室内压缩曲线加以修正后才能求得。这是由于扰动的影响，取到实验室的试样即使十分小心地保持其天然初始孔隙比不变，但是仍然会引起试样中有效应力的降低（图中的水平线 bd 所示）。

正常固结土的原始压缩曲线，可根据 J. H. 施默特曼（Schmertmann，1955）的方法，按下列步骤将室内压缩曲线加以修正后求得（图 4-14）。

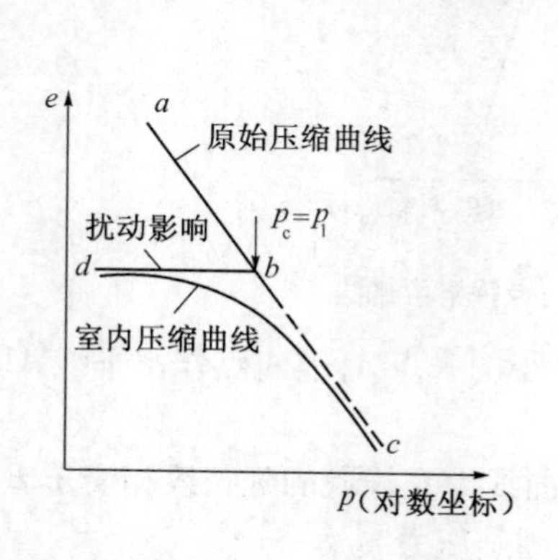

图 4-13 正常固结土的扰动对压缩性的影响

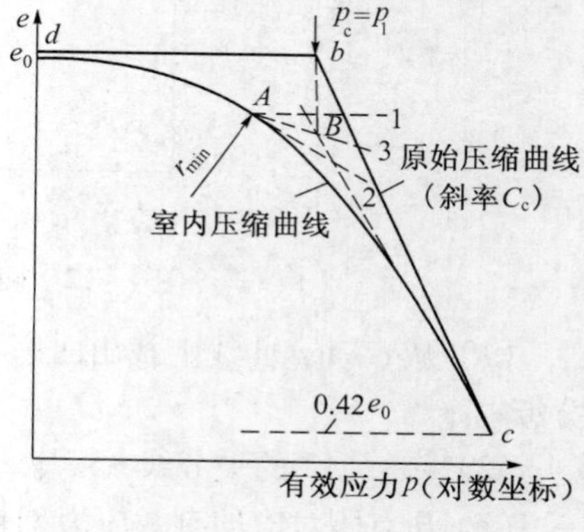

图 4-14 正常固结土原始压缩曲线

（1）先作 b 点，其横坐标为试样现场自重压力 p_1，由 $e-\lg p$ 曲线资料分析 p_1 等于 B 点所对应的先期固结压力 p_c，其纵坐标为现场孔隙比，若土样保持不膨胀，取初始孔隙比 e_0。

（2）再作 c 点，由室内压缩曲线上孔隙比等于 $0.42e_0$ 处确定，这是根据许多室内压缩试验发现的，若将土试样加以不同程度的扰动，所得出的不同室内压缩曲线直线段，都大致交于孔隙比 $0.42e_0$ 这一点，由此推想原始压缩曲线也大致交于该点。

（3）然后作 bc 直线，这线段就是原始压缩曲线的直线段，于是可按该线段的斜率确定正常固结土的压缩指数 C_c 值，$C_c=\Delta e/\lg(p_2/p_1)$［参见式（4－7）和图 4－6］。

对于超固结土，如图 4－15 所示。相应于原始压缩曲线 abc 中 b 点压力是土样的应力历史上曾经受到的最大压力，就是先期固结压力 p_c（$>p_1$），后来，有效应力减少到现有土自重应力 p_1（相当于原始回弹曲线 bb_1 上 b_1 点的压力）。在现场应力增量的作用下，孔隙比将沿着原始再压缩曲线 b_1c 变化。当压力超过先期固结压力后，曲线将与原始压缩曲线的延伸线（图中虚线 bc 段）重新连接。同样，由于土样扰动的影响，在孔隙比保持不变情况下仍然引起了有效应力的降低（图中水平线 b_1d 所示）。当试样在室内加压时，孔隙比变化将沿着室内压缩曲线发展。超固结土的原始压缩曲线，可按下列步骤求得（图 4－16）。

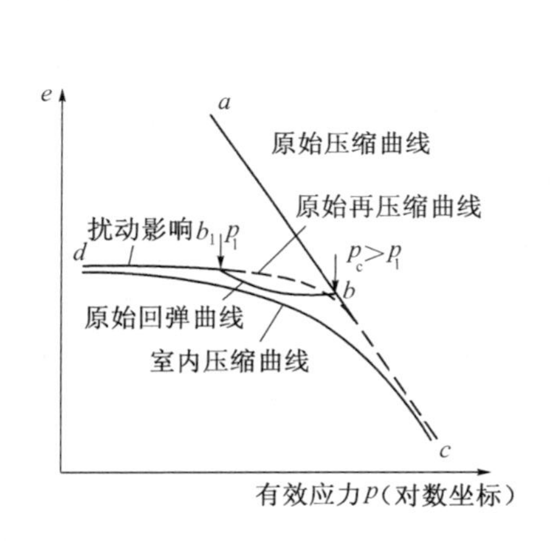

图 4－15　超固结土样扰动对压缩性影响

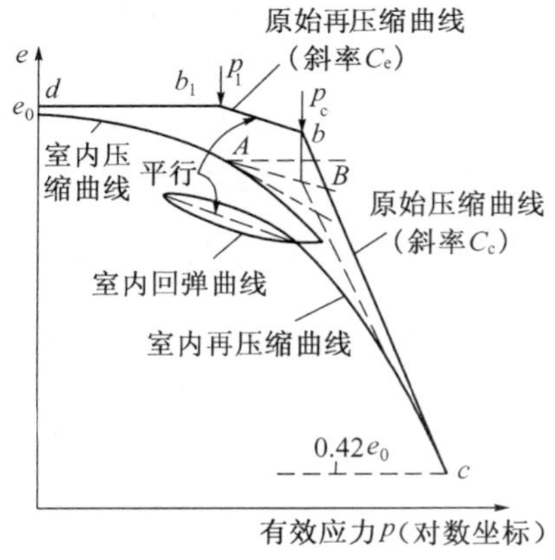

图 4－16　超固结土样原始压缩和原始再压缩曲线

（1）先作 b_1 点，其横、纵坐标分别为试样的现场自重压力 p_1 和现场孔隙比 e_0。

（2）过 b_1 点作一直线，其斜率等于室内回弹曲线与再压缩曲线的平均斜率，该直线与通过 B 点垂线（其横坐标相应于先期固结压力值）交于 b 点，b_1b 就作为原始再压缩曲线，其斜率为回弹指数 C_e（根据经验得知，因为试样受到扰动，使初次室内压缩曲线的斜率比原始再压缩曲线的斜率要大得多，而从室内回弹和再压缩曲线的平均斜率则比较接近于原始再压缩曲线的斜率）。

（3）作 c 点，由室内压缩曲线上孔隙比等于 $0.42e_0$ 处确定。

（4）连接 bc 直线，即得原始压缩曲线的直线段，取其斜率作为压缩指数 C_c 值。

对于欠固结上，由于自重作用下的压缩尚未稳定，只能近似地按正常固结土一样的方法求得原始压缩曲线，从而确定压缩指数 C_c 值。

4.5 地基最终沉降量计算

最终沉降量是指地基在荷载作用下沉降完全稳定后地基表面的沉降量。要达到这一沉降量所需的时间取决于地基排水条件。对于砂土，施工结束后就可以完成；对于黏性土，少则几年，多则十几年、几十年乃至更长时间。

计算地基最终沉降量目的：在建筑设计中需预知该建筑物建成后将产生的最终沉降量、沉降差、倾斜和局部倾斜，判断地基变形值是否超出允许的范围，以便在建筑物设计时，为采取相应的工程措施提供科学依据，从而保证建筑物的安全。

目前地基最终沉降量常用的计算方法有弹性力学法、分层总和法、《建筑地基基础设计规范》（GB 50007—2002）推荐沉降计算法、斯肯普顿—比伦法和考虑应力历史影响的沉降计算法。本节阐述我国工业与民用建筑中常用的两种方法：分层总和法及《建筑地基基础设计规范》推荐沉降计算法。

4.5.1 分层总和法计算地基最终沉降量

1. 计算原理

按分层总和法计算基础（地基表面）最终沉降量（final settlement），应在地基压缩层深度范围内将土划分为若干分层，计算各分层的压缩量，然后求其总和，即

$$s = s_1 + s_2 + s_3 + \cdots + s_n = \sum_{i=1}^{n} s_i \tag{4-19}$$

式中 n——计算深度范围内土的分层数。

所谓地基压缩层深度（the depth of compressive layer），是指自基础底面向下需要计算变形所达到的深度，该深度以下土层的变形值小到可以忽略不计，亦称地基变形计算深度。

计算 s_i 时，假设土层只发生竖向压缩变形，没有侧向变形，因此可按式（4-20）~式（4-22）中的任何一个公式进行计算。

$$s_i = \left(\frac{e_1 - e_2}{1 + e_1}\right)_i h_i \tag{4-20}$$

或

$$s_i = \left(\frac{\alpha}{1 + e_1}\right)_i \overline{\sigma}_{zi} h_i \tag{4-21}$$

或

$$s_i = \frac{\overline{\sigma}_{zi}}{E_{si}} h_i \tag{4-22}$$

式中 e_1——第 i 层土压缩前的孔隙比；

e_2——第 i 层土压缩终止后的孔隙比；

h_i——第 i 层土的厚度(m)；

α——第 i 层土的压缩系数(kPa^{-1})；

$\overline{\sigma}_{zi}$——第 i 层土的平均附加应力(kPa)；

E_{si}——第 i 层土的侧限压缩模量(kPa)。

2. 几点假定

为了应用上述地基中的附加应力计算公式和室内侧限压缩试验的指标，特作下列假定：

(1) 地基土为均匀、等向的半无限空间弹性体。在建筑物荷载作用下，土中的应力与应变 $\sigma-\varepsilon$ 呈直线关系。因此，可应用弹性理论方法计算地基中的附加应力，详见“地基中的应力分布”章节。

(2) 地基沉降计算的部位，按基础中心点 o 下土柱所受附加应力 σ_z 进行计算。实际上基础底面边缘或中部各点的附加应力不同，中心点 o 下的附加应力为最大值。当计算基础的倾斜时，要以倾斜方向基础两端点下的附加应力进行计算。

(3) 地基土的变形条件为侧限条件，即在建筑物的荷载作用下，地基土层只产生竖向压缩变形，侧向不能膨胀变形，因而在沉降计算中，可应用实验室测定的侧限压缩试验指标——α 与 E_s 来计算。

(4) 沉降计算深度，理论上应计算至无限大，工程上因附加应力扩散随深度而减小，计算至某一深度(即受压层)即可。在受压层以下的土层附加应力很小，所产生的沉降量可忽略不计。若受压层以下尚有软弱土层，则应计算至软弱土层底部。

3. 计算方法与步骤

(1) 选择沉降计算剖面，在每一个剖面上选择若干计算点。在计算基底压力和地基中附加应力时，根据基础的尺寸及所受荷载的性质(中心受压、偏心或倾斜等)，求出基底压力的大小和分布；再结合地基土层的性状，选择沉降计算点的位置。

（2）将地基分层。在分层时天然土层的交界面和地下水位面应为分层面，同时在同一类土层中分层的厚度不宜过大。一般取分层厚 $h_i \leqslant 0.4b$ 或 $h_i = 1\mathrm{m} \sim 2\mathrm{m}$，$b$ 为基础宽度。

（3）求出计算点垂线上各分层层面处的竖向自重应力 σ_{cz}（应从地面起算），并绘出它的分布曲线，如图 4－17 所示。

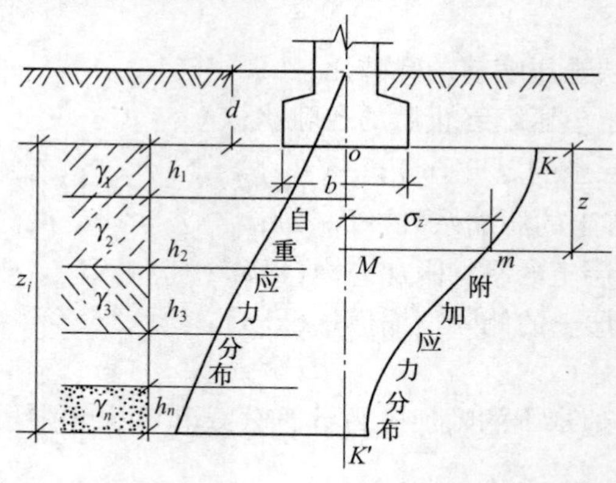

图 4－17　分层总和法计算地基沉降

（4）求出计算点垂线上各分层层面处的竖向附加应力 σ_z，并绘其分布曲线，取 $\sigma_z = 0.2\sigma_{cz}$（中、低压缩性土）或 $0.1\sigma_{cz}$（高压缩性土）处土层深度为沉降计算的土层深度。

（5）求出各分层的平均自重应力 σ_{czi} 和平均附加应力 σ_{zi}（图 4－17）：

$$\overline{\sigma}_{czi} = \frac{1}{2}(\sigma_{czi}^{上} + \sigma_{czi}^{下})$$

$$\overline{\sigma}_{zi} = \frac{1}{2}(\sigma_{zi}^{上} + \sigma_{zi}^{下})$$

式中　$\sigma_{czi}^{上}$、$\sigma_{czi}^{下}$——第 i 分层土上、下层面处自重应力；

$\sigma_{zi}^{上}$、$\sigma_{zi}^{下}$——第 i 分层土上、下层面处的附加应力。

（6）计算各分层土的压缩量 s_i。认为各分层土都是在侧限压缩条件下压力从 $p_1 = \sigma_{czi}$ 增加到 $p_2 = \sigma_{czi} + \sigma_{zi}$ 所产生的变形量 s_i，可由式（4－20）～式（4－22）中任一式计算。

（7）按式（4－19）计算地基最终沉降量。基础中心点沉降量可视为基础平均沉降量；根据基础角点沉降差，可推算出基础的倾斜。

［例 4－1］　某柱基础，底面尺寸 $l \times b = 4\mathrm{m} \times 2\mathrm{m}$，埋深 $d = 1.5\mathrm{m}$。传至基础

顶面的竖向荷载 $N=1192\text{kN}$，各土层计算指标见表 4－2 和表 4－3。试计算柱基础最终沉降量。假定地下水位深 $d_w=2\text{m}$。

表 4－2　土层计算指标

土层	γ /(kN/m^2)	a /MPa^{-1}	E_s /MPa
① 黏土	19.5	0.39	4.5
② 粉质黏土	19.8	0.33	5.1
③ 粉砂	19.0	0.37	5.0
④ 粉土	19.2	0.52	3.4

表 4－3　土层侧限压缩试验 $e-p$ 曲线

土层 \ p/kPa	0	50	100	200
① 黏土	0.820	0.780	0.760	0.740
② 粉质黏土	0.740	0.720	0.700	0.670
③ 粉砂	0.890	0.860	0.840	0.810
④ 粉土	0.850	0.810	0.780	0.740

解： 基底平均压力 p：

$$p=\frac{N}{l\times b}+\gamma_G\times b=\frac{1192}{4\times 2}+20\times 1.5=179\text{kPa}$$

基底附加压力 p_0：

$$p_0=p-\gamma d=179-19.5\times 1.5=150\text{kPa}$$

取水的重度 $\gamma_w\approx 10\text{kN/m}^3$，则有效重度 $\gamma'=\gamma-10$，基础中心线下的自重应力和附加应力计算结果如图 4－18 所示。到粉砂层层底，$\sigma_z=14.4\text{kPa}<0.2\sigma_c=0.2\times 91.9=18.3\text{kPa}$，因此，沉降计算深度取为 $H=2.0+4.0+1.5=7.5\text{m}$，从基

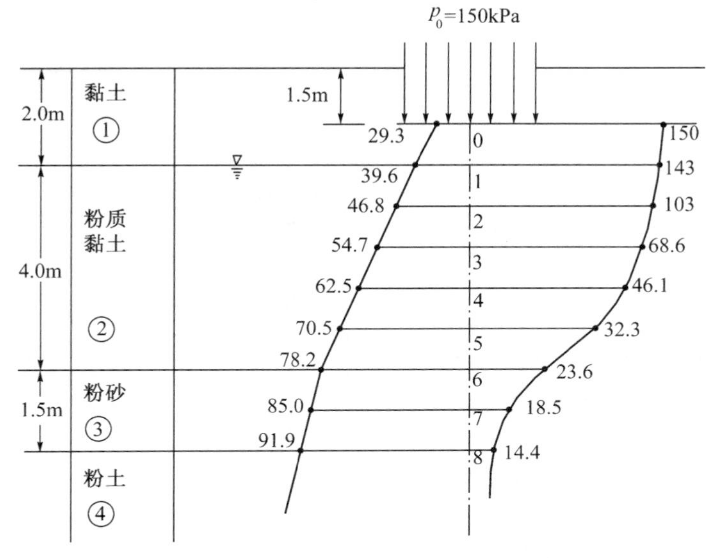

图 4－18　土层自重应力和附加应力分布（kPa）

底起算的土层压缩层厚度为 $Z_n = 7.5 - 1.5 = 6.0\text{m}$。

按 $h_i \leqslant 0.4b = 0.4 \times 2 = 0.8\text{m}$ 分层。$h_1 = 0.50\text{m}, h_2 \sim h_6 = 0.80\text{m}, h_7 = h_8 = 0.75\text{m}$。柱基础最终沉降量计算结果如下：

（1）按公式 $s_i = \left(\dfrac{e_1 - e_2}{1 + e_1}\right)_i \cdot h_i$ 计算（表4-4）。

表4-4　各分层土沉降量计算(1)

土层	分层	h_i/m	p_{1i}/kPa	e_{1i}	P_{2i}/kPa	e_{2i}	s_i/mm
黏土①	0-1	0.50	34.2	0.7995	180.7	0.7439	15.45
粉质黏土②	1-2	0.80	42.9	0.7228	165.9	0.6802	19.78
	2-3	0.80	50.8	0.7197	136.6	0.6890	14.28
	3-4	0.80	58.4	0.7166	115.8	0.6953	9.93
	4-5	0.80	66.2	0.7135	105.4	0.6984	7.05
	5-6	0.80	74.0	0.7104	102.0	0.6994	5.14
粉砂③	6-8	0.75	81.6	0.8474	102.7	0.8392	3.33
	7-8	0.75	88.4	0.8446	104.9	0.8385	2.48

因此，$s = \sum s_i = 77.44\text{mm}$。

（2）按公式 $s_i = \left(\dfrac{a}{1 + e_i}\right)_i \cdot \sigma_{zi} h_i$ 计算（表4-5）。

表4-5　各分层土沉降量计算(2)

土层	分层	h_i/m	p_{1i}/kPa	e_{1i}	σ_{zi}/kPa	a/MPa^{-1}	s_i/mm
黏土①	0-1	0.50	34.2	0.7995	146.5	0.39	15.85
粉质黏土②	1-2	0.80	42.9	0.7228	123.0		18.85
	2-3	0.80	50.8	0.7197	85.8		13.17
	3-4	0.80	58.4	0.7166	57.4	0.33	8.83
	4-5	0.80	66.2	0.7135	39.2		6.04
	5-6	0.80	74.0	0.7104	28.0		4.32
粉砂③	6-8	0.75	81.6	0.8474	21.1	0.37	3.17
	7-8	0.75	88.4	0.8446	16.5		2.48

因此，$s = \sum s_i = 72.44\text{mm}$。

（3）按公式 $s_i = \dfrac{\sigma_{zi}}{E_{si}} \cdot h_i$ 计算。

$$s = \frac{146.5}{4.5} \times 0.50 + (123.0 + 85.8 + 57.4 + 39.2 + 28.0) \times \frac{0.80}{5.1} +$$

$$(21.1+16.5)\times\frac{0.75}{5.0}=16.28+52.30+5.64=74.22\text{mm}$$

4.5.2 《建筑地基基础设计规范》推荐沉降计算法

采用上述分层总和法进行建筑物地基沉降计算,并与大量建筑物的沉降观测进行比较,发现其具有下列规律:① 中等地基,计算沉降量与实测沉降量相近,即 $s_{计}\approx s_{实}$;② 软弱地基,计算沉降量小于实测沉降量,即 $s_{计}<s_{实}$;③ 坚实地基,计算地基沉降量远大于实测沉降量,即 $s_{计}\gg s_{实}$。

地基沉降量计算值与实测值不一致的原因主要有:① 分层总和法计算所作的几点假定,与实际情况不完全符合;② 土的压缩性指标试样的代表性、取原状土的技术及试验的准确度都存在问题;③ 在地基沉降计算中,未考虑地基、基础与上部结构的共同作用。

为了使地基沉降量的计算值与实测沉降值相吻合,在总结大量实践经验的基础上,《建筑地基基础设计规范》引入了沉降计算修正系数 ψ_s,对分层总和法地基沉降计算结果,作必要的修正。《建筑地基基础设计规范》还对分层总和法的计算步骤进行了简化。

1. 《建筑地基基础设计规范》法计算地基最终沉降量的实质

《建筑地基基础设计规范》所推荐的地基最终变形量(即基础最终沉降量)计算公式是分层总和法单向压缩的修正公式。它也采用侧限条件 $e-p$ 曲线的压缩性指标,但运用了地基平均附加应力系数 $\overline{\alpha}$ 的新参数,并规定了地基变形计算深度 z_n(即地基压缩层深度)的新标准,还提出了沉降计算经验系数 ψ_s,使得计算成果接近于实测值。

2. 《建筑地基基础设计规范》法计算地基最终沉降量的公式

$$s=\psi_s s'=\psi_s\sum_{i=1}^{n}\frac{p_0}{E_{si}}(z_i\overline{\alpha}_i-z_{i-1}\overline{\alpha}_{i-1}) \tag{4-23}$$

式中 s——地基最终变形量(即基础最终沉降量)(mm);

s'——按分层总和法计算的地基变形量(即基础沉降量)(mm);

ψ_s——沉降计算经验系数,根据地区沉降观测资料及经验确定,也可采用表4-6数值;

n——地基变形计算深度范围内所划分的土层数,层面和地下水位面是当然的分层面,如图4-19所示;

p_0——对应于荷载标准值的基底附加压力(kPa);

E_{si}——基础底面下第 i 层土的压缩模量,按实际应力段范围取值(MPa);

z_i、z_{i-1}——基础底面至第 i 层土、第 $i-1$层土底面的距离(m)；

$\overline{\alpha}_i$、$\overline{\alpha}_{i-1}$——基础底面的计算点至第 i 层土、第 $i-1$ 层土底面范围内平均附加应力系数，可按表4-7、表4-8查用。

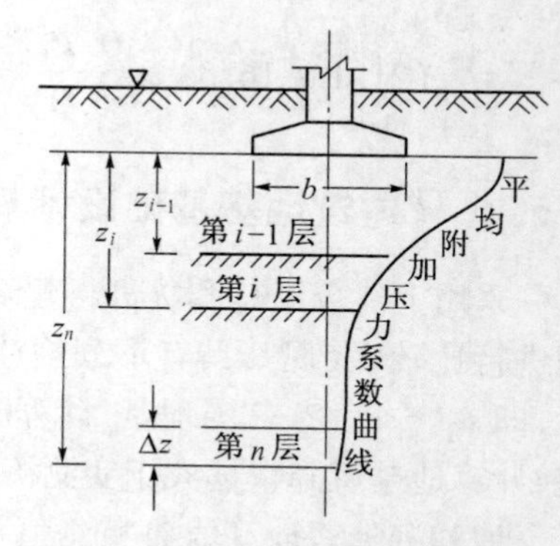

图4-19　规范法沉降计算分层

当地基为一均匀土层时，用此土层的压缩模量 E_s 值，直接查表4-6，即可得 ψ_s 值，可用内插法计算 ψ_s。若地基为多层土，E_s 为不同数值，则先计算 E_s 的当量值 $\overline{E}_s$ 来查表4-6，即 E_s 按附加应力面积 A 的加权平均值查表4-6。

表4-6　沉降计算经验系数 ψ_s

$\overline{E}_s$/MPa \ 基底附加压力	2.5	4.0	7.0	15.0	20.0
$P_0 \geqslant f_{ak}$	1.4	1.3	1.0	0.4	0.2
$P_0 \leqslant 0.75f_{ak}$	1.1	1.0	0.7	0.4	0.2

注：1. $\overline{E}_s$ 为沉降计算深度范围内压缩模量的当量值，应按下式计算：$\overline{E}_s = \sum A_i / (\sum (A_i/E_{si}))$，其中 A_i 为第 i 层土附加应力沿土层厚度的积分值，即 $A_i = p_0(\overline{\alpha}_i z_i - \overline{\alpha}_{i-1} z_{i-1})$；
2. f_{ak}为地基承载力特征值

平均附加应力系数 $\overline{\alpha}_i$ 系指基础底面计算点至第 i 层土底面范围全部土层的附加应力系数平均值，而非地基中第 i 层土本身的附加应力系数。

3.《建筑地基基础设计规范》法计算地基最终沉降量公式推导

分层总和法计算第 i 层土的压缩量公式为

$$s'_i = \frac{\overline{\sigma}_{zi}}{E_{si}} h_i \qquad (4-24)$$

由图4-20可见：式(4-24)右端分子 $\overline{\sigma}_{zi} h_i$ 等于第 i 层土的附加应力面积 $A_{aa'b'b}$。

附加应力面积为

$$A_{aa'b'b} = A_{okb'b} - A_{oka'a}$$

其中

$$A_{okb'b} = \int_0^{z_i} \sigma_z \mathrm{d}z = \overline{\sigma}_{zi} z_i,$$

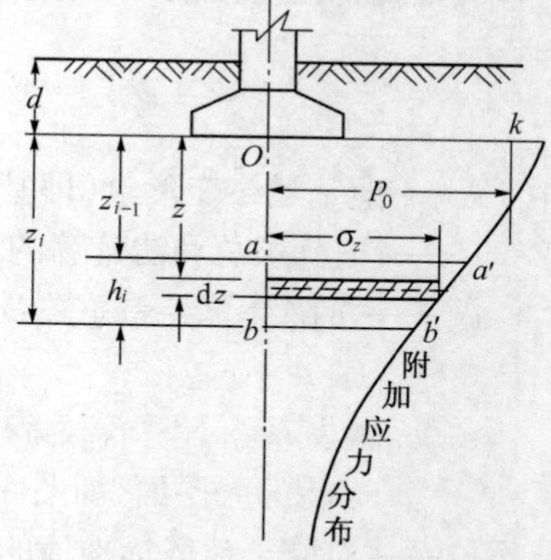

图4-20　平均附加应力系数 $\overline{\alpha}$ 示意图

$$A_{oka'a} = \int_0^{z_{i-1}} \sigma_z \mathrm{d}z = \overline{\sigma}_{z_{i-1}} z_{i-1}$$

故

$$s'_i = \frac{A_{aa'b'b}}{E_{si}} = \frac{A_{okb'b} - A_{oka'a}}{E_{si}} = \frac{\overline{\sigma}_{zi} z_i - \overline{\sigma}_{z_{i-1}} z_{i-1}}{E_{si}} \quad (4-25)$$

式中　$\overline{\sigma}_{zi}$——深度 z_i 范围的平均附加应力；

$\overline{\sigma}_{z_{i-1}}$——深度 z_{i-1} 范围的平均附加应力。

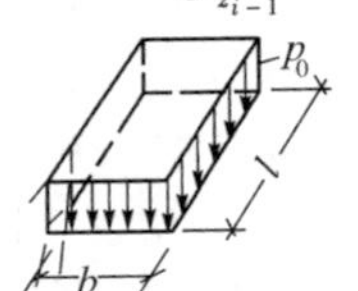

表 4－7　均布矩形荷载角点下的平均竖向附加应力系数 $\overline{\alpha}$

z/b	l/b												
	1.0	1.2	1.4	1.6	1.8	2.0	2.4	2.8	3.2	3.6	4.0	5.0	10.0
0.0	0.2500	0.2500	0.2500	0.2500	0.2500	0.2500	0.2500	0.2500	0.2500	0.2500	0.2500	0.2500	0.2500
0.2	0.2496	0.2497	0.2497	0.2498	0.2498	0.2498	0.2498	0.2498	0.2498	0.2498	0.2498	0.2498	0.2498
0.4	0.2474	0.2479	0.2481	0.2483	0.2483	0.2484	0.2485	0.2485	0.2485	0.2485	0.2485	0.2485	0.2485
0.6	0.2423	0.2437	0.2444	0.2448	0.2451	0.2452	0.2454	0.2455	0.2455	0.2455	0.2455	0.2455	0.2456
0.8	0.2346	0.2372	0.2387	0.2395	0.2400	0.2403	0.2407	0.2408	0.2409	0.2409	0.2410	0.2410	0.2410
1.0	0.2252	0.2291	0.2313	0.2326	0.2335	0.2340	0.2346	0.2349	0.2351	0.2352	0.2352	0.2353	0.2353
1.2	0.2149	0.2199	0.2229	0.2248	0.2260	0.2268	0.2278	0.2282	0.2285	0.2286	0.2287	0.2288	0.2289
1.4	0.2043	0.2102	0.2140	0.2164	0.2190	0.2191	0.2204	0.2211	0.2215	0.2217	0.2218	0.2220	0.2221
1.6	0.1939	0.2006	0.2049	0.2079	0.2099	0.2113	0.2130	0.2138	0.2143	0.2146	0.2148	0.2150	0.2152
1.8	0.1840	0.1912	0.1960	0.1994	0.2018	0.2034	0.2055	0.2066	0.2073	0.2077	0.2079	0.2082	0.2084
2.0	0.1746	0.1822	0.1875	0.1912	0.1938	0.1958	0.1982	0.1996	0.2004	0.2009	0.2012	0.2015	0.2018
2.2	0.1659	0.1737	0.1793	0.1833	0.1862	0.1883	0.1911	0.1927	0.1937	0.1943	0.1947	0.1952	0.1955
2.4	0.1578	0.1657	0.1715	0.1757	0.1789	0.1812	0.1843	0.1862	0.1873	0.1880	0.1885	0.1890	0.1895
2.6	0.1503	0.1583	0.1642	0.1686	0.1719	0.1745	0.1779	0.1799	0.1812	0.1820	0.1825	0.1832	0.1838
2.8	0.1433	0.1514	0.1574	0.1619	0.1654	0.1680	0.1717	0.1739	0.1753	0.1763	0.1769	0.1777	0.1784
3.0	0.1369	0.1449	0.1510	0.1556	0.1592	0.1619	0.1658	0.1682	0.1698	0.1708	0.1715	0.1725	0.1733
3.2	0.1310	0.1390	0.1450	0.1497	0.1533	0.1562	0.1602	0.1628	0.1645	0.1657	0.1664	0.1675	0.1685
3.4	0.1256	0.1334	0.1394	0.1441	0.1478	0.1508	0.1550	0.1577	0.1595	0.1607	0.1616	0.1628	0.1639
3.6	0.1205	0.1282	0.1342	0.1389	0.1427	0.1456	0.1500	0.1528	0.1548	0.1561	0.1570	0.1583	0.1595
3.8	0.1158	0.1234	0.1293	0.1340	0.1378	0.1408	0.1452	0.1482	0.1502	0.1516	0.1526	0.1541	0.1554
4.0	0.1114	0.1189	0.1248	0.1294	0.1332	0.1362	0.1408	0.1438	0.1459	0.1474	0.1485	0.1500	0.1516
4.2	0.1073	0.1147	0.1205	0.1251	0.1289	0.1319	0.1365	0.1396	0.1418	0.1434	0.1445	0.1462	0.1479
4.4	0.1035	0.1107	0.1164	0.1210	0.1248	0.1279	0.1325	0.1357	0.1379	0.1396	0.1407	0.1425	0.1444
4.6	0.1000	0.1070	0.1127	0.1172	0.1209	0.1240	0.1287	0.1319	0.1342	0.1359	0.1371	0.1390	0.1410
4.8	0.0967	0.1036	0.1091	0.1136	0.1173	0.1204	0.1250	0.1283	0.1307	0.1324	0.1337	0.1357	0.1379

（续）

z/b	l/b												
	1.0	1.2	1.4	1.6	1.8	2.0	2.4	2.8	3.2	3.6	4.0	5.0	10.0
5.0	0.0935	0.1003	0.1057	0.1102	0.1139	0.1169	0.1216	0.1249	0.1273	0.1291	0.1304	0.1325	0.1348
5.2	0.0906	0.0972	0.1026	0.1070	0.1106	0.1136	0.1183	0.1217	0.1241	0.1259	0.1273	0.1295	0.1320
5.4	0.0878	0.0943	0.0996	0.1039	0.1075	0.1105	0.1152	0.1186	0.1211	0.1229	0.1243	0.1265	0.1292
5.6	0.0852	0.0916	0.0968	0.1010	0.1046	0.1076	0.1122	0.1156	0.1181	0.1200	0.1215	0.1238	0.1266
5.8	0.0828	0.0890	0.0941	0.0983	0.1018	0.1047	0.1094	0.1128	0.1153	0.1172	0.1187	0.1211	0.1240
6.0	0.0805	0.0866	0.0916	0.0957	0.0991	0.1021	0.1067	0.1101	0.1126	0.1146	0.1161	0.1185	0.1216
6.2	0.0783	0.0842	0.0891	0.0932	0.0966	0.0995	0.1041	0.1075	0.1101	0.1120	0.1136	0.1161	0.1193
6.4	0.0762	0.0820	0.0869	0.0909	0.0942	0.0971	0.1016	0.1050	0.1076	0.1096	0.1111	0.1137	0.1171
6.6	0.0742	0.0799	0.0847	0.0886	0.0919	0.0948	0.0993	0.1027	0.1053	0.1073	0.1088	0.1114	0.1149
6.8	0.0723	0.0779	0.0826	0.0865	0.0898	0.0926	0.0970	0.1004	0.1030	0.1050	0.1066	0.1092	0.1129
7.0	0.0705	0.0761	0.0806	0.0844	0.0877	0.0904	0.0949	0.0982	0.1008	0.1028	0.1044	0.1071	0.1109
7.2	0.0688	0.0742	0.0787	0.0825	0.0857	0.0884	0.0928	0.0962	0.0987	0.1008	0.1023	0.1051	0.1090
7.4	0.0672	0.0725	0.0769	0.0806	0.0838	0.0865	0.0908	0.0942	0.0967	0.0988	0.1004	0.1031	0.1071
7.6	0.0656	0.0709	0.0752	0.0789	0.0820	0.0846	0.0889	0.0922	0.0948	0.0968	0.0984	0.1012	0.1054
7.8	0.0642	0.0693	0.0736	0.0771	0.0802	0.0828	0.0871	0.0904	0.0929	0.0950	0.0966	0.0994	0.1036
8.0	0.0627	0.0678	0.0720	0.0755	0.0785	0.0811	0.0853	0.0886	0.0912	0.0932	0.0948	0.0976	0.1020
8.2	0.0614	0.0663	0.0705	0.0739	0.0769	0.0795	0.0837	0.0869	0.0894	0.0914	0.0931	0.0959	0.1004
8.4	0.0601	.0649	0.0690	0.0724	0.0754	0.0779	0.0820	0.0852	0.0878	0.0989	0.0914	0.0943	0.0988
8.6	0.0588	0.0636	0.0676	0.0710	0.0739	0.0764	0.0805	0.0836	0.0862	0.0882	0.0898	0.0927	0.0973
8.8	0.0576	0.0623	0.0663	0.0696	0.0724	0.0749	0.0790	0.0821	0.0846	0.0866	0.0882	0.0912	0.959
9.2	0.0554	0.0599	0.09637	0.0697	0.0721	0.0761	0.0792	0.0817	0.0837	0.0853	0.0882	0.0813	0.0931
9.6	0.0533	0.0577	0.0614	0.0672	0.0696	0.0734	0.0765	0.0789	0.0809	0.0825	0.0855	0.0738	0.0905
10.0	0.0514	0.0556	0.0592	0.0649	0.0672	0.0710	0.0739	0.0763	0.0783	0.0799	0.0829	0.0719	0.0880
10.4	0.0496	0.0537	0.0572	0.0627	0.0649	0.0686	0.0716	0.0739	0.0759	0.0775	0.0804	0.0682	0.0857
10.8	0.0479	0.0519	0.0553	0.0606	0.0628	0.0664	0.0693	0.0717	0.0736	0.0751	0.0781	0.0649	0.0834
11.2	0.0463	0.0502	0.0535	0.0563	0.0587	0.0609	0.0644	0.0672	0.0695	0.0714	0.0730	0.0759	0.0813
11.6	0.0448	0.0486	0.0518	0.0545	0.0569	0.0590	0.0625	0.0652	0.0675	0.0694	0.0709	0.0738	0.0793
12.0	0.0435	0.0471	0.0502	0.0529	0.0552	0.0573	0.0606	0.0634	0.0656	0.0674	0.0690	0.0719	0.0774
12.8	0.0409	0.0444	0.0474	0.0499	0.0521	0.0541	0.0573	0.0599	0.0621	0.0639	0.0654	0.0682	0.0739
13.6	0.0387	0.0420	0.0448	0.0472	0.0493	0.0512	0.0543	0.0568	0.0589	0.0607	0.0621	0.0649	0.0707
14.4	0.0367	0.0398	0.0425	0.0448	0.0468	0.0486	0.0516	0.0540	0.0561	0.0577	0.0592	0.0619	0.0677
15.2	0.0349	0.0379	0.0404	0.0426	0.0446	0.0463	0.0492	0.0515	0.0535	0.0551	0.0565	0.0592	0.0650
16.0	0.0332	0.0361	0.0385	0.0407	0.0425	0.0442	0.0469	0.0492	0.0511	0.0527	0.0540	0.0567	0.0625
18.0	0.0297	0.0323	0.0345	0.0364	0.0381	0.0396	0.0422	0.0442	0.0460	0.0475	0.0487	0.0512	0.0570
20.0	0.0269	0.0293	0.0312	0.0330	0.0345	0.0359	0.0383	0.0402	0.0418	0.0432	0.0444	0.0468	0.0524

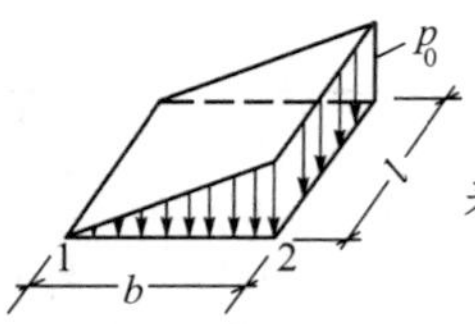

表 4-8 三角形分布的矩形荷载角点下的平均竖向附加应力系数 $\overline{\alpha}$

z/b	l/b=0.2		l/b=0.4		l/b=0.6		l/b=0.8		l/b=1.0	
	角点 1	角点 2	角点 1	角点 2	角点 1	角点 2	角点 1	角点 2	角点 1	角点 2
0.0	0.0000	0.2500	0.0000	0.2500	0.0000	0.2500	0.0000	0.2500	0.0000	0.2500
0.2	0.0112	0.2161	0.0140	0.2308	0.0148	0.2333	0.0151	0.2339	0.0152	0.2341
0.4	0.0179	0.1810	0.0245	0.2084	0.0270	0.2153	0.0280	0.2175	0.0285	0.2184
0.6	0.0207	0.1505	0.0308	0.1851	0.0355	0.1966	0.0376	0.2011	0.0388	0.2030
0.8	0.0217	0.1277	0.0340	0.1640	0.0405	0.1787	0.0440	0.1852	0.0459	0.1883
1.0	0.0217	0.1104	0.0351	0.1461	0.0430	0.1624	0.0476	0.1704	0.0502	0.1746
1.2	0.0212	0.0970	0.0351	0.1312	0.0439	0.1480	0.0492	0.1571	0.0525	0.1621
1.4	0.0204	0.0865	0.0344	0.1187	0.0436	0.1356	0.0495	0.1451	0.0534	0.1507
1.6	0.0195	0.0779	0.0333	0.1082	0.0427	0.1247	0.0490	0.1345	0.0533	0.1405
1.8	0.0186	0.0709	0.0321	0.0993	0.0415	0.1153	0.0480	0.1252	0.0525	0.1313
2.0	0.0178	0.0650	0.0308	0.0917	0.0401	0.1071	0.0467	0.1169	0.0513	0.1232
2.5	0.0157	0.0538	0.0276	0.0769	0.0365	0.0908	0.0429	0.1000	0.0478	0.1063
3.0	0.0140	0.0458	0.0248	0.0661	0.0330	0.0786	0.0392	0.0871	0.0439	0.0931
5.0	0.0097	0.0289	0.0175	0.0424	0.0236	0.0476	0.0285	0.0576	0.0324	0.0624
7.0	0.0073	0.0211	0.0133	0.0311	0.0180	0.0352	0.0219	0.0427	0.0251	0.0465
10.0	0.0053	0.0150	0.0097	0.0222	0.0133	0.0253	0.0162	0.0308	0.0186	0.0336
z/b	l/b=1.2		l/b=1.4		l/b=1.6		l/b=1.8		l/b=2.0	
0.0	0.0000	0.2500	0.0000	0.2500	0.0000	0.2500	0.0000	0.2500	0.0000	0.2500
0.2	0.0153	0.2342	0.0153	0.2343	0.0153	0.2343	0.0153	0.2343	0.0153	0.2343
0.4	0.0288	0.2187	0.0289	0.2189	0.0290	0.2190	0.0290	0.2190	0.0290	0.2191
0.6	0.0394	0.2039	0.0397	0.2043	0.0399	0.2046	0.0400	0.2047	0.0401	0.2048
0.8	0.0470	0.1899	0.0476	0.1907	0.0480	0.1912	0.0482	0.1915	0.0483	0.1917
1.0	0.0518	0.1769	0.0528	0.1781	0.0534	0.1789	0.0538	0.1794	0.0540	0.1797
1.2	0.0546	0.1649	0.0560	0.1666	0.0568	0.1678	0.0574	0.1684	0.0577	0.1689
1.4	0.0559	0.1541	0.0575	0.1562	0.0586	0.1576	0.0594	0.1585	0.0599	0.1591
1.6	0.0561	0.1443	0.0580	0.1467	0.0594	0.1484	0.0603	0.1494	0.0609	0.1502
1.8	0.0556	0.1354	0.0578	0.1381	0.0593	0.1400	0.0604	0.1413	0.0611	0.1422
2.0	0.0547	0.1274	0.0570	0.1303	0.0587	0.1324	0.0599	0.1338	0.0608	0.1348
2.5	0.0513	0.1107	0.0540	0.1139	0.0560	0.1163	0.0575	0.1180	0.0586	0.1193
3.0	0.0476	0.0976	0.0503	0.1008	0.0525	0.1033	0.0541	0.1052	0.0554	0.1067
5.0	0.0356	0.0661	0.0382	0.0690	0.0403	0.0714	0.0421	0.0734	0.0435	0.0749
7.0	0.0277	0.0496	0.0299	0.0520	0.0318	0.0541	0.0333	0.0558	0.0347	0.0572
10.0	0.0207	0.0359	0.0224	0.0379	0.0239	0.0395	0.0252	0.0409	0.0263	0.0403

（续）

z/b	$l/b=3.0$		$l/b=4.0$		$l/b=6.0$		$l/b=8.0$		$l/b=10.0$	
0.0	0.0000	0.2500	0.0000	0.2500	0.0000	0.2500	0.0000	0.2500	0.0000	0.2500
0.2	0.0153	0.2343	0.0153	0.2343	0.0153	0.2343	0.0153	0.2343	0.0153	0.2343
0.4	0.0290	0.2192	0.0291	0.2192	0.0291	0.2192	0.0291	0.2192	0.0291	0.2192
0.6	0.0402	0.2050	0.0402	0.2050	0.0402	0.2050	0.0402	0.2050	0.0402	0.2050
0.8	0.0436	0.1920	0.0487	0.1920	0.0437	0.1921	0.0487	0.1921	0.0487	0.1921
1.0	0.0545	0.1803	0.0546	0.1803	0.0546	0.1804	0.0546	0.1804	0.0546	0.1804
1.2	0.0584	0.1697	0.0586	0.1699	0.0587	0.1700	0.0587	0.1700	0.0587	0.1700
1.4	0.0609	0.1603	0.0612	0.1605	0.0613	0.1606	0.0613	0.1606	0.0613	0.1606
1.6	0.0623	0.1517	0.0626	0.1521	0.0628	0.1523	0.0626	0.1523	0.0628	0.1522
1.8	0.0628	0.1441	0.0633	0.1445	0.0635	0.1447	0.0635	0.1448	0.0635	0.1448
2.0	0.0629	0.1371	0.0634	0.1377	0.0637	0.1380	0.0638	0.1380	0.0638	0.1380
2.5	0.0614	0.1223	0.0623	0.1233	0.0627	0.1237	0.0628	0.1238	0.0628	0.1239
3.0	0.0589	0.1104	0.0600	0.1116	0.0607	0.1123	0.0609	0.1124	0.0609	0.1125
5.0	0.0480	0.0797	0.0500	0.0817	0.0515	0.0833	0.0519	0.0837	0.0521	0.0839
7.0	0.0391	0.0019	0.0414	0.0642	0.0435	0.0663	0.0442	0.0671	0.0445	0.0674
10.0	0.0302	0.0402	0.0325	0.0485	0.0349	0.0509	0.0359	0.0520	0.0364	0.0526

为了便于计算，引入平均附加应力系数 $\overline{\alpha}$：平均附加应力 $\overline{\sigma_{zi}}$ 与基础底面处附加应力 p_0 之比，即 $\overline{\alpha_i}=\dfrac{\overline{\sigma_{zi}}}{p_0}$，$\overline{\alpha_{i-1}}=\dfrac{\overline{\sigma_{zi-1}}}{p_0}$，将两式代入式（4-25），再乘以沉降计算经验系数 ψ_s，即得规范法计算地基最终沉降量计算式（4-23）。

4. 地基沉降计算深度 z_n

规范法中地基沉降计算深度 z_n 可通过试算确定，要求满足下式条件：

$$\Delta s'_n \leqslant 0.025\sum_{i=1}^{n}\Delta s'_i \tag{4-26}$$

式中 $\Delta s'_i$——在计算深度 z_n 范围内第 i 层土的计算沉降量（mm）；

$\Delta s'_n$——在计算深度 z_n 处向上取厚度为 Δz 土层的计算沉降量（mm），Δz 按表4-9确定。

表4-9 Δz 值表

基底宽度 b/m	$\leqslant 2$	$2<b\leqslant 4$	$4<b\leqslant 8$	$8<b\leqslant 15$	$15<b\leqslant 30$	$b>30$
Δz/m	0.3	0.6	0.8	1.0	1.2	1.5

在地基变形计算深度范围内存在基岩层时，z_n 可取至基岩表面，当存在较厚的坚硬黏性土层，其孔隙比小于0.5、压缩模量大于50MPa，或存在较厚的密实砂卵石层，其压缩模量大于80MPa时，z_n 可取至该层土表面。

当无相邻荷载影响，基础宽度在 1m ~ 50m 范围内，基础中心点的地基沉降计算深度 z_n(m)也可按下式估算：

$$z_n = b(2.5 - 0.5\ln b) \tag{4-27}$$

式中 b——基础宽度(m)。

[例 4-2] 已知条件同例 4-1，地基承载力标准值 $f_k = 200$kPa。试用《建筑地基基础设计规范》法计算地基最终沉降量。

解： 由例 4-1 知，基底附加压力 $p_0 = 150$kPa，预取压缩层深度 $z = 7.5$m，即取基底以下 $z_n = 6.0$m，本例是矩形面积上的均布荷载，将矩形面积分成四个小块，计算边长 $l_1 = 2$m，宽度 $b_1 = 1$m，各分层沉降计算结果见表 4-10。

因此有

$$s' = \sum s_i = 74.11\text{mm}$$

因为 $b = 2$m，根据表 4-10 应从 $z = 6.0$mm 上取 0.3m，计算 $z = 5.7$m ~ 6.0m 土层的沉降量，以验算压缩层厚度是否满足要求。按 $l/b = 2$，$z/b = 5.7$ 查表 4-7，$\overline{\alpha}_{i-1} = 0.1061$，因此有

$$z_{i-1}\alpha_{i-1} = 5.7 \times 0.1061 = 0.6048$$

$$\Delta S'_n = 4p_0(z_i\overline{\alpha}_i - z_{i-1}\overline{\alpha}_{i-1})/E_{si} =$$

$$4 \times 150 \times (0.6126 - 0.6048)/5.0 = 0.94\text{mm}$$

$$\Delta s'_n/s' = 0.94/74.11 = 0.013 < 0.025$$

因此，压缩层计算深度满足要求。

表 4-10 各分层沉降量计算

分层 i	深度 z/m	$\frac{l_1}{b_1}$	$\frac{z}{b_1}$	$\overline{\alpha}$	$z_i\overline{\alpha}_i$	$4\times(z_i\overline{\alpha}_i - z_{i-1}\overline{\alpha}_{i-1})$	$4p_0(z_i\overline{\alpha}_i - z_{i-1}\overline{\alpha}_{i-1})$	E_s /MPa	$s_i = 4p_0(z_i\overline{\alpha}_i - z_{i-1}\overline{\alpha}_{i-1})/E_{si}$
0	0	2	0	0	0				
1	0.5	2	0.5	0.2468	0.1234	0.4936	74.04	4.5	16.45
2	4.5	2	4.5	0.1260	0.5670	1.7744	266.16	5.1	52.19
3	6.0	2	6.0	0.1021	0.6126	0.1824	27.36	5.0	5.47

确定经验系数 ψ_s：

$$\sum A_i = 150 \times 4 \times 0.6126 = 367.56$$

$$\sum(A_i/E_{si}) = 74.04/4.5 + 266.16/5.1 + 27.36/5.0 = 74.11$$

$$\overline{E}_s = 367.56/74.11 = 4.96\text{MPa}$$

查表 4－6，$\psi_s = 0.905$，因此有

$$s = \psi_s s' = 0.905 \times 74.11 = 67.07\text{mm}$$

4.5.3 斯肯普顿—比伦法计算基础最终沉降量

根据对黏性土地在外荷载作用下，实际变形发展的观察和分析，可以认为地基表面总沉降量 s 由三个分量组成（图 4－21），即

$$s = s_d + s_c + s_s \tag{4-28}$$

式中 s_d——瞬时沉降；

s_c——固结沉降（主固结沉降）；

s_s——次压缩沉降（次固结沉降）。

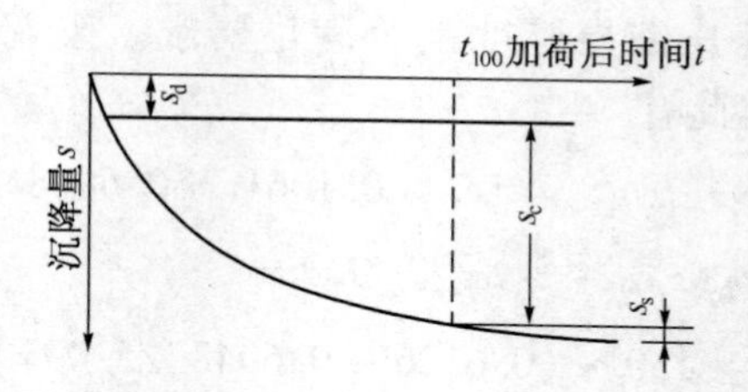

图 4－21 地基表面某点总沉降量三个分量示意图

此法是 A. W. 斯肯普顿（Skempton）和 L. 比伦（Bjerrum）在 1955 年提出的比较全面的计算黏性土地基表面最终沉降量的方法，称为斯肯普顿—比伦法。

1. 瞬时沉降 s_d

s_d 是地基受荷后立即发生的沉降。对饱和土体来说，受荷的瞬间孔隙中的水尚未排出，土体的体积没有变化。因此瞬时沉降是由土体产生的剪切变形所引起的沉降，其数值与基础的形状、尺寸及附加应力大小等因素有关。

无黏性土地基由于其透水性大，加荷后固结沉降很快，瞬时沉降和固结沉降已分不开来，次压缩现象不显著，而且由于其弹性模量随深度增加，应用弹性力学公式分开来求算瞬时沉降不正确。因此，对于无黏性土的瞬时沉降量，可采用 J. H. 施默特曼（Schmertmann，1970）提出的半经验法计算，可参阅 H. F. 温特科恩（Winterkorn）和方晓阳主编的《基础工程手册》，本书从略。

黏性土地基上基础的瞬时沉降 s_d，按下式估算：

$$s_d = \omega(1 - \mu^2)p_0 b/E \tag{4-29}$$

式中　μ 和 E——土的泊松比和弹性模量。

2. 固结沉降 s_c

固结沉降(consolidation settlement)是地基受荷后产生附加应力使土体的孔隙减小而产生的沉降。通常这部分沉降量是地基沉降的主要部分。

斯肯普顿认为黏性土按其成因(应力历史)的不同可以有超固结土、正常固结土和欠固结土之分,而分别计算这三种不同固结状态黏性土在外荷载作用下的固结沉降,它们的压缩性指标必须在 e-lg$p$ 曲线上得到。

由于所得来的压缩性指标是处于单向压缩的条件,与工程实际情况有差异,A. W. 斯肯普顿(Skempton)和 L. 比伦(Bjerrum)建议将单向压缩条件下计算的固结沉降 s_c 乘上一个修正系数得到考虑侧向变形的修正后的固结沉降 s'_c。

3. 次压缩沉降 s_s

次压缩沉降(secondary compression settlement)被认为与土的骨架蠕变(creep)有关,它是在超孔隙水压力已经消散、有效应力增长基本不变之后仍随时间而缓慢增长的压缩。在次压缩沉降过程中,土的体积变化速率与孔隙水从土中流出速率无关,即次压缩沉降的时间与土层厚度无关。次压缩沉降与固结沉降相比起来是不重要的,可是对于软黏土,尤其是土中含有一些有机质(如胶态腐殖质等),或是在深处可压缩土层中当压力增量比(指土中附加应力与自重应力之比)较小的情况下,次压缩沉降必须引起注意。根据曾国熙等 1994 年的研究成果,次压缩沉降在总沉降所占比例一般都小于 10%(按 50 年计)。

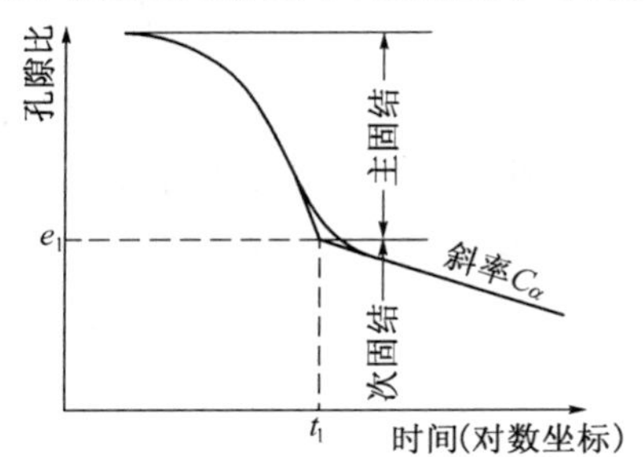

图 4-22　次压缩沉降计算时的 $e-\lg t$ 曲线

许多室内试验和现场测试的结果都表明,在主固结完成之后发生的次固结的大小与时间关系在半对数图上接近于一条直线,如图 4-22 所示,因而次压缩引起的孔隙比变化可近似地表示为

$$\Delta e = C_\alpha \lg \frac{t}{t_1} \qquad (4-30)$$

式中　C_α——半对数图上直线的斜率,称为次压缩系数;

t——所求次压缩沉降的时间,$t > t_1$;

t_1——相当于主固结度为 100% 的时间,根据 e-lg$t$ 曲线外推而得。

地基土层单向压缩的次压缩沉降的计算公式为

$$s_\alpha = \sum_{i=1}^{n} \frac{H_i}{1+e_{oi}} C_{\alpha i} \lg \frac{t}{t_1} \tag{4-31}$$

根据许多室内和现场试验结果，C_α 值主要取决于土的天然含水量 w，近似计算时取 $C_\alpha = 0.018w$，C_α 值的一般范围见表4－11。

表4－11　C_α 的一般值

土　类	C_α
正常固结土	0.005～0.020
超固结土(OCR＞2)	＜0.001
高塑性黏土、有机土	≥0.03
注：OCR 为超固结比	

4.5.4　考虑应力历史影响的最终沉降量计算法

在4.4节中介绍了按应力历史划分三类固结土，即正常固结土、超固结土和欠固结土；并从固结试验 e-lg p 曲线确定压缩性指标。按应力历史法计算基础最终沉降量，通常采用分层总和的侧限条件单向压缩公式，但三类固结土的压缩性指标需从 e-lg p 曲线确定，即从原始压缩曲线或原始再压缩曲线中确定。

1. 正常固结土的沉降

计算正常固结土的沉降时，由原始压缩曲线确定的压缩指数 C_c，按下列公式计算固结沉降 s_c（图4－23）：

$$s_c = \sum_{i=1}^{n} \varepsilon_i H_i \tag{4-32a}$$

式中　ε_i——第 i 分层的压缩应变；

H_i——第 i 分层的厚度。

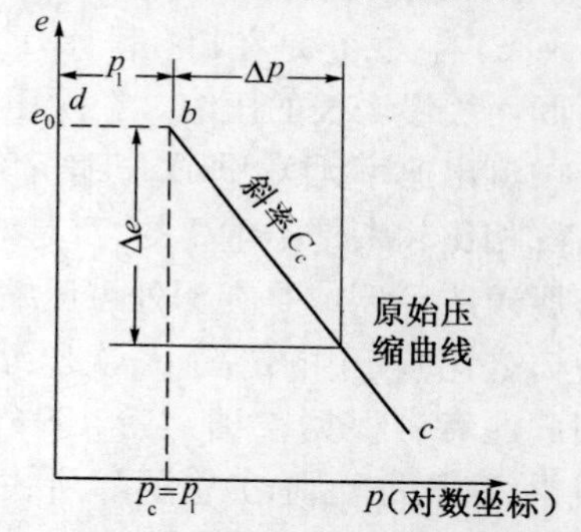

图4－23　正常固结土的孔隙比变化

因为

$$\varepsilon_i = \frac{\Delta e_i}{1+e_{0i}} = \frac{1}{1+e_{0i}} C_{ci} \lg \frac{p_{1i}+\Delta p_i}{p_{1i}} \tag{4-32b}$$

所以有

$$s_c = \sum_{i=1}^{n} \frac{H_i}{1+e_{0i}} C_{ci} \lg \frac{p_{1i}+\Delta p_i}{p_{1i}} \tag{4-32c}$$

式中　Δe_i——从原始压缩曲线确定的第 i 层土的孔隙比变化；

C_{ci}——从原始压缩曲线确定的第 i 层土的压缩指数；

p_{1i}——第 i 层土自重应力的平均值，$p_{1i} = (\sigma_{ci} + \sigma_{c(i-1)})/2$；

Δp_i——第 i 层土附加应力的平均值（有效应力增量），$\Delta p_i = (\sigma_{zi} + \sigma_{z(i-1)})/2$；

e_{0i}——第 i 层土的初始孔隙比。

2. 超固结土的沉降

计算超固结土的沉降时,由原始压缩曲线和原始再压缩曲线分别确定土的压缩指数 C_c 和回弹指数 C_e(图 4－24)。

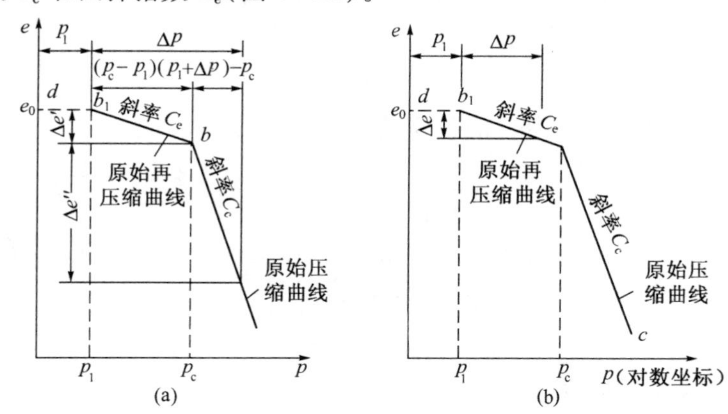

图 4－24 超固结土的孔隙比变化

计算时应按下列两种情况区别对待。

如果某分层土的有效应力增量 Δp 大于(p_c-p_1),则分层土的孔隙比将先沿着原始再压缩曲线 b_1b 段减少 $\Delta e'$,然后沿着原始压缩曲线 bc 段减少 $\Delta e''$,即相应于 Δp 的孔隙比变化 Δe 应等于这两部分之和(图 4－24(a))。其中第一部分(相应的有效应力由现有的土自重压力 p_1 增大到先期固结压力 p_c)的孔隙比变化 $\Delta e'$为

$$\Delta e' = C_e \lg(p_c/p_1) \tag{4-33a}$$

式中 C_e——回弹指数,其值等于原始再压缩曲线的斜率。

第二部分(相应的有效应力由 p_c 增大到$(p_1+\Delta p)$)的孔隙比变化 $\Delta e''$为

$$\Delta e'' = C_c \lg[(p_1+\Delta p)/p_c] \tag{4-33b}$$

式中 C_c——压缩指数,等于原始压缩曲线的斜率。

总的孔隙比变化 Δe 为

$$\Delta e = \Delta e' + \Delta e'' = C_e \lg(p_c/p_1) + C_c \lg[(p_1+\Delta p)/p_c] \tag{4-33c}$$

因此,对于 $\Delta p>(p_c-p_1)$的各分层总和的固结沉降量 s_{cn}为

$$s_{cn} = \sum_{i=1}^{n} \frac{H_i}{1+e_{0i}} C_{ei} \lg(p_{ci}/p_{1i}) + C_{ci} \lg[(p_{1i}+\Delta p_i)/p_{ci}] \tag{4-34}$$

式中 n——分层计算沉降时,压缩土层中有效应力增量 $\Delta p>(p_c-p_1)$的分层数;

C_{ei}、C_{ci}——第 i 层土的回弹指数和压缩指数;

p_{ci}——第 i 层土的先期固结压力；

其余符号意义同式(4－32)。

如果分层土的有效应力增量 Δp 不大于$(p_c - p_1)$，则分层土的孔隙比变化 Δe 只沿着再压缩曲线 $b_1 b$ 发生(图4－24(b))，其大小为

$$\Delta e = C_e \lg[(p_1 + \Delta p)/p_1] \tag{4-35}$$

因此，对于 $\Delta p \leqslant (p_c - p_1)$ 的各分层总和固结沉降量 s_{cm} 为

$$s_{cm} = \sum_{i=1}^{m} \frac{H_i}{1 + e_{0i}} [C_{ei} \lg[(p_{1i} + \Delta p_i)/p_{1i}] \tag{4-36}$$

式中 m——分层计算沉降时，压缩土层中具有 $\Delta p \leqslant (p_c - p_1)$ 的分层数。

总的地基固结沉降 s_c 为上述两部分之和，即

$$s_c = s_{cn} + s_{cm} \tag{4-37}$$

3. 欠固结土的沉降

欠固结土的沉降包括由地基附加应力所引起，以及原有土自重应力作用下的固结还没有达到稳定那一部分沉降在内。

欠固结土的孔隙比变化(减量)，可近似地按与正常固结土一样的方法求得原始压缩曲线确定(图4－25)。因此，这种土的固结沉降等于在土自重应力作用下继续固结的那一部分沉降与附加应力引起的沉降之和，计算公式为

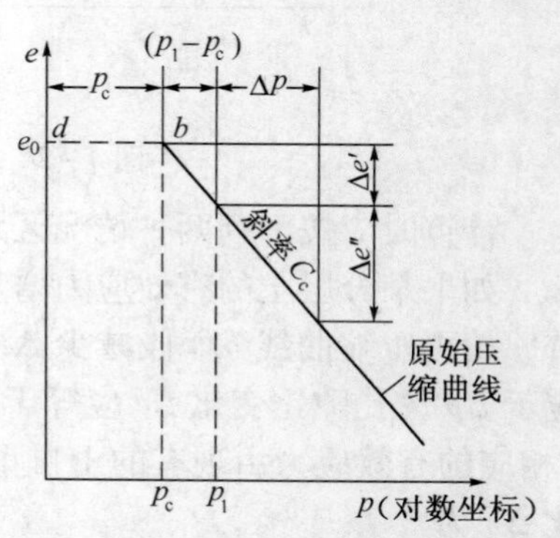

图4－25　欠固结土的孔隙比变化

$$s_c = \sum_{i=1}^{n} \frac{H_i}{1 + e_{0i}} [C_{ci} \lg(p_{1i} + \Delta p_i)/p_{ci}] \tag{4-38}$$

式中 p_{ci}——第 i 层土的实际有效压力，小于土的自重应力 p_{1i}。

尽管欠固结土并不常见，在计算固结沉降时，必须考虑土自重应力作用下继续固结所引起的一部分沉降。否则，若按正常固结的土层计算，所得结果将远小于实际观测的沉降量。

4.6　地基沉降与时间关系——土的单向固结理论

如4.2节所述，饱和土体的压缩完全是由于孔隙中的水逐渐向外排出，孔隙体积缩小引起的。排水速率将影响到土体压缩稳定所需的时间。而排水速率又直接与土的渗透性有关，透水性越强，排水越快，完成压缩所需的时间越短；反

之，排水越慢，完成压缩所需的时间越长。因而，土体在外荷作用下的压缩过程与时间有关。工程设计中，有时不但需要预估建筑物基础可能产生的最终沉降量，而且还常常需要预估建筑物基础达到某一沉降量所需的时间或者预估建筑物完工以后经过一定时间可能产生的沉降量。这些问题都需要由土体的固结理论来解决。

4.6.1 单向固结模型

前已述及，饱和土体在某一压力作用下，压缩随着孔隙水的逐渐向外排出而增长的过程称为固结。如果孔隙水只沿一个方向排出，土的压缩也只在一个方向发生(一般指竖直方向)，那么，这种固结称为单向固结。在压力作用下，土体中的孔隙水向外排出，孔隙体积减小是一种现象，它的本质或机理是什么呢？下面利用土的单向固结模型来说明土体固结的力学机理。

土的单向固结模型是一个侧壁和底部均不能透水，其内部装置着多层活塞和弹簧的充水容器，如图4－26所示。其中，弹簧模拟土的骨架，容器中的水模拟土孔隙中水。活塞上的小孔模拟土孔隙中的排水条件，容器侧面的测压管用来量测各分层的孔隙水应力的变化。当模型受到外界压力作用时，由弹簧承担的应力即相当于土体骨架所承担的有效应力 σ'，而由容器中的水承担的应力即相当于土体内孔隙水所承担的孔隙水应力 u。

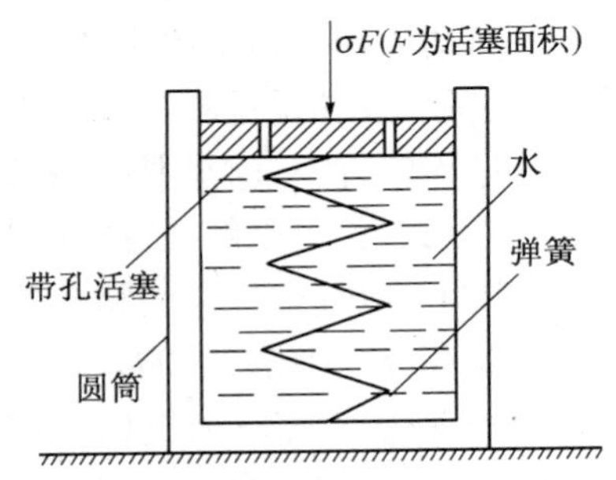

图4－26　饱和土体的单向固结模型

现在来分析当模型顶面的活塞受到均布压力作用后其内部的应力变化及弹簧的压缩过程，即土体的固结过程。

设模型在加压之前，活塞的重量已由弹簧承担，因此，各测压管中的水位与容器中的静水位齐平，这种情况即相当于土在自重作用下已经完成固结的初始状态。此时，每一分层中的弹簧均承受一定的应力，容器中的水也承受一定的孔隙水应力。若假定活塞与容器侧壁之间的摩擦力忽略不计，则当模型受到外界压力 p(相当于土层中的附加应力)作用时，各分层的附加应力将是相等的。很显然，该附加应力要么由孔隙水承担，要么由弹簧承担，或者两者共同承担。那么，该附加应力究竟是如何分配的呢？

当压力 p 施加的瞬时，即 $t=0$ 时，由于容器中的水还来不及向外排出，加之水被认为是不可压缩的，因而，各分层的弹簧都没有压缩，附加有效应力 $\sigma'=0$，附加应力全部由水来承担。由水承担的这部分应力将使得各测压管中的水位均高出容器中的静水位，故孔隙水所承担的这部分应力称为超静孔隙水应力，且 $u_0=p$。此时，各测压管中的水位高出容器中的静水位的高度均为 $h_0=u_0/\gamma_w$。值得注意的是此时各层的超静孔隙水应力相等。

经过时间 t，容器中的水在水位差作用下，由下而上逐渐从顶层活塞的排水孔向外排出，从而，各分层的孔隙水应力将减小，测压管的水位相继下降，超静孔隙水压力 $u<p$。与此同时，各分层弹簧相应压缩而承担部分应力，即有效应力 $\sigma'>0$。此时，附加应力 p 由弹簧和孔隙水共同承担，且 $p=u+\sigma'$。

最后，当 t 趋于无穷大时，测压管中的水位都恢复到与容器中的静水位齐平的位置。这时，超孔隙水应力全部消散，即 $u=0$，仅剩静水应力，容器中的水不再向外排出，弹簧均压缩稳定，附加应力全部由弹簧承担而转化为有效应力，即 $\sigma'=p$。至此，固结完成。

从上述固结模型模拟的土体的固结过程可以看出：在某一压力作用下，饱和土的固结过程就是土体中各点的超孔隙水应力不断消散、附加有效应力相应增加的过程，或者说是超孔隙水应力逐渐转化为附加有效应力的过程，而在这种转化的过程中，任一时刻任一深度上的应力始终遵循着有效应力原理，即 $p=u+\sigma'$。因此，关于求解地基沉降与时间关系的问题，实际上就变成求解在附加应力作用下，地基中各点的超孔隙水应力随时间变化的问题。因为一旦某时刻的超孔隙水应力确定，附加有效应力就可根据有效应力原理求得，从而，根据上节介绍的理论，求得该时刻的土层压缩量。

应当指出，在不会引起误会的情况下，以后提到的由附加应力引起的孔隙水和有效应力，都是指超孔隙水应力和附加有效应力而言的。它们所表示的是土层中孔隙水应力和有效应力的增量，它们只与附加应力有关，而土层中实际作用着的孔隙水应力和有效应力则应包含原有孔隙水应力和有效应力。

4.6.2 太沙基单向固结理论

利用上述固结模型所得到的关于饱和土体固结力学机理，可以求解在附加应力作用下地基内的固结问题。

1. 太沙基单向固结理论的基本假定

（1）土是均质、各向同性且饱和的。

（2）土粒和孔隙水是不可压缩的，土的压缩完全由孔隙体积的减小引起。

（3）土的压缩和固结仅在竖直方向发生。

（4）孔隙水的向外排出符合达西定律，土的固结快慢取决于它的渗透速度。

（5）在整个固结过程中，土的渗透系数、压缩系数等均视为常数。

（6）地面上作用着连续均布荷载，并且是一次施加的。

2. 推导原理

图 4－27 为均质、各向同性的饱和黏土层，位于不透水的岩层上、黏土层的厚度为 H，在自重应力作用下已固结稳定，仅考虑外加荷载引起的固结。若在水平地面上施加连续均布压力，则在土层内部引起的竖向附加应力沿高度的分布将是均匀的，且等于外加均布压力，即 $\sigma_z = p$。为了找出黏土层在固结过程中孔隙水应力的变化规律，考察黏土层层面以下 z 深度处厚度 $\mathrm{d}z$、面积 1×1 的单元体的水量变化和孔隙体积压缩的情况（坐标取重力方向为正，先不考虑边界条件）。在地面加荷之前，单元体顶面和底面的测压管中水位均与地下水位齐平。在加荷瞬间，即 $t=0$ 时，根据前述的固结模型，测压管中的水位都将升高 $h_0 = u_0/\gamma_w$。在固结过程中某一时刻 t，测压管中的水位将下降，设此时单元体顶面测压管中水位高出地下水位 $h = u/\gamma_w$。而底面测压管中水位又比顶面测压管中水位高出 $\mathrm{d}h$，如图 4－27 所示。由于单元体顶面与底面存在着水位差 $\mathrm{d}h$，因此，单元体中将产生渗流并引起孔隙水量变化，从而引起孔隙体积的改变。

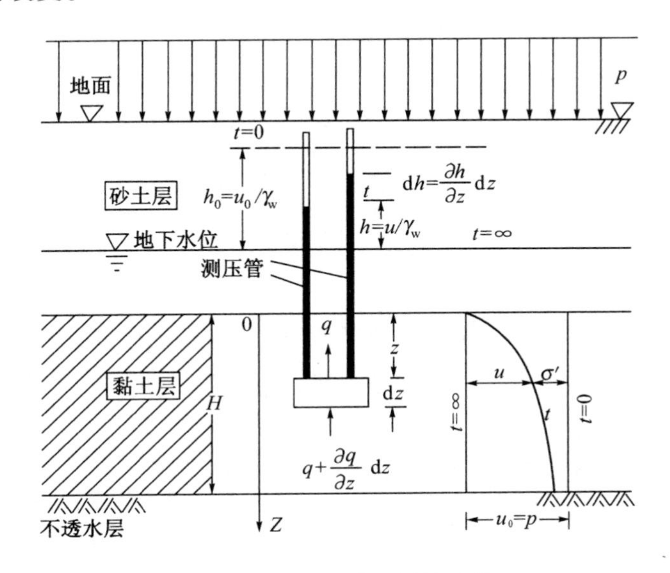

图 4－27　饱和黏土固结过程

设在固结过程中的某一时刻 t，从单元顶面流出的流量为 q，从底面流入的流量将为$\left(q+\frac{\partial q}{\partial z}\mathrm{d}z\right)$。于是，在时间 $\mathrm{d}t$ 内，流入与流出该单元体的水量之差，即净流出的水量为

$$dQ = q\mathrm{d}t - \left(q + \frac{\partial q}{\partial z}\mathrm{d}z\right)\mathrm{d}t = -\frac{\partial q}{\partial z}\mathrm{d}z\mathrm{d}t \tag{4-39}$$

设在同一时间增量 $\mathrm{d}t$ 内,单元体上的有效应力增量为 $\mathrm{d}\sigma'$,则单元体体积的减小可表示为

$$\mathrm{d}V = -m_{\mathrm{v}}\mathrm{d}\sigma'\mathrm{d}z \tag{4-40}$$

式中 m_{v}——体积压缩系数,等于 $a_{\mathrm{v}}/(1+e_1)$。

由于在固结过程中,外荷保持不变,因而在 z 深度处的附加应力 $\sigma_z = p$ 也为常数,则有效应力的增加将等于孔隙水应力的减小,即

$$\mathrm{d}\sigma' = \mathrm{d}(p-u) = -\mathrm{d}u = -\frac{\partial u}{\partial t}\mathrm{d}t \tag{4-41}$$

将式(4-41)代入式(4-40)得

$$\mathrm{d}V = m_{\mathrm{v}}\frac{\partial u}{\partial t}\mathrm{d}z\mathrm{d}t \tag{4-42}$$

对于饱和土而言,由于孔隙被水充满,因此,在 $\mathrm{d}t$ 时间内单元体体积的减小应等于净流出的水量,即

$$-\mathrm{d}V = \mathrm{d}Q \tag{4-43}$$

将式(4-39)和式(4-42)代入式(4-43)可得

$$\frac{\partial q}{\partial z} = m_{\mathrm{v}}\frac{\partial u}{\partial t} \tag{4-44}$$

根据达西定律,在 t 时刻通过单元体的流量可表示为

$$q = ki = k\frac{\partial h}{\partial z} = \frac{k}{\gamma_{\mathrm{w}}}\frac{\partial u}{\partial z} \tag{4-45}$$

将式(4-45)代入式(4-44)左边,即可得到单向固结微分方程式为

$$\frac{\partial u}{\partial t} = C_{\mathrm{v}}\frac{\partial u}{\partial z} \tag{4-46}$$

式中 C_{v}——固结系数,等于 $C_{\mathrm{v}} = k/m_{\mathrm{v}}\gamma_{\mathrm{w}}(\mathrm{cm}^2/\mathrm{s})$。

任何时刻 t,任何位置 z,土体中孔隙水压力 u 都必须满足该方程。反过来,在一定的初始条件和边界条件下,由式(4-46)可以求解得任一深度 z 在任一时刻 t 的孔隙水应力的表达式。对于图 4-27 所示的土层和受荷情况,其初始条件和边界条件为

$$t = 0 \text{以及} 0 \leqslant t \leqslant H \text{时}, \quad u_0 = p。$$

$$0 < t < \infty \text{以及} z = H \text{时}, \quad q = 0,\text{从而}\frac{\partial u}{\partial z} = 0。$$

$$t = \infty \text{以及} 0 \leqslant t \leqslant H \text{时}, \quad u = 0。$$

根据上述边界条件,用分离变量法可求得式(4-46)的解答为

$$u = \frac{4}{\pi}p\sum_{m=1}^{\infty}\frac{1}{m}\sin\left(\frac{m\pi z}{2H}\right)e^{-m^2\frac{\pi^2}{4}T_v} \tag{4-47}$$

式中 m——正奇数(1,3,5,…);

T_v——时间因数,无因次,表示为

$$T_v = \frac{C_v t}{H^2} \tag{4-48}$$

式中 H——最大排水距离,在单面排水条件下为土层厚度,在双面排水条件下为土层厚度的1/2。

式(4-47)表示图4-27所示的土层和受荷情况在单向固结条件下,土体中孔隙水应力随时间、深度而变化的表达式。可见,孔隙水应力是时间和深度的函数。也就是说,任一时刻任一点的孔隙水应力可由式(4-47)求得。

4.6.3 固结度及其应用

理论上,可以根据式(4-47)求出土层中任意时刻 t 孔隙水应力的大小和分布,从而可求得有效应力的大小和分布。知道了有效应力,就可利用无侧向变形条件下的压缩量基本公式算出任意时刻 t 的地基沉降量 S_t。但是这样求解不太方便,下面将引入并应用固结度的概念,使问题得到简化。

所谓固结度,就是指在某一附加应力下,经某一时间 t 后,土体发生固结或孔隙水应力消散的程度。对某一深度 z 处土层经过时间 t 后,该点的固结度可用下式表示:

$$U_z = \frac{u_0 - u}{u_0} = 1 - \frac{u}{u_0} \tag{4-49}$$

式中 u_0——初始孔隙水应力,其大小即等于该点的附加应力 p_0;

u——t 时刻该点的孔隙水应力。

某一点的固结度对于解决工程实际问题来说并不重要,为此,常常引入土层平均固结度的概念,它被定义为

$$U = 1 - \frac{\int_0^H u\mathrm{d}z}{\int_0^H u_0\mathrm{d}z} = 1 - \frac{\int_0^H u\mathrm{d}z}{\int_0^H p_0\mathrm{d}z} = \frac{\int_0^H \sigma'_z\mathrm{d}z}{\int_0^H p_0\mathrm{d}z} \tag{4-50}$$

或

$$U = \frac{S_t}{S} \tag{4-51}$$

式中 S_t——经过时间 t 后的基础沉降量；

S——基础的最终沉降量。

对于附加应力为（沿竖向）均匀分布的情况，有$\int_0^H u_0\mathrm{d}z = pH$。因而，将式(4-47)代入式(4-50)，积分后即可得到土层（图4-27所示的土层和受荷情况）平均固结度的表达式，即

$$U = 1 - \frac{8}{\pi}\left(\mathrm{e}^{-\frac{\pi^2}{4}T_v} + \frac{1}{9}\mathrm{e}^{-9\frac{\pi^2}{4}T_v} + \frac{1}{25}\mathrm{e}^{-25\frac{\pi^2}{4}T_v} + \cdots\right) =$$

$$1 - \frac{8}{\pi}\sum_{m=1}^{\infty}\frac{1}{m^2}\mathrm{e}^{-m^2\frac{\pi^2}{4}T_v} \quad (m = 1,3,5,7,\cdots) \tag{4-52}$$

从式(4-52)可以看出，土层的平均固结度是时间因数 T_v 的单值函数，它与所加的附加应力的大小无关。对于单面排水，各种直线型附加应力分布下的土层平均固结度与时间因数的关系理论上仍可用同样方法得到。典型直线型附加应力分布有5种，如图4-28所示，其中，α 为一反映附加应力分布形态的参数，定义为透水面上的附加应力 σ'_z 与不透水面上附加应力 σ''_z 之比，即 $\alpha = \frac{\sigma'_z}{\sigma''_z}$。

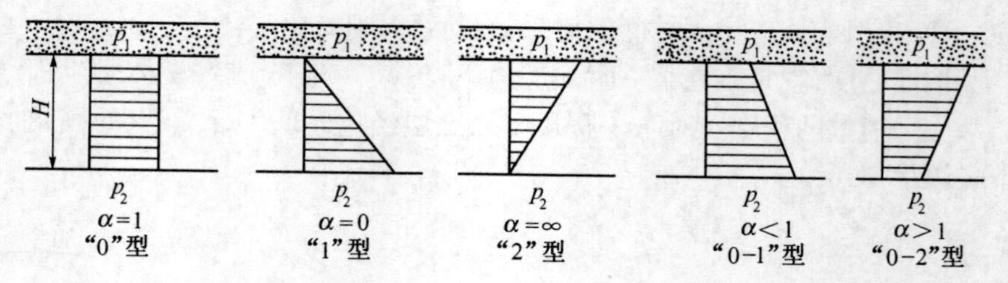

图4-28 典型直线型附加应力分布

因而，不同的附加应力分布，a 值不同，式(4-46)解也不尽相同，求得的土层的平均固结度当然也不一样。因此，尽管土层的平均固结度与附加应力大小无关，但与 a 值有关，即与土层中附加应力的分布形态有关。

从式(4－52)可知,若两土层的土质相同(即 C_v 相等),附加应力的分布及排水条件也相同,只是土层厚度不同,则两土层要达到相同的固结度,其时间因数 T_v 应相等。另外,由于式(4－52)中的级数收敛很快,故实际上当 T_v 较大($T_v \geqslant 0.16$)时,可只取级数的第一项计算。

式(4－52)是由图4－27所示的边界条件下得到的。原则上,对于各种情况的初始条件和边界条件,式(4－46)均可求解,从而得到类似于式(4－52)的土层平均固结度。如图4－28所示的情况1,其附加应力随深度呈逐渐增大的正三角形分布。其初始条件为:当 $t=0$ 时,$0 \leqslant z \leqslant H$,$u_0 = \sigma''_z z/H$。据此,式(4－50)可求解得

$$U = 1 - \frac{32}{\pi^3}\sum_{n=1}^{\infty}\frac{(-1)^{n-1}}{(2n-1)^3}e^{-(2n-1)^2\frac{\pi^2}{4}T_v} \quad (n = 1,2,3,\cdots) \qquad (4-53)$$

式(4－53)中级数收敛得比式(4－52)更快,实际上一般也只要取级数的第一项。

为了使用的方便,已将各种附加应力呈直线分布(即不同 α 值)情况下土层的平均固结度与时间因数之间的关系绘制成曲线,如图4－29所示。

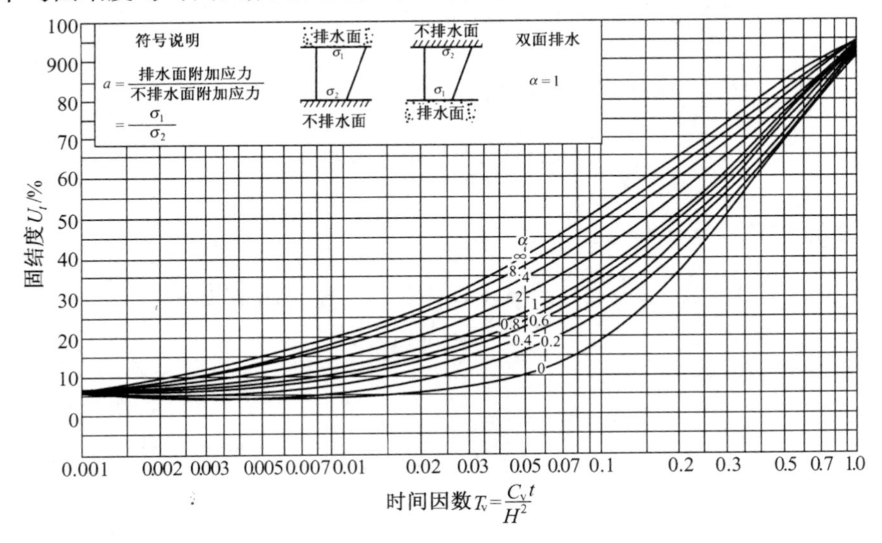

图4－29　平均固结度 U 与时间因数 T_v 关系曲线

利用图4－29和式(4－51),可以解决下列两类沉降计算问题:

(1) 已知土层的最终沉降量 S,求某一固结历时 t 的沉降 S_t。对于这类问题,首先根据土层的 k、a、e_1、H 和给定的 t,算出土层平均固结系数 C_v(也可由固结试验结果直接求得,见后述)和时间因数 T_v,然后,利用图4－29中的曲线查

出相应的固结度 U,再由式(4 -51)求得 S_t。

(2) 已知土层的最终沉降量 S,求土层产生某一沉降量 S_t 所需的时间 t。对于这类问题,首先求出土层平均固结度 $U = S_t/S$,然后从图 4 -29 中的曲线查得相应的时间因数 T_v,再按式 $t = H^2 T_v/C_v$ 求出所需的时间。

以上所述均为单面排水情况。若土层为双面排水,则不论土层中附加应力分布为哪一种情况,只要是线性分布,均可按情况 0(即 $a=1$)计算。这是根据叠加原理而得到的结论,具体论证过程不再赘述,可参考有关文献。但对双面排水情况,时间因数中的排水距离应取土层厚度的 1/2。

[例 4 -3] 设饱和黏土层的厚度为 10m,位于不透水坚硬岩层上,由于基底上作用着竖向均布荷载,在土层中引起的附加应力的大小和分布如图 4 -30 所示。若土层的初始孔隙比 e_0 为 0.8,压缩系数 a_v 为 $2.5\times10^{-4}\text{kPa}^{-1}$,渗透系数 k 为 0.02m/年,试问:(1) 加荷一年后,基础中心点的沉降量为多少?(2) 当基础的沉降量达到 20cm 时需要多少时间?

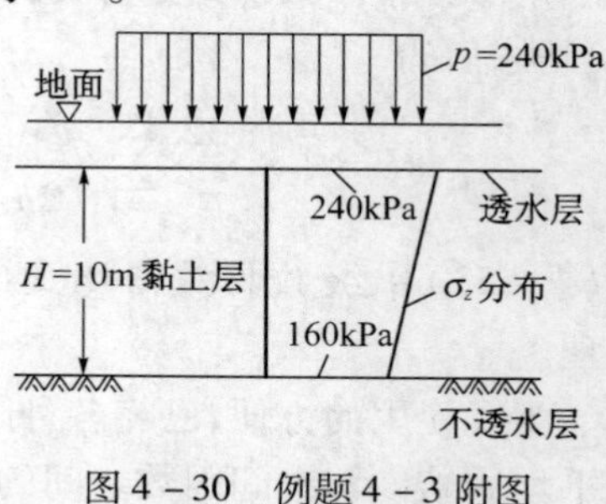

图 4 -30 例题 4 -3 附图

解: (1) 该土层的平均附加(固结)应力为

$$\sigma_z = \frac{240+160}{2} = 200\text{kPa}$$

则基础的最终沉降量为

$$s = \frac{a_v}{1+e_0}\sigma_z H = \frac{2.5}{1+0.8}\times10^{-4}\times200\times1000 = 27.8\text{cm}$$

该土层的固结系数为

$$C_v = \frac{k(1+e_0)}{a_v\gamma_w} = \frac{0.02\times(1+0.8)}{2.5\times10^{-4}\times10} = 14.4\text{m}^2/\text{年}$$

时间因数为

$$T_v = \frac{C_v t}{H^2} = \frac{14.4\times1}{10^2} = 0.144$$

土层的固结应力为梯形分布,其参数为

$$\alpha = \frac{160}{240} = 0.667$$

由 T_v 及 α 值从图 4－29 中查得土层的平均固结度为 $U_t=0.428$，则加荷一年后的沉降量为

$$s_t = U_t s = 0.428 \times 27.8 = 11.90\text{cm}$$

（2）已知基础的 $s_t=20\text{cm}$，最终沉降量 $s=27.8\text{cm}$。

土层的平均固结度为

$$U = \frac{s_t}{s} = \frac{20}{27.8} = 0.72$$

由 U 及 α 值，从图 4－29 中查得时间因数为 0.4295，则沉降量达到 20cm 所需时间为

$$t = \frac{T_v H^2}{C_v} = \frac{0.4295 \times 10^2}{14.4} = 2.983\ \text{年}$$

［例 4－4］ 有一 10m 厚的饱和黏土层，上下两面均可排水。现将从黏土层中心取得的土样切取厚为 2cm 的试样做固结试验（试样上下均有透水石）。该试样在某级压力下达到 80% 固结度需 10min，问该黏土层在同样固结压力（即沿高度均布固结压力）作用下达到 80% 固结度需多少时间？若黏土层改为单面排水，所需时间又为多少？

解： 已知黏土层厚度 H_1 为 10m，试样厚度 H_2 为 2cm，试样达到 80% 固结度需 $t_2=10\text{min}$。设黏土层达到 80% 固结度需时间 t_1。

由于原位土层和试样土的固结度相等，且 α 值相等（均为沿高度固结压力均匀分布），因而由图 4－29 知 $T_{v1}=T_{v2}$；又土的性质相同，则 $C_{v1}=C_{v2}$，那么，根据式（4－48）有

$$\frac{t_1}{\left(\dfrac{H_1}{2}\right)^2} = \frac{t_2}{\left(\dfrac{H_2}{2}\right)^2}$$

于是有

$$t_1 = \frac{H_1^2}{H_2^2} t_2 = \frac{1000^2}{2^2} \times 10 = 2500000\text{min} = 4.76\ \text{年}$$

当黏土层改为单面排水时，其达到 80% 固结度需时间 t_3，由 $T_{v1}=T_{v3}$ 和 $C_{v1}=C_{v3}$ 得

$$\frac{t_1}{\left(\frac{H_1}{2}\right)^2} = \frac{t_3}{H_1^2}$$

于是有

$$t_3 = 4t_1 = 4 \times 4.76 = 19 \text{ 年}$$

由上式知,在其它条件都相同的情况下,单面排水所用时间为双面排水的4倍。

4.7 建筑物沉降观测与地基允许变形值

4.7.1 地基变形特征

建筑物地基变形的特征,可分为沉降量、沉降差、倾斜和局部倾斜四种。

1. 沉降量

1) 定义

沉降量特指基础中心的沉降量,以mm为单位。

2) 作用

若沉降量过大,势必影响建筑物的正常使用。例如,会导致室内外的上下水管、照明与通信电缆以及煤气管道的连接折断,污水倒灌,雨水积聚,室内外交通不便等。北京、上海等地区常用沉降量作为建筑物地基变形的控制指标之一。

2. 沉降差

1) 定义

沉降差指同一建筑物中,相邻两个基础沉降量的差值,以mm为单位。

2) 作用

如建筑物中相邻两个基础的沉降差过大,会使相应的上部结构产生额外应力,超过限度时,建筑物将发生裂缝、倾斜甚至破坏。由于地基软硬不均匀、荷载大小差异、体型复杂等因素,引起地基变形不同。对于框架结构和单层排架结构,设计时应由相邻柱基沉降差控制。

3. 倾斜(‰)

1) 定义

倾斜特指独立基础倾斜方向两端点的沉降差与其距离的比值,以‰表示。

2) 作用

若建筑物倾斜过大,将影响正常使用,遇台风或强烈地震时危及建筑物整体稳定,甚至倾覆。对于多层或高层建筑和烟囱、水塔、高炉等高耸结构,应以倾斜值作为控制指标。

4. 局部倾斜(‰)

1）定义

局部倾斜指砖石砌体承重结构,沿纵向6m～10m内基础两点的沉降差与其距离的比值,以‰表示。

2）作用

如建筑物的局部倾斜过大,往往使砖石砌体承受弯矩而拉裂。对于砌体承重结构设计,应由局部倾斜控制。

4.7.2 建筑物的沉降观测

1. 目的

（1）验证工程设计与沉降计算的正确性。

（2）判别建筑物施工的质量。

（3）发生事故后作为分析事故原因和加固处理的依据。

2. 必要性

对一级建筑物、高层建筑、重要的新型的或有代表性的建筑物、体型复杂、形式特殊或使用上对不均匀沉降有严格要求的建筑物、大型高炉、平炉,以及软弱地基或地基软硬突变,存在河道、池塘、暗浜或局部基岩出露等建筑物,为保障建筑物的安全,应进行施工期间与竣工后使用期间系统的沉降观测。

3. 观测点的设置

观测点的布置应能全面反映建筑物的变形并结合地质情况确定,如建筑物4个角点、沉降缝两侧、高低层交界处、地基土软硬交界两侧等。数量不少于6个点。

4. 仪器与精度

沉降观测的仪器宜采用精密水平仪和钢尺,对第一观测对象宜固定测量工具、固定人员,观测前应严格校验仪器。

测量精度宜采用Ⅱ级水准测量,视线长度宜为20m～30m;视线高度不宜低于0.3m。水准测量应采用闭合法。

5. 观测次数和时间

要求前密后稀。民用建筑每建完一层(包括地下部分)应观测一次;工业建筑按不同荷载阶段分次观测,施工期间观测不应少于4次。建筑物竣工后的观测:第一年不少于3次～5次,第二年不少于2次,以后每年1次,直至下沉稳定为止。稳定标准半年沉降$s\leqslant 2$mm。特殊情况如突然发生严重裂缝或大量沉降,应增加观测次数。

4.7.3 建筑物的地基变形允许值

为了保证建筑物正常使用,防止建筑物因地基变形过大而发生裂缝、倾斜等事故,根据各类建筑物的特点和地基土的不同类别,《建筑地基基础设计规范》规定了建筑物的地基变形允许值,见表4-12。

表4-12 建筑物的地基变形允许值

<table>
<tr><th rowspan="2">变形特征</th><th colspan="2">地基土类别</th></tr>
<tr><th>中、低压缩性土</th><th>高压缩性土</th></tr>
<tr><td>砌体承重墙结构基础的局部倾斜</td><td>0.002</td><td>0.003</td></tr>
<tr><td>工业与民用建筑相邻柱基的沉降差
(1)框架结构
(2)砖石墙填充的边排柱
(3)当基础不均匀沉降时不产生附加应力的结构</td><td>
0.002l
0.0007l
0.005l</td><td>
0.003l
0.001l
0.002l</td></tr>
<tr><td>单层排架结构(柱距为6m)柱基的沉降量/mm</td><td>(120)</td><td>200</td></tr>
<tr><td>桥式吊车轨面的倾斜(按不调整轨道考虑)</td><td colspan="2"></td></tr>
<tr><td>纵向</td><td colspan="2">0.004</td></tr>
<tr><td>横向</td><td colspan="2">0.003</td></tr>
<tr><td>多层和高层建筑基础的倾斜 $H_g \leqslant 24$</td><td colspan="2">0.004</td></tr>
<tr><td>$24 < H_g \leqslant 60$</td><td colspan="2">0.003</td></tr>
<tr><td>$60 < H_g \leqslant 100$</td><td colspan="2">0.0025</td></tr>
<tr><td>$H_g > 100$</td><td colspan="2">0.002</td></tr>
<tr><td>体型简单的高层建筑基础的平均沉降量/mm</td><td colspan="2">200</td></tr>
<tr><td>高耸结构基础的倾斜 $H_g \leqslant 20$</td><td colspan="2">0.008</td></tr>
<tr><td>$20 < H_g \leqslant 50$</td><td colspan="2">0.006</td></tr>
<tr><td>$50 < H_g \leqslant 100$</td><td colspan="2">0.005</td></tr>
<tr><td>$100 < H_g \leqslant 150$</td><td colspan="2">0.004</td></tr>
<tr><td>$150 < H_g \leqslant 200$</td><td colspan="2">0.003</td></tr>
<tr><td>$200 < H_g \leqslant 250$</td><td colspan="2">0.002</td></tr>
<tr><td>高耸结构基础的沉降量/mm $H_g \leqslant 100$</td><td colspan="2">400</td></tr>
<tr><td>$100 < H_g \leqslant 200$</td><td colspan="2">300</td></tr>
<tr><td>$200 < H_g \leqslant 250$</td><td colspan="2">200</td></tr>
<tr><td colspan="3">注:有括号者仅适用于中压缩性土;
l为相邻柱基的中心距离/mm,H_g为自室外地面起算的建筑物高度(m)</td></tr>
</table>

4.7.4 防止地基有害变形的措施

若地基变形计算值超过表 4－12 所列地基变形允许值，则为避免建筑物发生事故，必须采取适当措施，以保证工程的安全。

1. 减小沉降量的措施

1）外因方面措施

减小基础底面的附加应力，则可相应减小地基沉降量。减小基底附加应力可采取以下两种措施：

（1）上部结构采用轻质材料，则可减小基础底面的接触压力 p。

（2）当地基中无软弱下卧层时，可加大基础埋深 d。

2）内因方面措施

地基产生沉降的内因：在外荷作用下孔隙发生压缩所致。因此，为减小地基的沉降量，在修造建筑物之前，可预先对地基进行加固处理。根据地基土的性质、厚度结合上部结构特点和场地周围环境，可分别采用机械压密、强力夯实、换土垫层、加载预压、砂桩挤密、振冲及化学加固等人工地基的措施；必要时，还可以采用桩基础或深基础。

2. 减小沉降差的措施

（1）设计中尽量使上部荷载中心受压，均匀分布。

（2）遇高低层相差悬殊或地基软硬突变等情况，可合理设置沉降缝。

（3）增加上部结构对地基不均匀沉降的调整作用。如设置封闭圈梁与构造柱，加强上部结构的刚度；将超静定结构改为静定结构，以加大对不均匀沉降的适应性。

（4）妥善安排施工顺序。例如，建筑物高、重部位沉降大先施工；拱桥先做成三铰拱，并可预留拱度。

（5）人工补救措施。当建筑物已发生严重的不均匀沉降时，可采取人工挽救措施。

复习思考题

1. 引起土体压缩的主要原因是什么？

2. 试述土的各压缩性指标的意义和确定方法。

3. 分层总和法计算基础的沉降量时，若土层较厚，为什么一般应将地基土分层？如果地基土为均质，且地基中自重应力和附加应力均为（沿高度）均匀分布，是否还有必要将地基分层？

4. 分层总和法中，对一软土层较厚的地基，用 $S_i=(e_{1i}-e_{2i})H_i/(1+e_{1i})$ 或 $S_i=a_i\Delta pH_i/(1+e_{1i})$ 计算各分层的沉降量时，用哪个公式的计算结果更准确？为什么？

5. 何谓土的压缩系数？一种土的压缩系数是否为定值，为什么？如何判别土的压缩性的高低？压缩系数的量纲是什么？

6. 地下水位上升或下降对建筑物沉降有没有影响？

7. 工程上有一种软土地基处理的方法——堆载预压法。它是在要修建建筑物的地基上堆载，经过一段时间之后，移去堆载，再在该地基上修建筑物。试从沉降控制的角度说明该方法处理地基的作用机理。

8. 土层固结过程中，孔隙水应力和有效应力是如何转化的？它们之间有何关系？

9. 固结系数 C_v 大小反映了土体的压缩性的大小，对吗？

10. 超固结土与正常固结土的压缩性有何不同？为什么？

习　题

[4-1]　某工程钻孔3号土样3-1粉质黏土和土样3-2淤泥质黏土的压缩试验数据见表4-13，试绘制压缩曲线，并计算 a_{1-2} 和评价其压缩性。

表4-13

垂直压力/kPa		0	50	100	200	300	400
孔隙比	土样3-1	0.866	0.799	0.770	0.736	0.721	0.714
	土样3-2	1.085	0.960	0.890	0.803	0.748	0.707

[4-2]　某建筑物下有一6m厚的黏土层，其上下均为不可压缩的排水层。黏土的压缩试验结果表明，压缩系数 $a=0.0005\text{kPa}^{-1}$，初始孔隙比为 $e_1=0.8$。试求在平均附加应力 $\sigma_z=150\text{kPa}$ 作用下，该土层的最终沉降量；并求出该土的压缩模量 E_s。又设该土的泊松比 $\mu=0.4$，则其变形模量 E 为多少？

[4-3]　某宾馆柱基底面尺寸为4.00m×4.00m，基础埋深 $d=2.00\text{m}$。上部结构传至基础顶面（地面）的中心荷载 $N=4720\text{kN}$。地基表层为细砂，$\gamma_1=17.5\text{kN/m}^3$，$E_{s1}=8.0\text{MPa}$，厚度 $h_1=6.00\text{m}$；第二层为粉质黏土，$E_{s2}=3.33\text{MPa}$，厚度 $h_2=3.00\text{m}$；第三层为碎石，厚度 $h_3=4.50\text{m}$，$E_{s3}=22\text{MPa}$。用分层总和法计算粉质黏土层的沉降量。

[4-4]　某工程矩形基础长3.60m，宽2.00m，埋深 $d=1.00\text{m}$。地面以上

上部荷重 $N=900\text{kN}$。地基为粉质黏土，$\gamma=16.0\text{kN/m}^3$，$e_1=1.0$，$a=0.4\text{MPa}^{-1}$。试用《建筑地基基础设计规范》法计算基础中心 O 点的最终沉降量。

[4-5] 某办公大楼柱基底面积为 $2.00\text{m}\times2.00\text{m}$，基础埋深 $d=1.50\text{m}$。上部中心荷载作用在基础顶面 $N=576\text{kN}$。地基表层为杂填土，$\gamma_1=17.0\text{kN/m}^3$，厚度 $h_1=1.50\text{m}$；第二层为粉土，$\gamma_2=18.0\text{kN/m}^3$，$E_{s2}=3\text{MPa}$，厚度 $h_2=4.40\text{m}$；第三层为卵石，$E_{s3}=20\text{MPa}$，厚度 $h_3=6.5\text{m}$。用《建筑地基基础设计规范》法计算柱基最终沉降量。

[4-6] 某饱和黏土层的厚度为 10m，在大面积荷载 $p_0=120\text{kPa}$ 作用下，设该土层的初始孔隙比 $e_0=1$，压缩系数 $a=0.3\text{MPa}^{-1}$，压缩模量 $E_s=6.0\text{MPa}$，渗透系数 $k=5.7\times10^{-7}\text{cm/s}$。对黏土层在单面排水或双面排水条件下分别求：(1) 加荷后一年时的变形量；(2) 变形量达 156mm 所需的时间。

第 5 章　土的抗剪强度

5.1　概　　述

建筑物地基在外荷载的作用下，地基土中任一截面将同时产生法向应力和剪应力，其中法向应力作用将使土体发生压密，而剪应力作用可使土体发生剪切变形。土体具有抵抗剪应力的潜在能力——剪阻力或抗剪力（shear resistance），它随着剪应力的增加而逐渐发挥。土的抗剪强度可定义为土体抵抗剪应力的极限值，或土体抵抗剪切破坏（shear failure）的受剪能力（强度）。当土中一点某截面上由外力所产生的剪应力达到土的抗剪强度时，土体就处于剪切破坏的极限状态（limit state），在该部分将出现剪切破坏，随着荷载的增加，剪切破坏的范围逐渐扩大，最终在土体中形成连续的滑动面，从而使得地基土丧失稳定性。工程实践和土工试验都证实了土的破坏主要由剪切引起，剪切破坏是土体强度破坏的重要特点。

在工程实践中与土的抗剪强度有关的工程问题，主要有以下三类，如图5－1所示。第一类是土质边坡，如土坝、路堤等填方边坡以及天然土坡等的稳定性问题（图 5－1（a））。从图中可以看出，当某一个面上的剪应力超过土的抗剪强度时，边坡就会沿着这个面产生向下的滑动，从而导致边坡失去稳定性而坍塌。第二类是土对工程构筑物的侧向压力，即土压力问题，如挡土墙、地下结构等所受的土压力，它受土强度的影响，当挡土结构物后的土体产生剪切破坏时，将造成

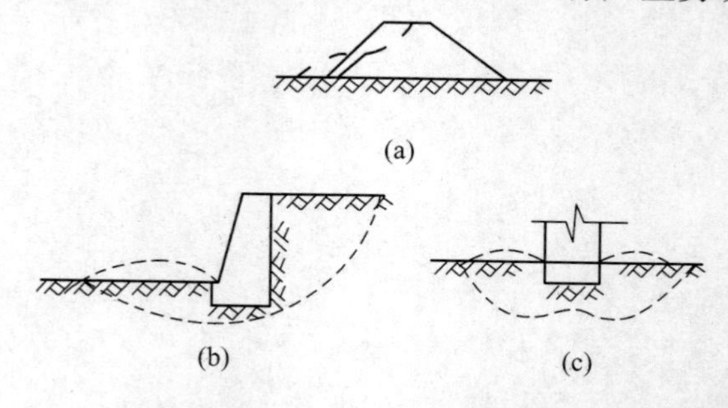

图 5－1　工程中土的强度问题

过大的对墙体的侧向土压力，这些过大的侧向土压力将有可能导致挡土结构物发生滑动、倾覆等工程事故（图 5－1（b））。第三类是建筑物地基的承载力问题。当建筑物荷载达到某一值时，地基中某些点的剪应力达到土的抗剪强度，这些点即为强度破坏点，随着建筑物荷载的增加，这些强度破坏点将越来越多，最终将连成一个连续的剪切滑动面，造成整个地基失去稳定性而发生破坏，从而导致上部结构破坏或影响其正常使用（图 5－1（c））。所以研究土的抗剪强度规律对于工程设计、施工和管理具有非常重要的理论和实际意义。

本章主要介绍土的抗剪强度理论、土的抗剪强度指标的测定实验、土的剪切性状以及影响抗剪强度的主要因素。同时，简要介绍孔隙水压力系数、土的应力历史对抗剪强度的影响等问题。

5.2 土的抗剪强度理论

5.2.1 土的抗剪强度表述方法及其抗剪强度指标

C. A. 库仑（Coulomb，1773）根据砂土的试验，将无黏性土的抗剪强度 τ_f 描述为剪切破坏面上法向总应力 σ 的函数，即

$$\tau_f = \sigma \tan\varphi \tag{5-1}$$

以后又提出了适合黏性土的抗剪强度表达式：

$$\tau_f = c + \sigma \tan\varphi \tag{5-2}$$

式中 τ_f——土的抗剪强度（kPa）；

σ——总应力（kPa）；

c——土的黏聚力（cohesion），或称内聚力（kPa）；

φ——土的内摩擦角（angle of internal friction）（°）。

式（5－1）和式（5－2）统称为库仑公式，或库仑定律。从该定律可知，对于无黏性土（如砂土），其抗剪强度仅由粒间的摩擦分量所构成，此时 $c=0$，仅作为式（5－2）的一个特例看待；而对于黏性土，其抗剪强度由黏聚分量和摩擦分量两部分所构成。

库仑定律表明，在一般荷载范围内土的法向应力和抗剪强度之间呈直线关系，如图 5－2 所示。图中直线在纵坐标上的截距即为土的黏聚力 c，直线倾角即为内摩擦角 φ。$\tau_f-\sigma$ 坐标中的直线称为库仑强度线。由库仑公式（定律）还可看出，影响抗剪强度的外在因素是剪切面上的法向应力，而当法向应力一定时，抗剪强度则取决于土的黏聚力 c 和内摩擦角 φ。因此 c 和 φ 是影响土的抗

剪强度的内在因素，它反映了土抗剪强度变化的规律性，称为土的抗剪强度指标。

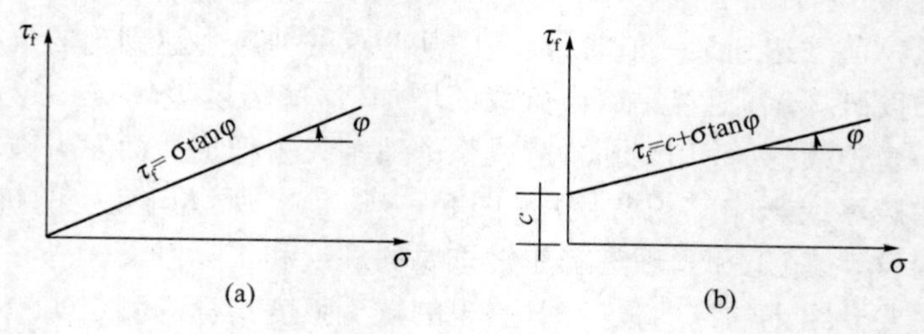

图 5-2　抗剪强度与法向压应力之间的关系

式(5-1)和式(5-2)是用总应力表示的抗剪强度规律，又称为抗剪强度总应力法。由沙基(Terzaghi)有效应力原理可知，土的强度与变形主要取决于土有效应力，故库仑定律也可用有效应力表示如下：

$$\begin{cases} \tau_f = \sigma'\tan\varphi' \\ \tau_f = c' + \sigma'\tan\varphi' \end{cases} \tag{5-3}$$

式中　σ'——有效应力(kPa)；

c'——有效黏聚力(kPa)；

φ'——有效内摩擦角(°)。

因此，土的抗剪强度有两种表达方法：一种是以总应力 σ 表示的抗剪强度总应力法，相应的 c、φ 称为总应力强度指标(参数)；另一种则以有效应力 σ' 表示的抗剪强度有效应力法，c' 和 φ' 称为有效应力强度指标(参数)。试验研究表明，土的抗剪强度不仅与土的性质有关，还与试验时的排水条件、剪切速率、应力状态和应力历史等许多因素有关，其中最重要的是试验时的排水条件，故用有效应力表示抗剪强度在概念上是合理的。但在实际工程应用中，并非所有工程都能测出土体的孔隙压力，因此有效应力表述抗剪强度法在实际工程中的应用仍不多。而总应力表示抗剪强度法，尽管并不十分合理，但凭其应用方便的优势而在工程中广泛应用。

5.2.2　土剪应力描述——莫尔应力圆

土体内部的滑动可沿任何一个面发生，只要该面上的剪应力达到其抗剪强度。为此，通常需要研究土体内任一微小单元体的剪应力状态。

在土体内某微小单元体的任一平面上，一般都作用着法向应力(正应力)σ 和切向应力(剪应力) τ 两个分量。如果某一平面上只有法向应力，没有切向应力，则该平面称为主应力面，而作用在主应力面上的法向应力就称为主应力。由材料力学知识可知,通过一微小单元体的三个主应力面是彼此正交的,因此,微小单元体上的三个主应力也是彼此正交的。

下面就平面问题或轴对称问题进行讨论。在土体中取一微单元体(图5-3(a)),设作用在该单元体上的两个主应力为σ_1和σ_3($\sigma_1>\sigma_3$),在单元体内与大主应力σ_1作用平面成任意角α的mn平面上有正应力σ和剪应力τ。为了建立σ、τ与σ_1、σ_3之间的关系,取微棱柱体abc为隔离体(图5-3(b))。

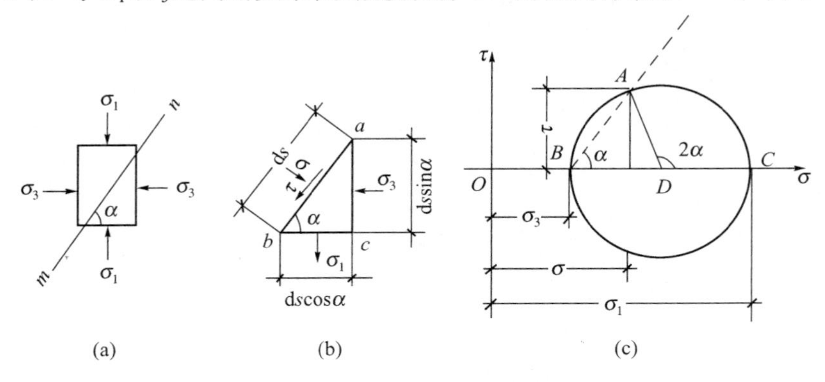

图5-3　土体中任意点的应力

(a)微单元体上的应力;(b)隔离体 abc 上的应力;(c)莫尔圆。

将各力分别在水平和垂直方向投影,根据静力平衡条件得

$$\begin{cases}\sigma_3 \mathrm{d}s\sin\alpha - \sigma \mathrm{d}s\sin\alpha + \tau \mathrm{d}s\cos\alpha = 0 \\ \sigma_1 \mathrm{d}s\cos\alpha - \sigma \mathrm{d}s\cos\alpha - \tau \mathrm{d}s\sin\alpha = 0\end{cases}$$

联立求解以上方程,在mn平面上的正应力和剪应力分别为

$$\sigma = \frac{\sigma_1 + \sigma_3}{2} + \frac{\sigma_1 - \sigma_3}{2}\cos 2\theta \tag{5-4}$$

$$\tau = \frac{\sigma_1 - \sigma_3}{2}\sin 2\theta \tag{5-5}$$

由式(5-4)和式(5-5)可知,若给定σ_1和σ_3,则通过该单元体任一平面上的法向应力和剪应力将随着它与大主应力面的夹角θ而异。

将式(5-4)改写为

$$\sigma - \frac{\sigma_1 + \sigma_3}{2} = \frac{\sigma_1 - \sigma_3}{2}\cos 2\theta \tag{5-4$'$}$$

对式(5-4)′和式(5-5)的两边平方并相加,可得

$$\left(\sigma - \frac{\sigma_1 + \sigma_3}{2}\right)^2 + \tau^2 = \left(\frac{\sigma_1 - \sigma_3}{2}\right)^2 \tag{5-6}$$

可见,在 $\sigma-\tau$坐标平面内,土单元体的应力状态的轨迹将是一个圆,圆心落在 σ 轴上,与坐标原点的距离为$(\sigma_1+\sigma_3)/2$,半径为$(\sigma_1-\sigma_3)/2$,该圆就称为莫尔应力圆。采用莫尔应力圆理论,σ、τ 与 σ_1、σ_3 之间的关系可用莫尔应力圆表示(图 5-3(c)),即在 $\sigma-\tau$ 笛卡儿坐标系中,按一定的比例尺,沿 σ 轴截取 OB 和 OC 分别表示 σ_3 和 σ_1,以 D 点为圆心,$(\sigma_1-\sigma_3)/2$ 为半径作一圆,从 DC 开始逆时针旋转 2α 角,使 DA 线与圆周交于 A 点,可以证明,A 点的横坐标即为斜面 mn 上的正应力 σ,纵坐标即为剪应力τ。这样,莫尔应力圆就可以全面表示土体中一点的应力状态,莫尔圆圆周上各点的坐标就表示该点在相应平面上的正应力和剪应力。

需要指出,在土力学中画莫尔应力圆时,应力的正负号与材料力学不同,一般规定如下:法向应力以压应力为正,拉应力为负;剪应力以逆时针方向为正,顺时针方向为负。

5.2.3 土的极限平衡条件(莫尔—库仑强度破坏准则)

通过对土中某一点的剪应力 τ 及其抗剪强度 τ_f 进行比较,可以判断该点强度是否达到破坏,即

$\tau<\tau_f$:弹性平衡,安全

$\tau=\tau_f$:极限平衡,临界状态

$\tau>\tau_f$:塑性破坏

由于通过一点有无数个平面,因此要全面判断该点的剪应力状态,必须求出无数个面上的剪应力,再与抗剪强度比较后,方能作出判别,这在实际工作中是不可能做到的。因此,就需要用莫尔—库仑强度破坏准则去判断。

前已述及,莫尔应力圆圆周上的任意点,都可代表着单元土体中相应面上的应力状态,因此,可以比较莫尔应力圆与抗剪强度线之间的相互关系来判别土体是否发生强度破坏。具体而言,将库仑强度线与莫尔圆画在同一张坐标图上(图 5-4)。它们之间的关系有以下三种情况:① 整个莫尔圆(圆Ⅰ)位于抗剪强度包线的下方,说明该点在任何平面上的剪应力都小于土所能发挥的抗剪强度($\tau<\tau_f$),因此不会发生剪切破坏;② 莫尔圆(圆Ⅱ)与抗剪强度包线相切,切点为 A,说明在 A 点所代表的平面上,剪应力正好等于抗剪强度($\tau=\tau_f$),该点就处于极限平衡状态,此莫尔圆(圆Ⅱ)称为极限应力圆(limiting stress circle);③ 抗剪强度包线是莫尔圆(圆Ⅲ,以虚线表示)的一条割线,实际上这种情况是

不可能存在的，因为该点任何方向上的剪应力都不可能超过土的抗剪强度，即不存在 $\tau > \tau_f$ 的情况。

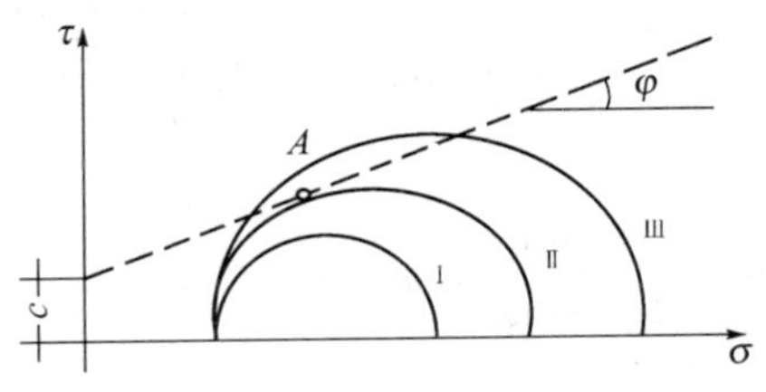

图 5-4　莫尔圆与抗剪强度之间的关系

根据极限莫尔应力圆与库仑强度线相切的几何关系，可推导建立下面的极限平衡条件，即莫尔—库仑强度理论。

设在土体中取一微单元体，如图 5-5(a)所示，mn 为破裂面，它与大主应力的作用面成破裂角 α_f。该点处于极限平衡状态时的莫尔圆如图 5-5(b)所示。将抗剪强度包线延长与 σ 轴相交于 R 点，由三角形 ARD 可知：$\overline{AD} = \overline{RD}\sin\varphi$，因 $\overline{AD} = \frac{1}{2}(\sigma_1 - \sigma_3)$，$\overline{RD} = c \cdot \cot\varphi + \frac{1}{2}(\sigma_1 + \sigma_3)$，故

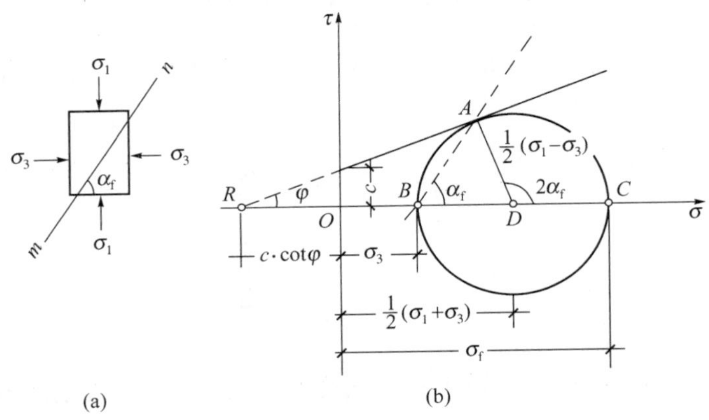

图 5-5　土体中一点达极限平衡时的莫尔圆

(a) 微单元体；(b) 极限平衡状态时的莫尔圆。

$$\sin\varphi = (\sigma_1 - \sigma_3)/(\sigma_1 + \sigma_3 + 2\cot\varphi) \tag{5-7}$$

化简后得

$$\sigma_1 = \sigma_3 \frac{1 + \sin\varphi}{1 - \sin\varphi} + 2c\sqrt{\frac{1 + \sin\varphi}{1 - \sin\varphi}} \tag{5-8}$$

或

$$\sigma_3 = \sigma_1 \frac{1-\sin\varphi}{1+\sin\varphi} - 2c\sqrt{\frac{1-\sin\varphi}{1+\sin\varphi}} \tag{5-9}$$

由三角函数可以证明：

$$\frac{1+\sin\varphi}{1-\sin\varphi} = \tan^2\left(45^\circ + \frac{\varphi}{2}\right)$$

或

$$\frac{1-\sin\varphi}{1+\sin\varphi} = \tan^2\left(45^\circ - \frac{\varphi}{2}\right)$$

代入式(5-8)、式(5-9)得出黏性土和粉土的极限平衡条件为

$$\sigma_1 = \sigma_3\tan^2\left(45^\circ + \frac{\varphi}{2}\right) + 2c\tan\left(45^\circ + \frac{\varphi}{2}\right) \tag{5-10}$$

或

$$\sigma_3 = \sigma_1\tan^2\left(45^\circ - \frac{\varphi}{2}\right) - 2c\tan\left(45^\circ - \frac{\varphi}{2}\right) \tag{5-11}$$

对于无黏性土，由于 $c=0$，则由式(5-10)和式(5-11)可知，无黏性土极限平衡条件为

$$\sigma_1 = \sigma_3\tan^2\left(45^\circ + \frac{\varphi}{2}\right) \tag{5-12}$$

或

$$\sigma_3 = \sigma_1\tan^2\left(45^\circ - \frac{\varphi}{2}\right) \tag{5-13}$$

在图5-5(b)的三角形 *ARD* 中，由外角与内角的关系可得破裂角为

$$\alpha_f = 45^\circ + \varphi/2 \tag{5-14}$$

说明破坏面与大主应力 σ_1 作用面的夹角为($45^\circ+\varphi/2$)，或破坏面与小主应力 σ_3 作用面的夹角为($45^\circ-\varphi/2$)。

值得说明的是，应用有效应力和有效强度指标可依上述过程推得形式相同的极限平衡条件关系式，只须将 σ_{1f}、σ_{3f}、c、φ 分别用 σ'_{1f}、σ'_{3f}、c'、φ'代替即可。

式(5-10)～式(5-13)称为土的极限平衡条件，也可称为莫尔—库仑强度破坏准则。当土的强度指标 c、φ 已知，若土中某点的大小主应力 σ_1 和 σ_3 满足式(5-10)～式(5-13)时，则该土体正好处于极限平衡状态。应用极限平衡条

件可判别土体单元所处的状态是否会发生剪切破坏(详见例)。

[例 5-1] 设砂基中某点的大主应力为 300kPa,小主应力为 150kPa,由试验得砂土的内摩擦角为 25°,黏聚力为零,问该点处于什么状态?

解: 已知 $\sigma_1 = 300\text{kPa}, \sigma_3 = 150\text{kPa}, \varphi = 25°, c = 0$。

按式(5-11) $\sigma_{3f} = \sigma_{1f}\tan^2\left(45° - \dfrac{\varphi}{2}\right) - 2c \cdot \tan\left(45° - \dfrac{\varphi}{2}\right) =$

$$300 \times \tan^2\left(45° - \frac{25°}{2}\right) = 122\text{kPa}$$

而实际 $\sigma_3 = 150\text{kPa}$,大于 σ_{3f},故该点处于稳定状态。

[例 5-2] 已知某土体单元的大主应力 $\sigma_1 = 480\text{kPa}$,小主应力 $\sigma_3 = 210\text{kPa}$。通过试验测得土的抗剪强度指标 $c = 20\text{kPa}, \varphi = 18°$,问该单元土体处于什么状态?

解: 已知 $\sigma_1 = 480\text{kPa}, \sigma_3 = 210\text{kPa}, c = 20\text{kPa}, \varphi = 18°$。

(1) 直接用τ与τ_f 的关系来判别。

由式(5-4)和式(5-5)分别求出剪破面上的法向应力 σ 和剪应力 τ 分别为

$$\sigma = \frac{1}{2}(\sigma_1 + \sigma_3) + \frac{1}{2}(\sigma_1 - \sigma_3)\cos2\theta_f =$$

$$\frac{1}{2}(480 + 210) + \frac{1}{2}(480 - 210)\cos108° = 303\text{kPa}$$

$$\tau = \frac{1}{2}(\sigma_1 - \sigma_3)\sin2\theta_f =$$

$$\frac{1}{2}(480 - 210)\sin108° = 128\text{kPa}$$

由式(5-2)求相应面上的抗剪强度 τ_f 为

$$\tau_f = c + \sigma \cdot \tan\varphi =$$

$$20 + 303\tan18° = 118\text{kPa}$$

由于 $\tau > \tau_f$,所以该单元土体早已破坏了。

(2) 利用式(5-10)或式(5-11)的极限平衡条件来判别。

① 设达到极限平衡条件时所需要的小主应力值为 σ_{3f},此时把实际存在的大主应力 $\sigma_1 = 480\text{kPa}$ 及强度指标 c、φ 值代入式(5-11)中,则得

$$\sigma_{3f} = \sigma_1 \cdot \tan^2\left(45° - \frac{\varphi}{2}\right) - 2c \cdot \tan\left(45° - \frac{\varphi}{2}\right) =$$

$$480 \cdot \tan^2\left(45° - \frac{18°}{2}\right) - 2 \times 20 \cdot \tan\left(45° - \frac{18°}{2}\right) =$$

$$480 \cdot \tan^2(36°) - 40 \cdot \tan(36°) = 224\text{kPa}$$

② 设达到极限平衡条件时所需要的大主应力值为 σ_{1f},此时则把实际存在的小主应力 $\sigma_3 = 210\text{kPa}$ 及 c、φ 值代入式(5-10)中,可得

$$\sigma_{1f} = \sigma_3 \cdot \tan^2\left(45° + \frac{\varphi}{2}\right) + 2c \cdot \tan\left(45° + \frac{\varphi}{2}\right) =$$

$$210 \cdot \tan^2\left(45° + \frac{18°}{2}\right) + 2 \times 20 \cdot \tan\left(45° + \frac{18°}{2}\right) =$$

$$210 \cdot \tan^2(54°) + 40 \cdot \tan(54°) = 453\text{kPa}$$

由计算结果表明,$\sigma_3 < \sigma_{3f}, \sigma_1 > \sigma_{1f}$,所以该单元土体早已破坏。

5.3 土抗剪强度指标的测定试验

土的抗剪强度指标可由多种方法测定,包括室内试验和原位测试。室内试验有直接剪切试验、三轴压缩试验以及无侧限抗压强度试验等,原位测试有十字板剪切试验等。

影响土的抗剪强度的因素很多,如土的密度、含水量、初始应力状态、应力历史以及固结程度和试验中的排水条件等。因此,为了求得可供设计或计算分析用的土的强度指标,在实验室中测定土的抗剪强度时,应采取具有代表性的土样而且还必须采用一种能够模拟现场条件的试验方法来进行。根据现有的测试设备和技术条件,要完全模拟现场条件仍有困难,只是尽可能地作近似模拟。

对于砂土和砾石,测定其抗剪强度时可采用扰动试样进行试验,对于黏性土,由于扰动对其强度影响很大,因而必须采用原状试样进行抗剪强度的测定。但研究土的剪切性状时,只能用重塑土进行。土的抗剪强度与土固结程度和排水条件有关,对于同一种土,即使在剪切面上具有相同的法向总应力 σ,由于土在剪切前后的固结程度和排水条件不同,它的抗剪强度也不同。下面将扼要介绍常用的剪切试验仪器、试验原理和测定抗剪强度的试验方法。

5.3.1 直接剪切试验

用直接剪切仪(简称直剪仪)来测定土的抗剪强度的试验称为直接剪切试验。直接剪切试验是测定预定剪破面上的抗剪强度的最简便和最常用的方法。直剪仪分应变控制式和应力控制式两种,前者以等应变速率使试样产生剪切位

移直至剪破，后者是分级施加水平剪应力并测定相应的剪切位移。目前，我国使用较多的是应变控制式直剪仪。直剪仪的示意图如图 5 - 6 所示，主要由剪切盒

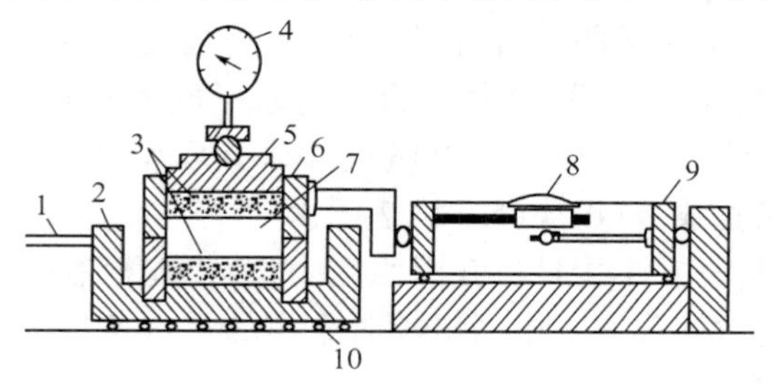

图 5 - 6　应变控制式直剪仪

1—轮轴；2—底座；3—透水石；4—量表；5—活塞；
6—上盒；7—土样；8—量表；9—量力环；10—下盒。

（分上、下盒）、垂直加压设备、剪切传动装置、测力计等组成。盒的内壁呈圆柱形，试样高 2cm，面积 $30cm^2$。下盒可自由移动，上盒与一端固定的量力钢环相接触，钢环的作用是测出上盒在试验时的位移并据此而换算出剪切面上的剪应力。试验时，将试样装入剪切盒中，并根据试验条件，在试样上下面各放一透水石（允许排水）或不透水板（不允许排水），再在透水石或不透水板顶部放一金属的传压活塞，并根据试验要求在其上施加第一级竖向压力 σ_1，然后以规定的速率对下盒逐渐施加水平推力 T，随着水平推力的施加，上下盒即沿水平接触面发生相对位移（剪切变形）而使试样受剪并在剪切面上产生剪应力 τ 。在施加水平推力后，即测读试样的剪位移和计算相应的剪应力，并绘出剪应力与剪位移的关系曲线，如图 5 - 7（a）所示，以曲线的剪应力峰值作为该级法向压力 $\sigma_{(1)}$ 下土的抗剪强度 $\tau_{(1)f}$。如果剪应力不出现峰值，则取规定的剪位移（如上述尺寸的试样，《土工试验规程》规定取剪位移为 4mm）相对应的剪应力作为它的抗剪强度。对同一种土（重度和含水量相同）至少取 4 个试样，分别在垂直压力 $\sigma_{(1)}$ =

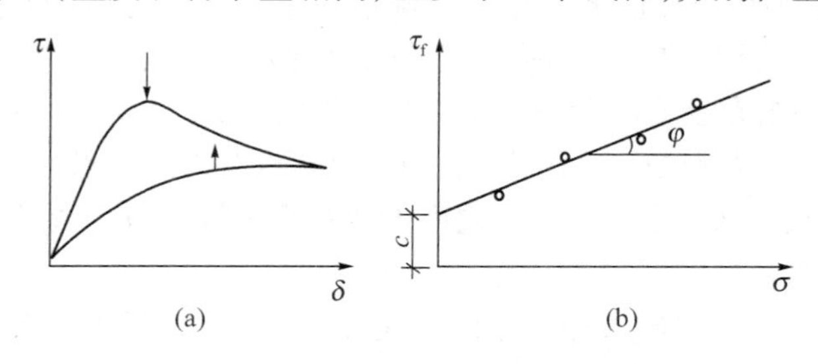

图 5 - 7　直接剪切试验结果

（a）剪应力与剪切位移之间关系；（b）黏性土试验结果。

100kPa、$\sigma_{(2)}=200$kPa、$\sigma_{(3)}=300$kPa、$\sigma_{(4)}=400$kPa 下进行剪切破坏，得到相应的抗剪强度 $\tau_{(1)f}$、$\tau_{(2)f}$、$\tau_{(3)f}$、$\tau_{(4)f}$。然后以竖向压力 σ 为横坐标，以抗剪强度 τ_f 为纵坐标，点绘 $\tau_f \sim \sigma$ 关系曲线，该曲线即为抗剪强度线，如图 5-7(b) 所示。图中直线与纵轴的截距即为凝聚力 c，直线与水平轴的夹角即为该土样的内摩擦角 φ，直线方程可用库仑公式(5-2)表示，对于无黏性土，τ_f 与 σ 之间关系则是通过原点的一条直线，可用式(5-1)表示。

在直剪试验过程中，不能量测孔隙水应力，也不能控制排水，所以只能以总应力法来表示土的抗剪强度。根据试验时土样的排水条件，直剪试验可分为快剪、固结快剪和慢剪三种试验方法。

1. 快剪(Q)

《土工试验方法标准》规定快剪试验适用于渗透系数小于 10^{-6}cm/s 的细粒土，试验时在试样上施加垂直压力后，拔去固定销钉，立即以 0.8mm/min 的剪切速度进行剪切，使试样在 3min～5min 内剪破。试样每产生剪切位移 0.2mm～0.4mm 测记测力计和位移读数，直至测力计读数出现峰值，或继续剪切至剪切位移为 4mm 时停机，记下破坏值；当剪切过程中测力计读数无峰值时，应剪切至剪切位移为 6mm 时停机，该试验所得的强度称为快剪强度，相应的指标称为快剪强度指标，以 c_Q、φ_Q 表示。

2. 固结快剪(R)

固结快剪试验也适用于渗透系数小于 10^{-6}cm/s 的细粒土。试验时对试样施加垂直压力后，每小时测读垂直变形一次。直至固结变形稳定。变形稳定标准为变形量每小时不大于 0.005mm。再拔去固定销，剪切过程同快剪试验。所得强度称为固结快剪强度，相应指标称为固结快剪强度指标，以 c_R、φ_R 表示。

3. 慢剪(S)

慢剪试验是对试样施加垂直压力后，待固结稳定后，再拔去固定销，以小于 0.02mm/min 的剪切速度使试样在充分排水的条件下进行剪切，这样得到的强度称为慢剪强度，其相应的指标称为慢剪强度指标，以 c_S、φ_S 表示。

直接剪切试验的优点是仪器构造简单，试样的制备和安装方便，且操作容易掌握，至今仍为工程单位广泛采用。它的主要缺点有以下几点。

(1) 剪切破坏面固定为上下盒之间的水平面不符合实际情况，因为该面不一定是土样的最薄弱的面。

(2) 试验中试样的排水程度靠试验速度的"快"、"慢"来控制的，做不到严格的排水或不排水，这一问题对透水性强的土来说尤为突出。

(3) 由于上下盒的错动，剪切过程中试样的有效面积逐渐减小，使试样中的应力分布不均匀、主应力方向发生变化等，在剪切变形较大时更为突出。

为了克服直剪试验存在的问题,对重大工程及一些科学研究,应采用更为完善的三轴压缩试验。三轴压缩仪是目前测定土抗剪强度较为完善的仪器。

5.3.2 三轴压缩试验

1. 三轴压缩试验仪器、试验步骤及其原理

三轴压缩试验直接量测的是试样在不同恒定周围压力下的抗压强度,然后利用莫尔—库仑破坏理论间接推求土的抗剪强度。

三轴压缩仪由压力室、轴向加荷系统、施加周围压力系统、孔隙水压力量测系统等组成,如图 5-8 所示。

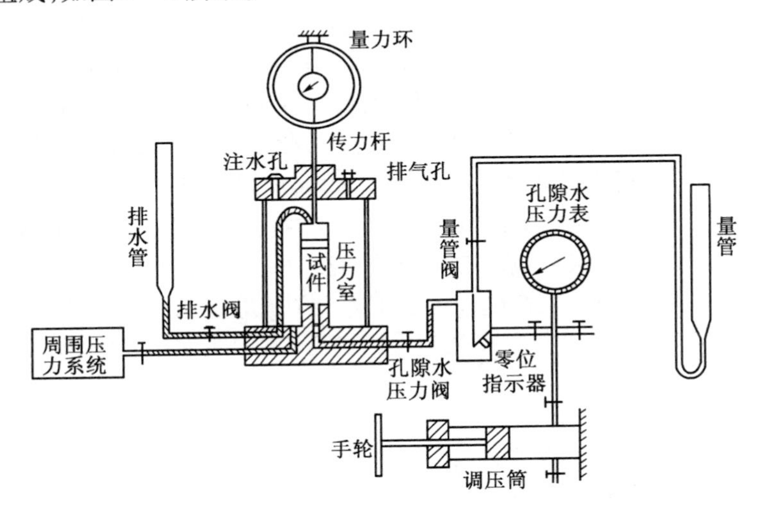

图 5-8　三轴压缩仪

压力室是三轴压缩仪的主要组成部分,它是一个有金属上盖、底座和透明有机玻璃圆筒组成的密闭容器。试样为圆柱形,高度与直径之比按《土工试验方法标准》采用 2~2.5。试样安装在压力室中,外用柔性橡皮膜包裹,橡皮膜扎紧在试样帽和底座上,不使压力室中的水进入试样。试样上、下两端可根据试验要求放置透水石或不透水板。试验时试样的排水,由与顶部连通的排水阀来控制。试样底部与孔隙水应力量测系统相连接,必要时用以量测试验过程中试样内的孔隙水应力变化。试样的周围压力,由与压力室直接相连的压力源(空压机或其它稳压装置)来供给。试样的轴向压力增量,由与顶部试样帽直接接触的传压活塞杆来传递(对于应变控制式三轴仪,轴向力的大小可由经过率定的量力环测定,轴向力除以试样的横断面积后可得附加轴向压力 q,亦称偏应力),使试样受剪,直至剪破。在受剪过程中同时要测读试样的轴向压缩量,以便计算轴向

应变 ε。三轴是指一个竖向和两个侧向而言，由于压力室和试样均为圆柱形，因此，两个侧向（或称周围）的应力相等并为小主应力 σ_3，而竖向（或轴向）的应力为大主应力 σ_1。在增加 σ_1 时保持 σ_3 不变，这样条件下的试验称为常规三轴压缩试验。

常规试验方法的主要步骤如下：将土切成圆柱体套在橡胶膜内，放在密封的压力室中，然后向压力室内充水，使试件在各向受到围压 σ_3，并使液压在整个试验过程中保持不变，这时试件内各向的三个主应力都相等，因此不产生剪应力（图 5-9(a)）。然后再通过传力杆对试件施加竖向压力，这样，竖向主应力就大于水平向主应力，当水平向主应力保持不变，而竖向主应力逐渐增大时，试件最终受剪而破坏（图 5-9(b)）。设剪切破坏时由传力杆加在试件上的竖向压应力增量为 $\Delta\sigma_1$，则试件上的大主应力为 $\sigma_1 = \sigma_3 + \Delta\sigma_1$，而小主应力为 σ_3，以 $(\sigma_1 - \sigma_3)$ 为直径可画出一个极限应力圆，如图 5-9(c) 中圆 A。用同一种土样的若干个试件（三个及三个以上）按上述方法分别进行试验，每个试件施加不同的围压 σ_3，可分别得出剪切破坏时的大主应力 σ_1，将这些结果绘成一组极限应力圆，如图 7-10(c) 中的圆 A、B 和 C。由于这些试件都剪切至破坏，根据莫尔—库仑理论，作一组极限应力圆的公共切线，即为土的抗剪强度包线，通常近似取为一条直线，该直线与横坐标的夹角为土的内摩擦角 φ，直线与纵坐标的截距为土的黏聚力 c。

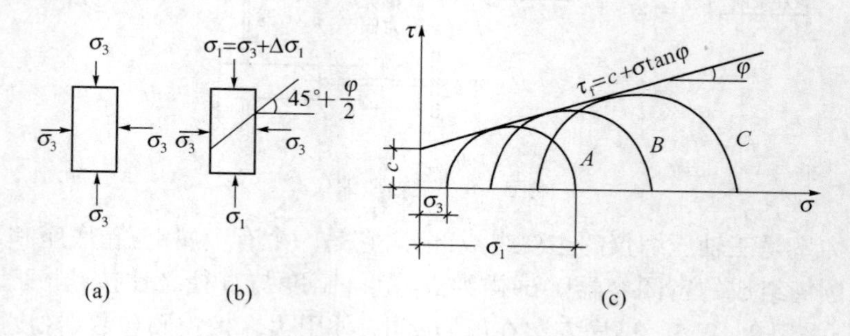

图 5-9　三轴压缩试验原理

（a）试件受周围压力；（b）破坏时试件上的主应力；（c）莫尔破坏包线。

如果量测试验过程中的孔隙水压力，可以打开孔隙水压力阀，在试件上施加压力以后，由于土中孔隙水压力增加迫使零位指示器的水银面下降。为量测孔隙水压力，可用调压筒调整零位指示器的水银面始终保持原来的位置，这样，孔隙水压力表中的读数就是孔隙水压力值。如要量测试验过程中的排水量，可打开排水阀门，让试件中的水排入量水管中，根据量水管中水位的变化可算出在试验过程中的排水量。

2. 三种三轴试验方法

对应于直接剪切试验的快剪、固结快剪和慢剪试验，三轴压缩试验按剪切前受到周围压力 σ_3 的固结状态和剪切时的排水条件，可分为不固结不排水剪(UU)、固结不排水剪(CU)和固结排水剪(CD)三种方法，分别对应于直剪试验的快剪、固结快剪和慢剪试验。

(1) 不固结不排水三轴试验(unconsolidation undrained test, UU - test)。简称不排水试验。试样在施加围压和随后施加竖向压力直至剪切破坏的整个过程中都不允许排水，试验自始至终关闭排水阀门。

(2) 固结不排水三轴试验(consolidation undrained test, CU - test)。简称固结不排水试验。试样在施加围压 σ_3 时打开排水阀门，允许排水固结，待固结稳定后关闭排水阀门，再施加竖向压力，使试样在不排水的条件下剪切破坏。

(3) 固结排水三轴试验(consolidation drained test, CD - test)。简称排水试验。试样在施加围压 σ_3 时允许排水固结，待固结稳定后，再在排水条件下施加竖向压力至试件剪切破坏。

三轴压缩试验的突出优点是能较为严格地控制排水条件以及可以量测试件中孔隙水压力的变化。此外，试件中的应力状态也比较明确，破裂面是在最弱处，而不像直接剪切仪那样限定在上下盒之间。三轴压缩仪还用以测定土的其他力学性质，如土的弹性模量，因此它是土工试验不可缺少的设备。三轴压缩试验的缺点是试件中的主应力 $\sigma_2=\sigma_3$，而实际上土体的受力状态未必都属于这类轴对称情况。已经问世的各种真三轴压缩仪中的试件可在不同的三个主应力($\sigma_1\neq\sigma_2\neq\sigma_3$)作用下进行试验。

由于在三轴不排水剪试验中，可以量测试验过程中的孔隙水应力，而孔隙水应力各向是相等的。所以可算出试验过程中的有效大主应力 σ'_1 和有效小主应力 σ'_3。剪破时的有效主应力，可按下式计算：

$$\sigma'_{1f} = \sigma_{1f} - u_f \tag{5-15}$$

$$\sigma'_{3f} = \sigma_{3f} - u_f \tag{5-16}$$

式中 σ'_{1f}——试样剪破时的有效大主应力(kPa)；

σ'_{3f}——试样剪破时的有效小主应力(kPa)；

u_f——试样剪破时的孔隙水应力(kPa)。

根据 σ'_{1f} 和 σ'_{3f}，就可绘制试样剪破时的有效应力圆。显然，有效应力圆的直径 $(\sigma'_1-\sigma'_3)_f$ 就等于 $(\sigma_1-\sigma_3)_f$。这说明有效应力圆与总应力圆的大小相同，只是当剪破时的孔隙水应力为正值时，有效应力圆在总应力圆的左边；而当剪破时的孔隙水应力为负值时，有效应力圆在总应力圆的右边。根据一组剪破时的有效应力圆，作公切线，即可得到以有效应力表示的强度包线及相应的有效强度指标 c' 和 φ'。

3. 三轴压缩试验中的孔隙压力系数

1954 年，司开普顿首先在三轴压缩仪中，对非饱和土体在不排水和不排气条件下的三向压缩时所产生的孔隙应力进行了研究，并提出了孔隙应力系数 A、B 的概念。

在非饱和土的孔隙中，既有气又有水，在这种情况下，由于水、气界面上的表面张力和弯液面的存在，孔隙气应力 u_a 和孔隙水应力 u_w 是不相等的，且 u_a 大于 u_w。当土的饱和度较高时，可不考虑表面张力的影响，则 u_a 大致等于 u_w。为简单起见，下面的讨论中不再区分 u_a 和 u_w。孔隙水应力就以 u 表示。

在常规三轴压缩试验中，试样先承受周围压力 σ_c 固结稳定，以模拟试样的原位应力状态。这时，超静孔隙水应力 u_0 为零。在试验中分两个阶段来加荷，先使试样承受周围压力增量 $\Delta\sigma_3$，然后在周围压力不变的条件下施加大、小主应力之差 $\Delta\sigma_1-\Delta\sigma_3$（附加轴向压力 q）。若试验是在不排水条件下进行，则 $\Delta\sigma_3$ 和 $\Delta\sigma_1-\Delta\sigma_3$ 的施加必将分别引起超静孔隙水应力增量 Δu_1 和 Δu_3，如图 5-10 所示。

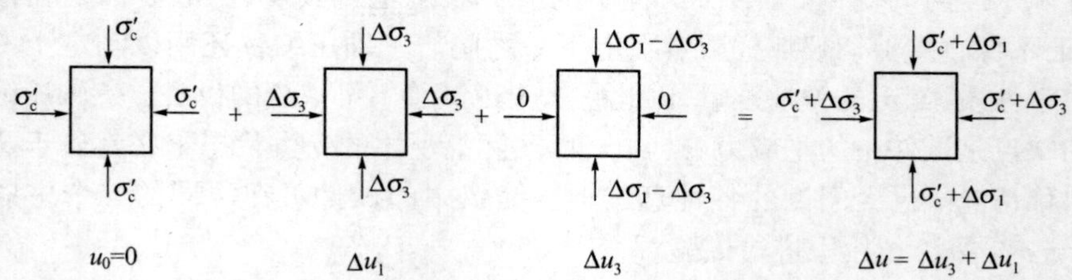

图 5-10　不排水剪试验中的孔隙水应力

于是，试样由于 $\Delta\sigma_3$ 和 $\Delta\sigma_1-\Delta\sigma_3$ 的作用产生超静孔隙水应力的总增量为

$$\Delta u = \Delta u_1 + \Delta u_3 \tag{5-17}$$

总的超静孔隙水应力为

$$u = u_0 + \Delta u = \Delta u \tag{5-18}$$

下面根据两个加荷阶段来讨论孔隙水应力系数的表达式。

1）孔隙应力系数 B

当试样在不排水条件下受到各向相等压力增量 $\Delta\sigma_3$ 时，产生的孔隙应力增量为 Δu_1，将 Δu_1 与 $\Delta\sigma_3$ 之比定义为孔隙应力系数 B，即

$$B = \frac{\Delta u_1}{\Delta\sigma_3} \tag{5-19}$$

式中　B——在各向施加相等压力条件下的孔隙应力系数。它反映土体在各向相等压力作用下，孔隙应力变化情况的指标，也是反映土体饱和程度的指标。

由于孔隙水和土粒都被认为是不可压缩的，因此在饱和土的不固结不排水剪试验中，试样在周围压力增量下将不发生竖向和侧向变形，这时周围压力增量将完全由孔隙水承担，所以 $B=1$；当土完全干燥时，孔隙气的压缩性要比骨架的压缩性高得多，这时周围压力增量将完全由土骨架承担，于是 $B=0$。在非饱和土中，孔隙中流体的压缩性与土骨架的压缩性为同一量级，B 介于 0 与 1 之间。饱和度越大，B 越接近 1。

2）孔隙应力系数 A

当试样受到轴向应力增量 q（主应力差 $\Delta\sigma_1-\Delta\sigma_3$）作用时，产生的孔隙水应力为 Δu_3，Δu_3 的大小与主应力差 $\Delta\sigma_1-\Delta\sigma_3$ 及土样的饱和程度有关，定义另一孔压系数 A 如下：

$$\Delta u_3 = BA(\Delta\sigma_1-\Delta\sigma_3) \tag{5-20}$$

式中　A——在偏应力条件下的孔隙应力系数，其数值与土的种类、应力历史等有关。

式(5-20)也可写为

$$\Delta u_3 = \bar{A}(\Delta\sigma_1-\Delta\sigma_3) \tag{5-21}$$

式中　$\bar{A}$——综合反映主应力差 $\Delta\sigma_1-\Delta\sigma_3$ 作用下孔隙应力变化情况的一个指标（$\bar{A}=BA$）。

若将式(5-19)写成 $\Delta u_1=B\Delta\sigma_3$ 后和式(5-20)叠加起来，即可得到土体在周围压力增量和轴向应力增量作用下，亦即三向压缩条件下的孔隙应力为

$$\Delta u = \Delta u_1+\Delta u_3 = B\Delta\sigma_3+BA(\Delta\sigma_1-\Delta\sigma_3)$$

或

$$\Delta u = B[\Delta\sigma_3+A(\Delta\sigma_1-\Delta\sigma_3)] \tag{5-22}$$

式(5-22)还可改写为

$$\Delta u = B[\Delta\sigma_1-(1-A)(\Delta\sigma_1-\Delta\sigma_3)] = B\Delta\sigma_1\left[1-(1-A)\left(1-\frac{\Delta\sigma_3}{\Delta\sigma_1}\right)\right]$$

或

$$\bar{B} = \frac{\Delta u}{\Delta\sigma_1} = B\left[1-(1-A)\left(1-\frac{\Delta\sigma_3}{\Delta\sigma_1}\right)\right] \tag{5-23}$$

式中 $\bar{B}$——孔隙应力系数，它表示在一定周围应力增量作用下，由主应力增量 $\Delta\sigma_1$ 所引起的孔隙应力变化的一个参数。这一参数可在三轴压缩试验中模拟土的实际受力状态来测定。在堤坝稳定分析中，可用来估算堤坝的初始孔隙应力。

对于饱和土，由于 $B=1$，A 就等于 $\bar{A}$。于是，由式(5－19)和式(5－20)可得

$$\Delta u_1 = \Delta\sigma_3$$

$$\Delta u_3 = A(\Delta\sigma_1 - \Delta\sigma_3)$$

因而，在饱和土的不固结不排水剪试验中，超孔隙水应力的总增量为

$$\Delta u = \Delta\sigma_3 + A(\Delta\sigma_1 - \Delta\sigma_3) \tag{5-24}$$

在固结不排水剪试验中，由于允许试样在 $\Delta\sigma_3$ 下固结稳定，所以，试样受剪前 Δu_1 已消散为零，于是有

$$\Delta u = \Delta u_3 = A(\Delta\sigma_1 - \Delta\sigma_3) \tag{5-25}$$

在固结排水剪试验中，试样受剪前 Δu_1 等于零，受剪过程中 Δu_3 始终要求保持为零，所以有

$$\Delta u = 0$$

孔隙压力系数 A 值的大小受很多因素的影响，它随偏应力增加呈非线性变化，高压缩性土的 A 值比较大，超固结黏土在偏应力作用下将发生体积膨胀，产生负的孔隙压力，故 A 是负值。就是同一种土，A 也不是常数，它还受应变大小、初始应力状态和应力历史等因素影响。各类土的孔隙压力系数 A 值见表 5－1。若在工程实践中，要精确计算孔隙压力时，应根据实际的应力和应变条件，进行三轴压缩试验，直接测定 A 值。

表 5－1 孔隙压力系数 A

土样(饱和)	A(用于验算土体破坏的数值)	土样(饱和)	A(用于计算地基变形的数值)
很松的细砂	2～3	很灵敏的软黏土	>1
灵敏黏土	1.5～2.5	正常固结黏土	0.5～1
正常固结黏土	0.7～1.3	超固结黏土	0.25～0.5
轻度超固结黏土	0.3～0.7	严重超固结黏土	0～0.25
严重超固结黏土	－0.5～0		

5.3.3 无侧限抗压强度试验

三轴压缩试验中当周围压力 $\sigma_3=0$ 时即为无侧限试验条件，这时只有 $q=$

σ_1。所以，也可称为单轴压缩试验。由于试样的侧向应力为零，在轴向受压时，其侧向变形不受限制，故又称为无侧限压缩试验。同时，又由于试样是在轴向压缩的条件下破坏的，因此，把这种情况下土所能承受的最大轴向压力称为无侧限抗压强度，以 q_u 表示。试验时仍用圆柱状试样，可在专门的无侧限仪上进行，也可在三轴仪上进行。

在施加轴向压力的过程中，相应地量测试样的轴向压缩变形，并绘制轴向压力 q 与轴向应变 ε 的关系曲线。当轴向压力与轴向应变的关系曲线出现明显的峰值时，则以峰值处的最大轴向压力作为土的无侧限抗压强度 q_u；当轴向压力与轴向应变的关系曲线不出现峰值时，则取轴向应变 $\varepsilon=20\%$ 处的轴向压力作为土的无侧限抗压强度 q_u。求得土的无侧限抗压强度 q_u 后，即可绘出极限应力圆。由于 $\sigma_3=0$，所以无侧限压缩试验的结果只能求得一个通过坐标原点的极限应力圆。一个极限应力圆是无法得到强度包线的，不过由三轴压缩试验对饱和黏土进行不固结不排水剪试验的结果证明（见下节所述），这种土的 $\varphi_u=0$（φ_u 表示不固结不排水剪试验测得的内摩擦角），只有黏聚力 c_u（通常简称不排水强度）。因此，可借助于三轴压缩试验的这一结论，绘出一条水平的抗剪强度包线，如图 5－11 所示。于是，就可根据无侧限抗压强度 q_u 来推求饱和土的不排水强度，即

$$\tau_f = c_u = \frac{q_u}{2} \tag{5-26}$$

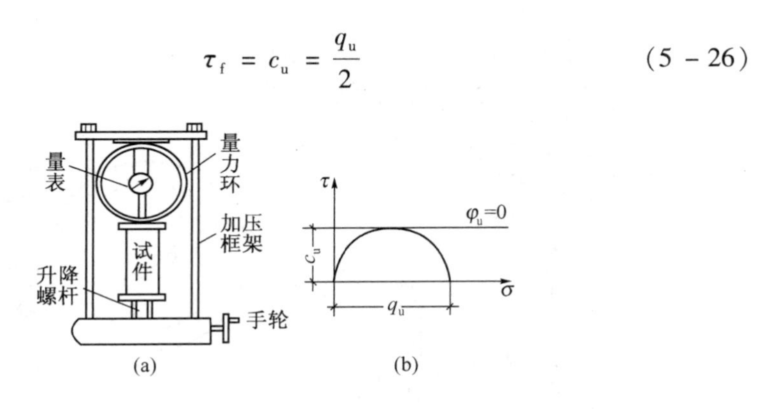

图 5－11　无侧限抗压强度试验

（a）无侧限抗压试验仪；（b）无侧限抗压强度试验结果。

式中　c_u——土的不排水抗剪强度（kPa）；

q_u——无侧限抗压强度（kPa）。

无侧限抗压试验还可以用来测定土的灵敏度 S_t。无侧限抗压试验的缺点是试样的中段部位完全不受约束，因此，当试样接近破坏时，往往被压成鼓形，这时试样中的应力显然不是均匀的（三轴仪中的试样也有此问题）。

5.3.4　原位十字板剪切试验

前面所介绍的三种试验方法都是室内测定土的抗剪强度的方法，这些试验方法都要求事先取得原状土样，但由于试样在采取、运送、保存和制备过程中不可避免地会受到扰动，因此，室内试验结果对土的实际情况反映就会受到影响，因此采用原位测定土的抗剪强度试验具有重要的意义。十字板剪切试验是一种利用十字板剪切仪在现场测定土的抗剪强度的方法。由于十字板剪切仪构造简单，操作方便，试验时对土的结构扰动小，因此是目前国内广泛采用的一种抗剪强度原位测试方法。这种试验方法适合于在现场测定饱和黏性土的原位不排水强度，特别适用于均匀的饱和软黏土。对黏土中夹带薄层细、粉砂或贝壳，用该种试验测得的强度往往偏高。

十字板剪切仪主要由两片十字交叉的金属板头、扭力装置和量测设备三部分组成，如图 5－12 所示。十字板剪切试验可在现场钻孔内进行。试验时，先将套管打入测定点以上 750mm，并清除管内的残留土。将十字板装在轴杆底端，插入套管并向下压至套管底端以下 750mm，或套管直径的 3 倍～5 倍以下深度。然后由地面上的扭力设备对钻杆施加扭矩，使埋在土中的十字板扭转，直至土剪切破坏。破坏面为十字板旋转所形成的圆柱面。

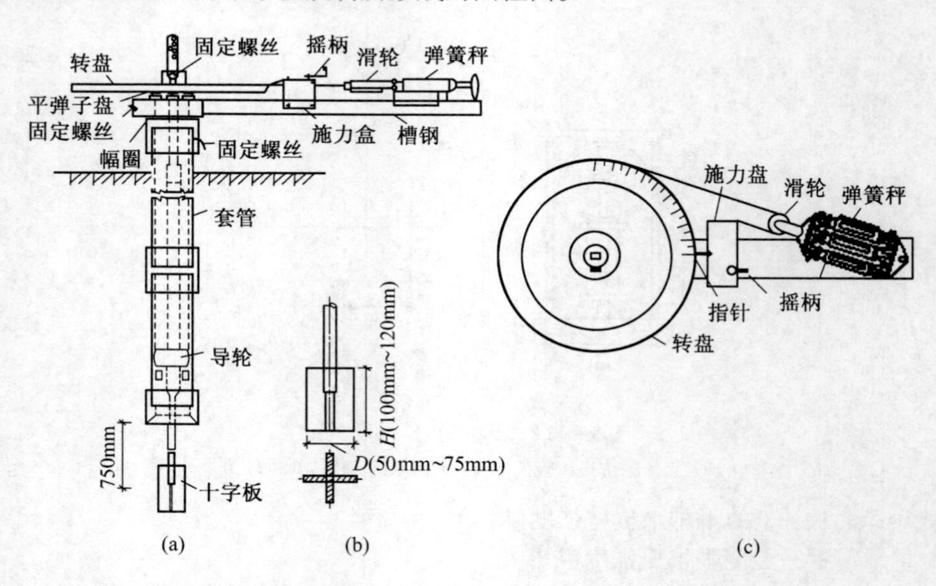

图 5－12　十字板剪力仪

(a) 剖面图；(b) 十字板；(c) 扭力设备。

设剪切破坏时所施加的扭矩为 M，则它应该与剪切破坏圆柱面（包括侧面和上、下面）上土的抗剪强度所产生的抵抗力矩相等，即

$$M = \pi DH \cdot \frac{D}{2}\tau_V + 2 \cdot \frac{\pi D^2}{4} \cdot \frac{D}{3} \cdot \tau_H \tag{5-27}$$

式中 M——剪切破坏时的扭矩（kN·m）；

τ_V、τ_H——剪切破坏时的圆柱体侧面和上下面土的抗剪强度（kPa）；

H、D——十字板的高度和直径（m）。

在实际土层中，τ_V 和 τ_H 是不同的。G. 爱斯（Aas，1965）曾利用不同的 D/H 的十字板剪力仪测定饱和软黏土的抗剪强度。试验结果表明：对于所试验的正常固结饱和软黏土，$\tau_H/\tau_V = 1.5 \sim 2.0$；对于稍超固结的饱和软黏土，$\tau_H/\tau_V = 1.1$。这一试验结果说明天然土层的抗剪强度是非等向的，即水平面上的抗剪强度大于垂直面上的抗剪强度。这主要是由于水平面上的固结压力大于侧向固结压力的缘故。

实用上为了简化计算，在常规的十字板试验中仍假设 $\tau_H = \tau_V = \tau_f$，将这一假设代入式（5-27），得

$$\tau_f = \frac{2M}{\pi D^2\left(H + \frac{D}{3}\right)} \tag{5-28}$$

式中 τ_f——在现场由十字板测定的土的抗剪强度（kPa）；

其余符号同前。

由十字板在现场测定的土的抗剪强度，属于不排水剪切的试验条件，因此其结果一般与无侧限抗压强度试验结果接近，即 $\tau_f \approx q_u/2$。

5.3.5 抗剪强度指标与剪切试验的选用

试验和工程实践都表明，土的抗剪强度随土体受力后的排水固结状况的不同而变化。不同性质的土层和加荷速率，引起的土体排水固结状态是不一样的，如软土地基上快速修建建筑物，由于加荷速度快，土的渗透性差，则这种情况下土的强度和稳定性问题分析是基于不排水条件进行的。再如地基为粉土和粉质黏土薄层，上下都存在透水层（如砂土层）形成两面排水，在此条件下若施工周期较长，地基土能充分排水固结，则这种情况下的强度和稳定性问题分析是基于排水条件进行的。因此，在确定土的抗剪强度指标时，要求室内的试验条件能模拟实际工程中土体的排水固结状况。为了模拟土体在现场受

剪时的排水固结条件，三轴压缩试验和直接剪切试验分别有三种不同的试验方法，而且在理论上它们是两两相对应的。如当黏土层较厚、渗透性能较差，施工速度较快的工程的施工期和竣工期可采用不固结不排水剪试验（或快剪试验）的强度指标；如当黏土层较薄，渗透性较大，施工速度较慢工程的竣工期可采用固结不排水剪试验（固结快剪试验）的强度指标等。需要强调的是直剪试验中的“快”与“慢”仅是“不排水”与“排水”的等义词，是为了通过快和慢的剪切速率来解决土样的排水条件问题，而并不是解决剪切速率对强度的影响。

由于采用有效应力法及相应指标进行工程设计与计算，概念明确，指标稳定，所以该法是一种比较合理的方法。当用有效应力法进行工程设计时，应选用有效强度指标。有效强度指标可用直剪试验的慢剪、三轴压缩试验的固结排水剪和固结不排水剪等方法测定。

由于前述直剪和三轴压缩试验的优缺点，在实际工程中，直剪试验通常应用于一般工程，而三轴压缩试验则大多在重要工程中应用。

5.4 土的剪切性状

前面介绍了测定土的抗剪强度的试验仪器及其试验的一般原理和方法，并讨论了土的抗剪强度的一般规律，但对土在剪切试验中的某些性状，影响土抗剪强度的某些因素，如密度、应力历史等都未涉及。本节将就土在剪切试验中表现出的抗剪强度特性进行进一步讨论。

5.4.1 砂性土的剪切性状

由于砂土的透水性强，它在现场的受剪过程大多相当于固结排水剪情况，由固结排水剪试验求得的强度包线一般为通过坐标原点的直线，可表达为

$$\tau_f = \sigma \cdot \tan\varphi_d \tag{5-29}$$

式中 φ_d——固结排水剪求得的内摩擦角。

砂土的抗剪强度将受到其密度、颗粒形状、表面粗糙度和级配等因素的影响。对于一定的砂土来说，影响抗剪强度的主要因素是其初始孔隙比（或初始干密度）。初始孔隙比越小，（土越紧密），则抗剪强度越高，反之，初始孔隙比越大（土越疏松），则抗剪强度越低。此外，同一种砂土在相同的初始孔隙比下饱和时的内摩擦角比干燥时稍小（一般小 2°左右）。说明砂土浸水后强度降低。几种砂土在不同密度时的内摩擦角典型值见表 5-2。

表 5-2　砂土的内摩擦角典型值

土　类	内 摩 擦 角/(°)		
	松(休止角)	峰值强度	
		中密	密
无塑性粉土	26~30	28~32	30~34
均匀细砂到中砂	26~30	30~34	32~36
级配良好的砂	30~34	34~40	38~46
砾砂	32~36	36~42	40~48

砂土的初始孔隙比不同,在受剪过程中将显示出非常不同的性状。图5-13表示松砂或密砂在剪切过程中其体积变化的示意图。如图可知,松砂受剪时,颗粒滚落到平衡位置,排列得更紧密些,出现体积缩小,如图5-13所示,这种因剪切而体积缩小的现象称为剪缩性;反之,密砂受剪时,颗粒必须升高以离开它们原来的位置而彼此才能相互滑过,从而导致体积显著膨胀,如图5-13所示,这种因剪切而体积膨胀的现象称为剪胀性。然而,紧砂的这种剪胀趋势随着周围压力的增大,土粒的破碎,而逐渐消失。在高周围压力下,不论砂土的松紧如何,受剪都将剪缩。

不同初始孔隙比的试样,在同一压力下进行剪切试验,可以得出初始孔隙比 e_0 与体积变化 $\Delta V/V$ 之间的关系,如图5-14所示,相应于体积变化为零的初始孔隙比称为临界孔隙比,以 e_{cr} 表示。如果饱和砂土的初始孔隙比 e_0 大于临界孔隙比 e_{cr},则在剪应力作用下由于剪缩必然使孔隙水压力增高,而有效应力降低,致使砂土的抗剪强度降低;反之,初始孔隙比 e_0 小于 e_{cr} 的土样在剪切过程中将发生剪胀,如图5-13所示。当饱和松砂受到动荷载作用(如地震),由于孔隙水来不及排出,孔隙水压力不断增加,就有可能使有效应力降低到零,因而使砂土像流体那样完全失去抗剪强度,这种现象称为砂土的液化,因此,临界孔隙比对研究砂土液化也具有重要意义。

对于同一种砂土,其初始孔隙不同时,在相同周围压力 σ_3 作用下,所表现出的应力—应变特征是不一样的,如图5-13所示。松砂的应力—应变曲线没有一个明显的峰值,剪应力随着剪应变的增加而增大,随应变呈硬化型,最后趋于某一恒定值;而密砂的应力—应变曲线呈软化型曲线,即具有明显的峰值(最大值)强度,过此峰值以后剪应力便随剪应变的增加而降低,最后趋于松砂相同的恒定值,如图5-13所示。这一恒定的强度通常称为残余强度或最终强度,以 τ_r 表示。紧砂的这种强度减小被认为是剪位移克服了土粒之间的咬合作用之后,砂土结构崩解变松的结果。

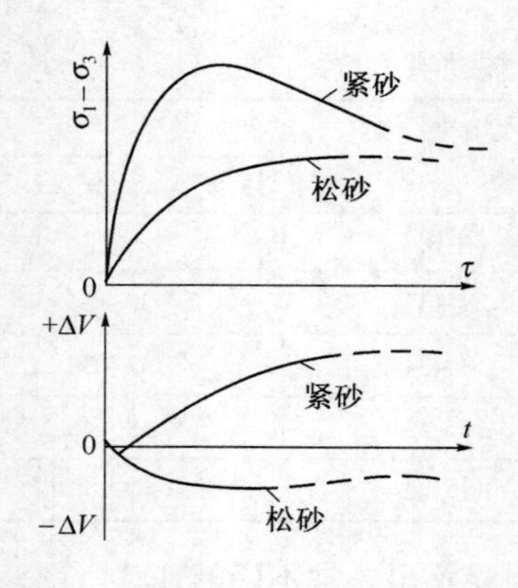

图 5－13　砂土受剪时的体积变化情况

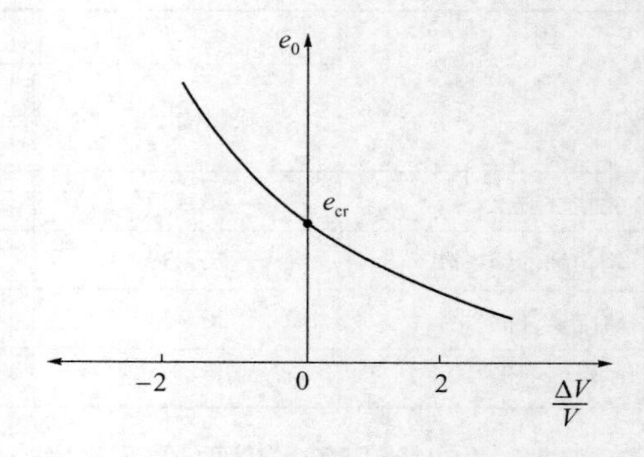

图 5－14　砂土的临界孔隙比

5.4.2　黏性土的剪切性状

广义的黏性土包括粉土。饱和黏性土、粉土的抗剪强度最好由三轴压缩试验测定，三轴压缩试验按剪切前的固结状态和剪切时的排水条件可分为三种：不固结不排水抗剪强度，简称不排水抗剪强度；固结不排水抗剪强度；固结排水抗剪强度，简称排水抗剪强度。

1. 不固结不排水强度(UU)

不固结不排水试验是在施加周围压力和轴向压力直至剪切破坏的整个试验过程中都不允许排水，如果有一组饱和黏性土试件，都先在某一周围压力下固结至稳定，试件中的初始孔隙水压力为静水压力，然后分别在不排水条件下施加周围压力和轴向压力直至剪切破坏，试验结果如图 5－15 所示。图中三个实线半圆 A、B、C 分别表示三个试件在不同 σ_3 的作用下，破坏时的总应力圆，虚线表示有效应力圆。

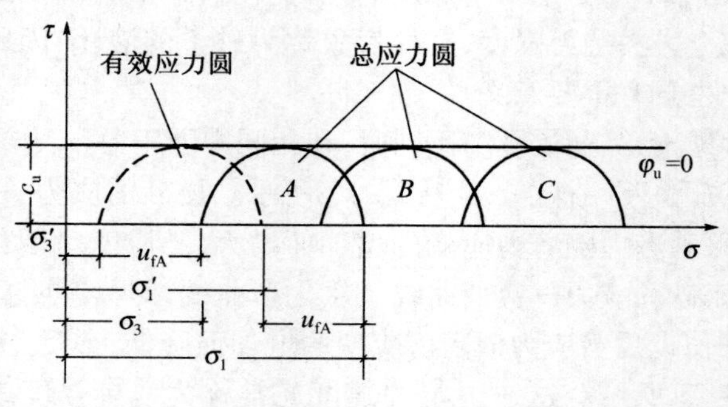

图 5－15　饱和黏性土、粉土不排水试验结果

试验结果表明，虽然三个试件的周围压力 σ_3 不同，但破坏时的主应力差相等，在 $\tau_f - \sigma$ 图上表现出三个总应力圆直径相同，因而破坏包线是一条水平线，即

$$\varphi_u = 0 \tag{5-30a}$$

$$\tau_f = c_u = (\sigma_1 - \sigma_3)/2 \tag{5-30b}$$

式中 φ_u——不排水内摩擦角(°)；

c_u——不排水抗剪强度(kPa)。

在试验中如果分别量测试样破坏时的孔隙水压力 u_f，试验成果可以用有效应力整理，结果表明，三个试件只能得到同一个有效应力圆，并且有效应力圆的直径与三个总应力圆直径相等，即

$$\sigma'_1 - \sigma'_3 = (\sigma_1 - \sigma_3)_A = (\sigma_1 - \sigma_3)_B = (\sigma_1 - \sigma_3)_C \tag{5-31}$$

这是由于在不排水条件下，试样在试验过程中含水量不变，体积不变，饱和黏性土的孔隙压力系数 $B=1$，改变周围压力增量只能引起孔隙水压力的变化，并不会改变试样中的有效应力，各试件在剪切前的有效应力相等，因此抗剪强度不变。

由于一组试件试验的结果，只能得到一个有效应力圆，并且它的直径与一组总应力圆的直径相等（图 5-15），因此，不固结不排水剪试验不能得到有效应力强度包线，当然也就得不到有效抗剪强度指标 c'、φ'。所以此试验一般只用于测定饱和土的不排水强度。

不固结不排水试验的“不固结”是在三轴压力室压力下不再固结，而保持试样原来的有效应力不变，如果饱和黏性土从未固结过，将是一种泥浆状土，抗剪强度也必然等于零。一般从天然土层中取出的试样，相当于在某一压力下已经固结，总具有一定天然强度。

2. 固结不排水强度(CU)

饱和黏性土固结不排水剪试验时，试样在周围压力 σ_3 作用下充分排水固结稳定。此时试样中超孔隙水压力（孔隙水压力增量）为零。然后在不排水条件下逐渐施加轴向压力直至剪切破坏。图 5-16 表示正常固结饱和黏性土、粉土固结不排水试验结果，图中以实线表示的为总应力圆和总应力破坏包线，如果试验时量测孔隙水压力，试验结果可以用有效应力整理，图中虚线表示有效应力圆和有效应力破坏包线，u_f 为剪切破坏时的孔隙水压力，由于 $\sigma'_1 = \sigma_1 - u_f$、$\sigma'_3 = \sigma_3 - u_f$，故 $\sigma'_1 - \sigma'_3 = \sigma_1 - \sigma_3$，即有效应力圆与总应力圆直径相等，但位置不同，两者之间的距离为 u_f，因为正常固结试样在剪切破坏时产生正的孔隙水压力，故有效应力圆在总应力圆的左方。总应力破坏包线和有效应力破坏包线都通过原

点，说明未受任何固结压力的土（如泥浆状土）不会具有抗剪强度。总应力破坏包线的倾角以 φ_{cu} 表示，一般为 10°～20°；有效应力破坏包线的倾角 φ' 称为有效内摩擦角，φ' 比 φ_{cu} 大一倍左右。

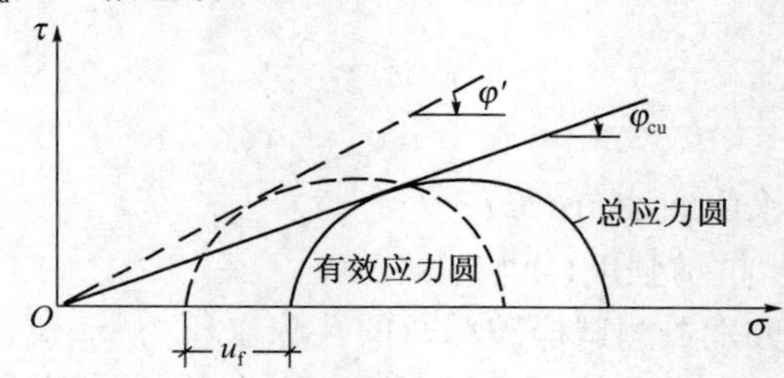

图 5－16　正常固结饱和黏性土、粉土固结不排水试验结果

在相同的周围压力 σ_3 条件下，超固结土的剪前孔隙比比正常固结土的剪前孔隙比小，剪切破坏时就有较小的孔隙水压力，甚至产生负孔隙水压力，因此也就有较大的总应力圆。所以超固结土的固结不排水总应力破坏包线如图 5－17(a)所示，要高于正常固结土的强度包线，是一条略平缓的曲线。可近似用直线 ab 代替，与正常固结破坏包线 bc 相交，bc 线的延长线仍通过原点，实用上将 abc 折线取为一条直线，如图 5－17(b)所示，总应力强度指标为 c_{cu} 和 φ_{cu}，于是，固结不排水剪切的总应力破坏包线可表示为

$$\tau_f = c_{cu} + \sigma\tan\varphi_{cu} \tag{5-32}$$

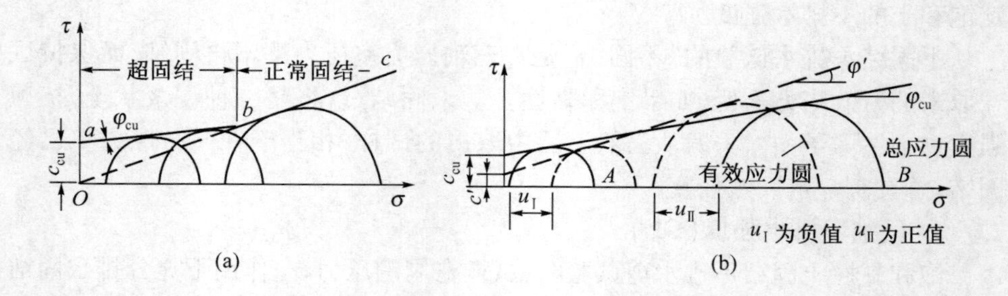

图 5－17　超固结土的固结不排水试验结果

如以有效应力表示，有效应力圆和有效应力破坏包线如图中虚线所示，由于超固结土在剪切破坏时，产生负的孔隙水压力，有效应力圆在总应力圆的右方（图中圆 A），正常固结试样产生正的孔隙水压力，故有效应力圆在总应力圆的左方（图中圆 B），有效应力强度包线可表示为

$$\tau_f = c' + \sigma'\tan\varphi' \tag{5-33}$$

式中　c', φ'——固结不排水试验得出的有效应力强度参数，通常 $c' < c_{cu}$，$\varphi' > \varphi_{cu}$。

3. 固结排水强度(CD)

固结排水剪试验允许试样自始到终充分排水,因此孔隙水压力始终为零,总应力最后全部转化为有效应力,总应力圆就是有效应力圆,总应力强度包线就是有效应力强度包线。

图5-18为排水试验结果,正常固结土的破坏包线通过原点,如图5-18(a)所示,黏聚力 $c_d=0$,内摩擦角 φ_d 为20°~40°,超固结土的破坏包线略弯曲,实用上近似取为一条直线代替,如图5-18(b)所示,c_d 为5kPa~25kPa,φ_d 比正常固结土的内摩擦角要小。

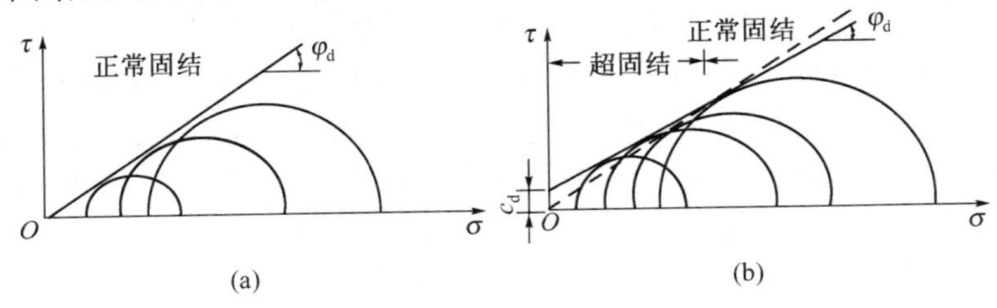

图5-18　固结排水试验结果

(a) 正常固结;(b) 超固结。

试验证明,c_d、φ_d 与固结不排水试验得到的 c'、φ' 很接近,由于排水试验所需的时间太长,故实用上以 c'、φ' 代替 c_d 和 φ_d,但是两者的试验条件是有差别的,固结不排水试验在剪切过程中试样的体积保持不变,而固结排水试验在剪切过程中试样的体积一般要发生变化,c_d、φ_d 略大于 c'、φ'。

图5-19表示同一种黏性土分别在三种不同排水条件下的试验结果,由图可见,对于同一种正常固结的饱和黏土,当采用三种不同的试验方法来测定其抗剪强度时,其强度包线是不同的。其中UU试验结果是一条水平线,CU和CD

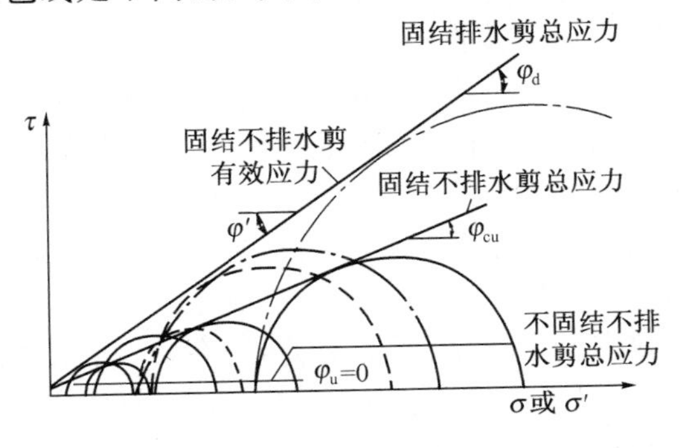

图5-19　三种试验方法结果比较

试验是一条通过坐标原点的直线。三种方法所得到的强度指标间的关系是 $c_u > c_{cu} = c_d = 0, \varphi_d > \varphi_{cu} > \varphi_u = 0$。如果以总应力表示，将得出完全不同的试验结果，而以有效应力表示，则不论采用那种试验方法，都得到近乎同一条有效应力破坏包线，由此可见，抗剪强度与有效应力有唯一的对应关系。

对于超固结饱和黏土，当采用三种不同的试验方法来测定其抗剪强度时，其强度包线是不同的。其中 UU 试验是一条水平线，CU 和 CD 试验是一条不通过坐标原点的直线（实际上是微弯的曲线，但实用上可用直线来代替）。它们的强度指标关系是 $c_u > c_{cu} > c_d, \varphi_d > \varphi_{cu} > \varphi_u = 0$。

4. 黏性土抗剪强度指标与其相应的压缩试验方法的选择

黏性土的强度性状不仅随剪切条件不同而异，而且还受许多因素（如土的各向异性、应力历史、蠕变等）的影响。此外对于同一种土，强度指标与试验方法以及试验条件都有关，实际工程问题的情况又是千变万化的，用实验室的试验条件去模拟现场条件毕竟还会有差别。因此，对于某个具体工程问题，如何确定黏性土的抗剪强度指标并不是一件容易的事情。

首先要根据工程问题的性质确定三种不同排水的试验条件，进而决定采用总应力或有效应力的强度指标，然后选择室内或现场的试验方法。一般认为，由三轴固结不排水试验确定的有效应力强度 c' 和 φ' 宜用于分析地基的长期稳定性（例如土坡的长期稳定性分析，估计挡土结构物的长期土压力、位于软土地基上结构物的长期稳定分析等）；而对于饱和软黏土的短期稳定性问题，则宜采用不固结不排水试验的强度指标 c_u，即 $\varphi_u = 0$，以总应力法进行分析。一般工程问题多采用总应力法分析，其指标和测试方法的选择大致如下：

若建筑物施工速度较快，而地基土的透水性和排水条件不良时，可采用三轴仪不固结不排水试验或直剪仪快剪试验的结果；如果地基荷载增长速率较慢，地基土的透水性不太小（如低塑性的黏土）以及排水条件又较佳时（如黏土层中夹砂层），则可以采用固结排水或慢剪试验结果；如果介于以上两种情况之间，可用固结不排水或固结快剪试验结果。由于实际加荷情况和土的性质是复杂的，而且在建筑物的施工和使用过程中都要经历不同的固结状态，因此，在确定强度指标时还应结合工程经验。

土的抗剪强度指标的实际应用，A. 辛格（Singh，1976）对一些工程问题需要采用的抗剪强度指标及其测定方法列了一个表（表 5-3），可供参考。该表的主要精神是推荐用有效应力法分析工程的稳定性；在某些情况下，如应用于饱和黏性土的稳定性验算，可用 $\varphi_u = 0$ 总应力法分析。该表具体应用时，仍需结合工程的实际条件，不能照搬。如果采用有效应力强度指标 c'、φ'，还需要准确测定土体的孔隙水压力分布。

表5-3　工程问题和强度指标的选用

工程类别	需要解决问题	强度指标	试验方法	备　注
1. 位于饱和黏土上结构或填方的基础	1. 短期稳定性 2. 长期稳定性	$c_u, \varphi_u=0$ c', φ'	不排水三轴或无侧限抗压试验;现场十字板试验排水或固结不排水试验	长期安全系数高于短期的
2. 位于部分饱和砂和粉质砂土上的基础	短期和长期稳定性	c', φ'	用饱和试样进行排水或固结不排水试验	可假定 $c'=0$,最不利的条件室内在无荷载下将试样饱和
3. 无支撑开挖地下水位以下的紧密黏土	1. 快速开挖时的稳定性 2. 长期稳定性	$c_u, \varphi_u=0$ c', φ'	不排水试验 排水或固结不排水试验	除非有专用的排水设备降低地下水位,否则长期安全系数是最小的
4. 开挖坚硬的裂缝土和风化黏土	1. 短期稳定性 2. 长期稳定性	$c_u, \varphi_u=0$ c', φ'	不排水试验 排水或固结不排水试验	试样应在无荷载下膨胀现场的 c' 比室内测定的要低,假定 $c'=0$ 较安全
5. 有支撑开挖黏土	抗挖方底面的隆起	$c_u, \varphi_u=0$	不排水试验	
6. 天然边坡	长期稳定性	c', φ'	排水或固结不排水试验	对坚硬的裂缝黏土,假定 $c'=0$。对特别灵敏的黏土和流动性黏土,室内测定的 φ 偏大,不能采用 $\varphi_u=0$ 分析
7. 挡土结构物的土压力	1. 估计挖方时的总压力 2. 估计长期土压力	$c_u, \varphi_u=0$ c', φ'	不排水试验 排水或固结不排水试验	$\varphi_u=0$ 分析,不能正确反映坚硬裂缝黏土的性状,在应力减小情况下,甚至开挖后短期也不行

（续）

工程类别	需要解决问题	强度指标	试验方法	备注
8. 不透水的土坝	1. 施工期或完工后的短期稳定性 2. 稳定渗流期的长期稳定性 3. 水位骤降时的稳定性	c',φ' c',φ' c',φ'	排水或固结不排水试验 排水或固结不排水试验 排水或固结不排水试验	试样用填筑含水量（或施工期具有的含水量范围）增加试样含水量，将大大降低 c'，但 φ 几乎无变化 在稳定渗流和水位聚降两种情况下，对试样施加主应力差之前，应使试样在适当范围内软化，假定 $c'=0$ 针对稳定渗流做排水试验时，可使水在小水头下流过试样模拟坝体透水作用
9. 透水土坝	上述三种稳定性	c',φ'	排水试验	对自由排水材料采用 $c'=0$
10. 黏土地基上的填方，其施工速率允许土体部分固结	短期稳定性	c_u,$\varphi_u=0$ 或 c',φ'	不排水试验；排水或固结不排水试验	不能肯定孔隙水压力消散速率，对所有重要工程都应进行孔隙水压力观测

［例 5-3］ 从某·饱和黏土样中切取三个试样进行固结不排水剪试验。三个试样分别在周围压力 σ_3 为 60kPa、100kPa 和 150kPa 下固结，剪破时大主应力 σ_1 分别为 143kPa、220kPa 和 313kPa，同时测得剪破时的孔隙水应力依次为 23kPa、40kPa 和 67kPa。试求总应力强度指标 c_{cu}、φ_{cu} 和有效应力强度指标 c'、φ'。

解： 根据试样剪破时三组相应的 σ_1 和 σ_3 值，在 $\tau-\sigma$ 坐标平面内的 σ 轴上按 $(\sigma_1+\sigma_3)/2$ 值定出极限应力圆的圆心，再以 $(\sigma_1-\sigma_3)/2$ 值为半径分别作圆，此即剪破时的总应力圆。作这些圆的近似公切线，量得 c_{cu} 为 10kPa，φ_{cu} 为 18°。按剪破时正的孔隙水应力值，把三个总应力圆分别左移 u_f 距离，即得剪破时的有效应力圆。作这些圆的近似公切线，得 c' 为 6kPa，φ' 为 27°。

［例 5-4］ 某正常固结饱和黏性土试样在三轴仪中进行固结不排水试验，施加周围压力 $\sigma_3=200$kPa，试件破坏时的主应力差 $\sigma_1-\sigma_3=280$kPa，如果破坏面与水平面的夹角 $\alpha_f=57°$，试求破坏面上的法向应力和剪应力以及试件中的最大剪应力。

解：由总应力法：

$$\sigma_1 = 280 + 200 = 480\text{kPa} \qquad \sigma_3 = 200\text{kPa}$$

$$\alpha_f = 57°$$

按式(5-4)、式(5-5)计算破坏面上的法向应力 σ 和剪应力 τ：

$$\sigma = (1/2)(\sigma_1 + \sigma_3) + (1/2)(\sigma_1 - \sigma_3)\cos 2\alpha_f = 283\text{kPa}$$

$$\tau = (1/2)(\sigma_1 - \sigma_3)\sin 2\alpha_f = 128\text{kPa}$$

最大剪应力发生在 $\alpha = 45°$的平面上，得

$$\tau_{max} = (\sigma_1 - \sigma_3)/2 = 140\text{kPa}$$

[例5-5] 在例5-4中，由试样固结不排水试验结果，测得孔隙水压力 $u_f = 180\text{kPa}$，有效内摩擦角 $\varphi' = 25°$，有效黏聚力 $c' = 80\text{kPa}$，试说明为什么试样的破坏面发生在 $\alpha_f = 57°$的平面而不发生在最大剪应力的作用面?

解：由有效应力法：

$$\sigma'_1 = 480 - 180 = 300\text{kPa} \qquad \sigma'_3 = 200 - 180 = 20\text{kPa}$$

$$\tau_{max} = (\sigma_1 - \sigma_3)/2 = (\sigma'_1 - \sigma'_3)/2 = 140\text{kPa}$$

在破坏面上的有效正应力 σ'和抗剪强度τ_f 计算如下：

$$\sigma' = \sigma - u = 283 - 180 = 103\text{kPa}$$

$$\tau_f = c' + \sigma'\tan\varphi' = 80 + 103\tan 25° = 128\text{kPa}$$

可见，在 $\alpha = 57°$的平面上土的抗剪强度等于该面上的剪应力，即$\tau_f = \tau = 128\text{kPa}$，故在该面上发生剪切破坏。

在最大剪应力的作用面($\alpha = 45°$)上：

$$\sigma = 1/2(480 + 200) + 1/2(480 - 200)\cos 90° = 340\text{kPa}$$

$$\sigma' = 1/2(300 + 20) + 1/2(300 - 20)\cos 90° = 160\text{kPa}$$

或

$$\sigma' = \sigma - u = 340 - 180 = 160\text{kPa}$$

$$\tau_f = c' + \sigma'\tan\varphi' = 80 + 160\tan 25° = 155\text{kPa}$$

由例5-4算得在 $\alpha = 45°$的平面上最大剪应力 $\tau_{max} = 140\text{kPa}$，可见，在该面上剪应力虽然比较大($>128\text{kPa}$)，但抗剪强度 τ_f($= 155\text{kPa}$)大于剪应力 τ_{max}，故在剪应力最大的作用平面上不发生剪切破坏。

5.5 影响抗剪强度的主要因素

由库仑定律可知，土的抗剪强度取决于抗剪强度指标 c 和 φ 以及法向应力 σ。

5.5.1 影响抗剪强度指标的因素

c 和 φ 主要来源于土粒间的分子引力、土中化合物的胶结作用和土粒间的摩擦力和嵌合作用。而上述这些都受到土的物理化学性质、孔隙水压力等的影响。如砂土中的石英含量多，内摩擦角 φ 就大，而云母矿物含量多，则内摩擦角 φ 就小；黏性土的矿物成分不同，黏土表面的电分子引力不同，其黏结力也不一样，土中含有的各种胶结物质可使 c 增大；土颗粒表面越粗糙、粒径越大，其内摩擦角 φ 也越大，土颗粒间接触点多且紧密，则土粒之间的表面摩擦力及土粒咬合力越大（内摩擦角 φ 越大），黏结力也越大；当土中含水量增加时，土的内摩擦角 φ 将减小；当黏性土尤其是软黏土的天然结构遭到破坏后，则其黏聚力 c 会降低。

5.5.2 土的应力及应力历史对抗剪强度的影响

土的抗剪强度随剪切面上的有效法向应力 σ' 的变化而变化。σ' 越大，抗剪强度越大，反之，则越小。

不同应力历史状态下的土体，因其所受到的固结压力不一样，造成土的剪前孔隙比也不一样。这将对土的抗剪强度产生影响。图 5－20（a）表示剪前固结压力与剪前孔隙比之间的关系曲线。图中 $a \to b \to c \to d$ 线表示正常固结过程，当

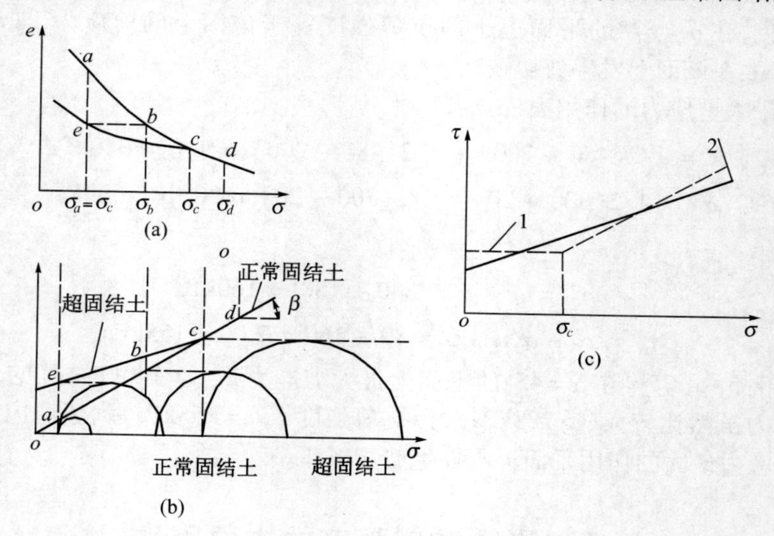

图 5－20 应力历史对强度的影响

（a）$e-\sigma$ 曲线；（b）$c_u-\sigma$ 曲线；（c）实际与简化的强度包线。

试样落在该线上时，说明它的现有固结压力等于它曾受到的过的最大固结压力（前期固结压力），属正常固结试样。图中 $c \sim e$ 线表示卸荷回弹或膨胀曲线，当试样落在该线上时，则表示它的固结压力小于前期固结压力，属超固结试样。图 5－20（b）给出了不同固结压力下三轴压缩试验（固结不排水剪试验方法）求得的极限总应力圆及抗剪强度包线，从图中可以看出，在相同的剪前固结压力作用下（图中的 a 点和 e 点），由于试样所受的应力历史不同，超固结土比正常固结土有较小的剪前孔隙比，因而剪切破坏时的孔隙水压力比正常固结土的小，甚至可能出现负值，所以根据有效应力原理，土中有效应力就大，土的抗剪强度也大。因此，在图中也反映出前者的抗剪强度大于后者的抗剪强度，即 e 点比 a 点高。所以应力历史对土的抗剪强度会产生一定的影响。若考虑应力历史的影响，试样的强度包线实际上应是两条直线组成的折线，如图 5－20（b）中折线 $abcd$ 和图 5－20（c）中 1 线，该折线可近似以直线表示，如图 5－20（c）中 2 线所示，这也说明通常用直线来表示的库仑强度包线只是一种近似的结果。

5.5.3 应力路径

对加荷过程中的土体内某点，其应力状态的变化可在应力坐标图中以莫尔应力圆上一个特征点的移动轨迹表示，这种轨迹称为应力路径。在三轴压缩试验中，如果保持 σ_3 不变，逐渐增加 σ_1，这个应力变化过程可以用一系列应力圆表示。为了避免在一张图上画很多应力圆使图面很不清晰，可在圆上适当选择一个特征点来代表一个应力圆。常用的特征点是应力圆的顶点（剪应力为最大），其坐标为 $p = (\sigma_1 + \sigma_3)/2$ 和 $q = (\sigma_1 - \sigma_3)/2$（图 5－21（a））。按应力变化过程顺序把这些点连接起来就是应力路径（图 5－21（b）），并以箭头指明应力状态发展方向。

加荷方法不同，应力路径也不同，在三轴压缩试验中，如果保持 σ_3 不变，逐渐增加 σ_1，最大剪应力面上的应力路径为图 5－22 所示的 AB 线，如保持 σ_1 不变，逐渐减少 σ_3，则应力路径为图 5－22 所示的 AC 线。

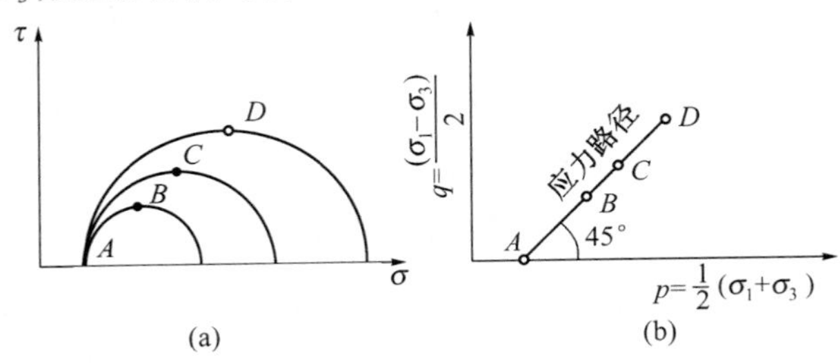

图 5－21　应力路径

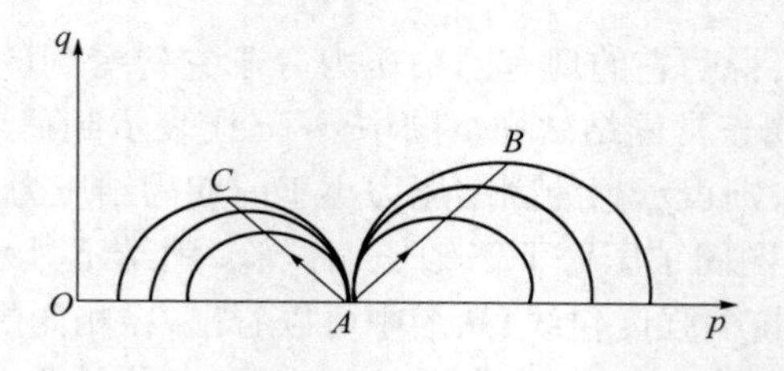

图 5－22　不同加荷方式下的应力路径

应力路径可以用来表示总应力的变化也可以表示有效应力的变化，图 5－23(a)表示正常固结黏土三轴固结不排水试验的应力路径，图中总应力路径 AB 是直线，而有效应力路径 AB' 则是曲线，两者之间的距离即为孔隙水压力 u_f，因为正常固结黏土在不排水剪切时产生正的孔隙水压力，如果总应力路径 AB 线上任意一点的坐标为 $q=(\sigma_1-\sigma_3)/2$ 和 $p=(\sigma_1+\sigma_3)/2$，则相应于有效应力路径 AB' 上该点坐标 $q=(\sigma_1-\sigma_3)/2=(\sigma'_1-\sigma'_3)/2$，$p'=(\sigma_1+\sigma_3)/2-u_f$，故有效应力路径在总应力路径的左边，从 A 点开始，沿曲线至 B' 点剪破，图中 K_f 线和 K'_f 线分别为以总应力和有效应力表示的极限应力圆顶点的连线，u_f 为剪切破坏时的孔隙水压力。图 5－23(b)为超固结土的应力路径，AB 和 AB' 为弱超固结试样的总应力路径和有效应力路径，由于弱超固结土在受剪过程中产生正的孔隙水压力，故有效应力路径在总应力路径左边；CD 和 CD' 表示某一强超固结试样的应力路径，由于强超固结试样开始出现正的孔隙水压力，以后逐渐转为负值，故有效应力路径开始在总应力路径左边，后来逐渐转移到右边，至 D' 点剪切破坏。

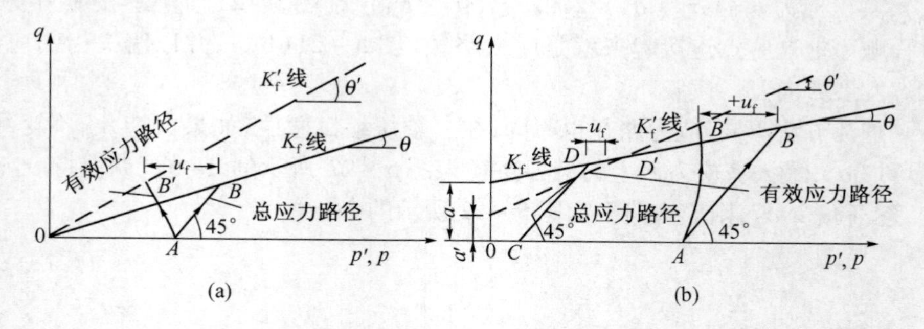

图 5－23　三轴压缩固结不排水试验中的应力路径
(a) 正常固结；(b) 超固结。

利用固结不排水试验的有效应力路径确定的 K'_f 线，可以求得有效应力强度参数 c' 和 φ'。多数试验表明，在试件发生剪切破坏时，应力路径发生转折或趋向于水平，因此认为应力路径的转折点可作为判断试件破坏的标准，将 K'_f 线与破坏包线绘在同一张图上，设 K'_f 线与纵坐标的截距为 a'，倾角为 θ'，由图 5－24 不难证明，θ'、a'与 c'、φ'之间有如下关系：

$$\sin\varphi' = \tan\theta' \tag{5-34}$$

$$c' = \alpha'/\cos\varphi' \tag{5-35}$$

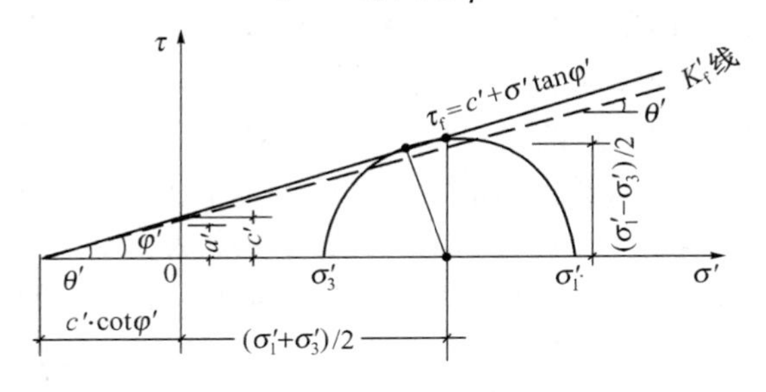

图 5－24　θ'、a'与 c'、φ'之间的关系

这样，就可以根据 θ'、a'反算 c'、φ'，这种方法称为应力路径法，该法比较容易从同一批土样而较为分散的试验结果中得出 c'、φ'值。

由于土体的变形和强度不仅与受力的大小有关，更重要的还与土的应力历史有关，土的应力路径可以模拟土体实际的应力历史，全面地研究应力变化过程对土的力学性质的影响，因此，土的应力路径对进一步探讨土的应力—应变关系和强度都具有十分重要的意义。

复习思考题

1. 土的抗剪强度指标实质上是抗剪强度参数，也就是土的强度指标，为什么？

2. 土的抗剪强度是一个定值吗？为什么？

3. 土体中发生剪切破坏的平面是不是剪应力最大的平面？在什么情况下，破坏面与最大剪应力面是一致的？如何确定剪切破坏面与小主应力作用面的夹角？

4. 测定土的抗剪强度指标主要有哪几种方法？同一种土所测定的抗剪强度指标是有变化的，为什么？

5. 试比较直剪试验和三轴压缩试验的土样的应力状态有什么不同？并指出直剪试验土样的大主应力方向。

6. 试述正常固结黏土、超固结黏土在 UU、CU、CD 三种试验中的应力—应变、孔隙水应力—应变（或体变—应变）特性。

7. 试述正常固结土和超固结土的总应力强度包线与有效强度包线的关系。

习　题

[5－1]　设地基内某点的大主应力为450kPa，小主应力为200kPa，土的摩擦角为20°，黏聚力为50kPa，问该点处于什么状态？

[5－2]　设地基内某点的大主应力为450kPa，小主应力为150kPa，孔隙水应力为50kPa，土的有效强度指标 $\varphi' = 30°$，$c' = 0$。问该点处于什么状态？

[5－3]　某土样进行直剪试验，在法向压力为100kPa、200kPa、300kPa、400kPa时，测得抗剪强度 τ_f 分别为52kPa、83kPa、115kPa、145kPa，试求：(1) 用作图方法确定该土样的抗剪强度指标 c 和 φ；(2) 如果在土中的某一平面上作用的法向应力为260kPa，剪应力为92kPa，该平面是否会剪切破坏？为什么？

[5－4]　某饱和黏性土无侧限抗压强度试验的不排水抗剪强度 c_u = 70kPa，如果对同一土样进行三轴不固结不排水试验，施加周围压力 σ_3 = 150kPa，试问土样将在多大的轴向压力作用下发生破坏？

[5－5]　某黏土试样在三轴仪中进行固结不排水试验，破坏时的孔隙水压力为 u_f，两个试件的试验结果为：试件Ⅰ：$\sigma_3 = 200$kPa　$\sigma_1 = 350$kPa　u_f = 140kPa；试件Ⅱ：$\sigma_3 = 400$kPa　$\sigma_1 = 700$kPa　$u_f = 280$kPa。

试求：(1) 用作图法确定该黏土试样的 c_{cu}、φ_{cu} 和 c'、φ'；(2) 试件Ⅱ破坏面上的法向有效应力和剪应力；(3) 剪切破坏时的孔隙压力系数 A。

[5－6]　某饱和黏性土在三轴仪中进行固结不排水试验，得 $c' = 0$，φ' = 28°，如果这个试件受到 $\sigma_1 = 200$kPa 和 $\sigma_3 = 150$kPa 的作用，测得孔隙水压力 u = 100kPa，问该试件是否会破坏？为什么？

[5－7]　某正常固结饱和黏性土试样进行不固结不排水试验得 $\varphi_u = 0$，$c_u = 20$kPa，对同样的土进行固结不排水试验，得有效抗剪强度指标 $c' = 0$，φ' = 30°，如果试样在不排水条件下破坏，试求剪切破坏时的有效大主应力和小主应力。

[5－8]　在5－7题中的黏土层，如果某一面上的法向应力 σ 突然增加到200kPa，法向应力刚增加时沿这个面的抗剪强度是多少？经很长时间后这个面的抗剪强度又是多少？

[5－9]　某黏性土试样由固结不排水试验得出有效抗剪强度指标 c' = 24kPa，$\varphi' = 22°$，如果该试样在周围压力 $\sigma_3 = 200$kPa 下进行固结排水试验至破坏，试求破坏时的大主应力 σ_1。

[5－10]　对某饱和黏性土进行无侧限抗压强度试验，测得该土样无侧限

抗压强度为 $q_u=82\text{kPa}$。试求该土样的抗剪强度τ_f 以及抗剪强度指标 c 和 φ。

[5-11] 某饱和黏性土试样进行三轴固结不排水剪试验，所施加的 $\sigma_3=120\text{kPa}$，相应的孔隙水压力 $u_1=105\text{kPa}$，达到剪切破坏时的强度值$(\sigma_1-\sigma_3)_f=100\text{kPa}$，相应的孔隙水压力 $u_f=75\text{kPa}$。求土的孔隙压力系数 B 和 A。

第6章　土压力和挡土墙

6.1　概　　述

6.1.1　挡土结构物

挡土结构物(也称挡土墙)是防止土体坍塌而修建的一种常见构筑物,在房屋建筑、桥梁、道路以及水利等工程中得到广泛应用。挡土墙常采用砖石、素混凝土、钢筋混凝土等材料制成。图6-1是几种常用的挡土墙实例。

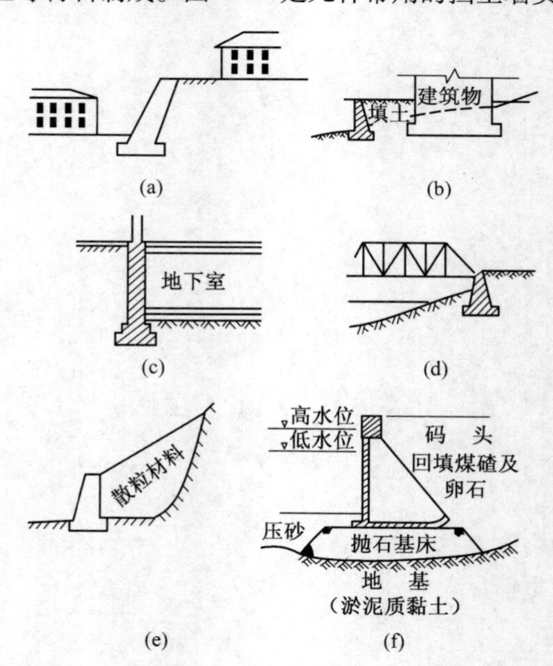

图6-1　挡土墙应用实例

(a) 山区防止土坡坍塌的挡土墙; (b) 支撑建筑物周围填土的挡土墙; (c) 地下室侧墙;
(d) 桥台; (e) 散体材料的挡土墙; (f) 码头岸墙。

挡土墙的作用是用来挡住墙后的填土并承受来自填土的压力，土体作用在挡土结构物上的压力称为土压力。土压力是进行挡土墙断面设计和稳定验算的重要荷载，为了使挡土墙能承受土压力的作用，必须在设计挡土墙前确定墙后土压力大小及其分布规律。

6.1.2 土压力类型

土压力的大小及其分布规律受墙体位移条件（包括大小和方向）、墙后土体性质、墙体形状与刚度、墙背物理特征、地面荷载等因素影响，但墙体位移是影响土压力诸多因素中最主要的。墙体位移的方向和位移量决定着所产生的土压力类型和土压力大小，根据挡土墙的位移情况和墙后土体所处的应力状态，可将土压力分为以下三种。

1. 静止土压力 E_0

挡土墙受侧向土压力后，墙身变形或位移很小，可认为墙不发生转动或位移，墙后土体没有发生破坏，仍处于弹性平衡状态，墙上承受的土压力称为静止土压力 E_0，如图 6－2（c）所示。地下室外墙、地下水池侧壁、涵洞的侧壁以及其他不产生位移的挡土构筑物均可按静止土压力计算。

2. 主动土压力 E_a

挡土墙在填土压力作用下，向着背离填土方向移动或沿墙根发生转动，直至土体达到极限平衡状态，形成剪切滑动面，此时的土压力称为主动土压力 E_a，如图 6－2（a）所示。实际中的挡土墙，绝大多数情况下属于主动土压力问题，是研究的重点。

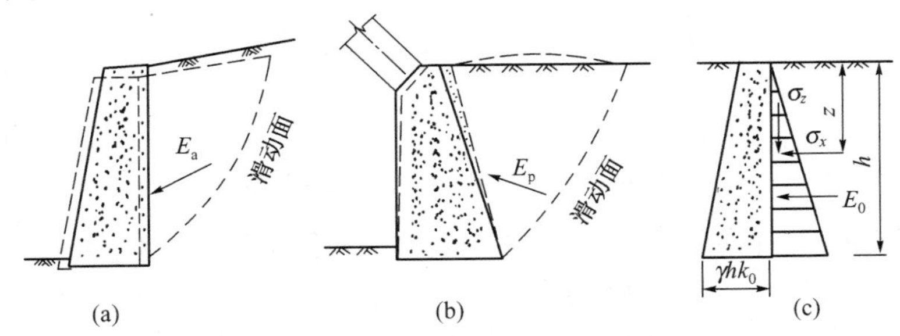

图 6－2　挡土墙的三种土压力

（a）主动土压力图示；（b）被动土压力图示；（c）静止土压力图示。

3. 被动土压力 E_p

挡土墙在外力作用下向着土体的方向移动或转动，土压力逐渐增大，直至土体达到极限平衡状态，形成剪切滑动面，此时的土压力称为被动土压力 E_p，如图

6－2(b)所示。当桥台受到桥上荷载推向土体达到极限状态时，土对桥台产生被动土压力；地下顶管法施工时，千斤顶后座土体受挤压，产生向后位移，达到土体极限平衡状态时，千斤顶顶板上作用被动土压力。

实际上，有时挡土墙的位移大小不足以达到产生主动土压力或被动土压力的条件，即墙后填土未必达到极限平衡状态。通常情况下，作用在墙上的土压力可能为主动土压力和被动土压力之间的某一数值，其大小与墙体的位移情况有关。如当挡土墙向土体方向由静止状态开始移动时，土压力由静止土压力逐渐增大，此时土压力小于被动土压力，当挡土墙位移增大至墙后土体达到极限平衡状态，产生图6－2(b)所示滑动面时，作用在挡土墙上的土压力才增大为被动土压力；当挡土墙由静止状态向离开土体方向移动时，土压力由静止土压力逐渐减小，此时土压力大于主动土压力，只有当挡土墙位移增大至墙后土体达到极限平衡状态，产生图6－2(a)所示滑动面时，土压力才成为主动土压力。

由上述分析可知，在墙背土压力作用下，墙体的位移方向决定了土压力的类型(性质)，而土压力值的大小由墙体位移量的大小决定。三种土压力(E_a、E_0、E_P)及相应位移的大小($\pm\Delta$)比较如图6－3所示。由图6－3可以看出：

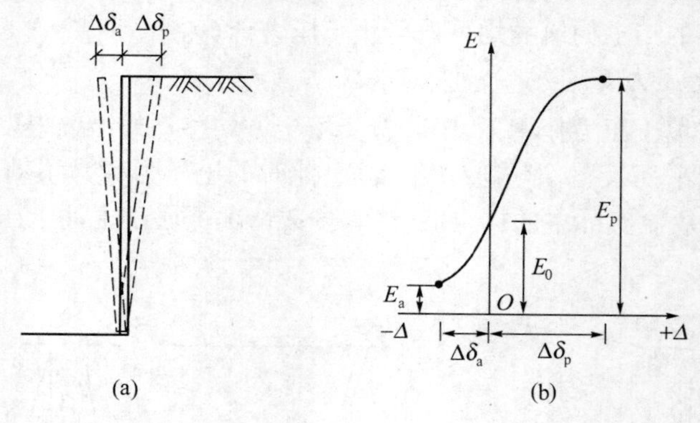

图6－3　土压力与墙身位移的关系

(1) 如果墙体向前位移($-\Delta$)但没有达到极限平衡状态时，墙背上的实际土压力要比极限平衡时的主动土压力 E_a 大；如果墙体向后位移($+\Delta$)但没有达到极限平衡状态时，墙背上的实际土压力要比达到极限平衡状态时的被动土压力 E_P 小得多；静止土压力处在 E_a 与 E_P 之间，即 $E_a < E_0 < E_P$。

(2) 产生被动土压力所需的位移量 $\Delta\delta_p$ 比产生主动土压力所需的位移量 $\Delta\delta_a$ 要大得多。经验表明，一般 $\Delta\delta_a$ 为$(0.001 \sim 0.005)H$(H 为挡土墙高)，而 $\Delta\delta_p$ 为$(0.01 \sim 0.1)H$，而 $\Delta\delta_p$ 这样大小的位移量实际上对工程常常是不容许的，因此，一般情况下只能利用被动土压力的一部分。

土压力的值随着墙的位移不断变化，因此作用在墙上的实际土压力值与墙的位移相关，而并非只有三种特定的值。在实际工程中，一般按三种特定状态的土压力（主动土压力、静止土压力、被动土压力）进行挡土墙设计，此时应该弄清实际工程与哪种状态较为接近。

6.2 静止土压力计算

静止土压力是挡土墙不发生任何位移时作用在墙后的土压力，此时墙后土体处于弹性平衡状态。一些修建在基岩或硬土层上断面很大的挡土墙，由于墙自重大，地基坚硬，墙体不会产生位移或变形很小，乃至可以忽略，此时可按静止土压力计算。

静止土压力相当于弹性半空间变形体在土的自重作用下无侧向变形时的水平侧压力，一般均考虑简单情况，即墙背垂直、光滑，墙后土体表面水平，此情况下，静止土压力可以按下述方法计算。

在墙背填土表面下任意深度 z 处取一单元体，如图 6-4 所示，其上作用着竖向土自重应力 γz，则该点的静止土压力强度为

$$\sigma_0 = K_0 \gamma z \qquad (6-1)$$

式中 σ_0——静止土压力强度（kPa）；

K_0——静止土压力系数；

γ——墙背填土的重度，地下水位下用有效重度（kN/m^3）。

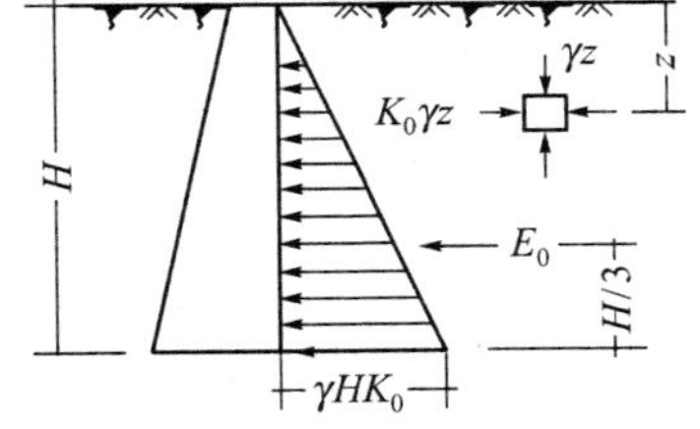

图 6-4 静止土压力强度分布

由式(6-1)可知，静止土压力的大小沿深度为线性变化。如果取单位墙长，则作用在墙上的静止土压力为

$$E_0 = \frac{1}{2}\gamma H^2 K_0 \qquad (6-2)$$

式中 E_0——静止土压力（kN/m），E_0 的作用点在距墙底 $H/3$ 处，与墙背垂直；

H——挡土墙高度（m）。

静止土压力计算的关键是静止土压力系数 K_0 的确定。静止土压力系数 K_0 的数值可通过室内的或原位的静止侧压力试验测定。其物理意义：在不允许有侧向变形的情况下，土样受到轴向压力增量 $\Delta\sigma_1$ 将会引起侧向压力的相应增量 $\Delta\sigma_3$，比值 $\Delta\sigma_3/\Delta\sigma_1$ 称为土的侧压力系数或静止土压力系数 K_0，即

$$K_0 = \frac{\Delta\sigma_3}{\Delta\sigma_1} = \frac{\mu}{1-\mu} \qquad (6-3)$$

式中　μ——土体泊松比。

静止土压力系数 K_0 与土的性质、密实程度等因素有关，一般砂土可取 0.35 ~ 0.50；黏性土为 0.50 ~0.70。对于无黏性土及正常固结黏土也可用下式近似计算，即

$$K_0 = 1 - \sin\varphi' \tag{6-4}$$

式中　φ'——填土的有效摩擦角。

[例 6-1]　一座设计在岩基上的挡土墙，墙高 $H=7\text{m}$，墙后填土为中砂，重度 $\gamma=19\text{kN/m}^3$，有效内摩擦角为 30°，计算作用在挡土墙上的土压力。

解：因挡土墙建于坚硬基岩上，可认为墙体不发生位移或转动，按静止土压力计算，即

$$K_0 = 1 - \sin\varphi' = 1 - \sin 30^\circ = 0.5$$

土中各点静止土压力值如下：

顶面：$\sigma = K_0 rz = 0.5 \times 0 = 0\text{kPa}$

底面：$\sigma = K_0 \gamma z = K_0 \gamma H = 0.5 \times 19 \times 7 = 66.5\text{kPa}$

静止土压力强度沿墙高呈三角形分布，合力为

$$E_0 = \frac{1}{2} rH^2 K_0 = \frac{1}{2} \times 19 \times 7^2 \times 0.5 = 232.75\text{kN/m}$$

E_0 的作用点离墙底的距离为 $H/3 = 2.33\text{m}$。

6.3　朗肯土压力理论

1857 年英国学者朗肯（Rankine）从研究弹性半空间体内的应力状态出发，根据土的极限平衡理论，得出计算土压力的方法，又称极限应力法。朗肯土压力理论和库仑土压力理论（见 6.4 节）是计算主动土压力和被动土压力的两种基本理论，本节先介绍朗肯土压力理论。

6.3.1　基本原理和基本假定

朗肯理论的基本假定（应用条件）：

(1) 墙后填土表面水平；

(2) 墙背垂直、光滑。

朗肯理论假设土体是具有水平表面的半无限体，墙背竖直光滑，如图 6-5 所示。由于原来土体内每一个竖直面都是对称面，因此竖直截面和水平截面上

的剪应力都等于零,因而相应截面上的法向应力 σ_z、σ_x 都是主应力,如图 6－6 所示。如果整个土体都处于静止状态时,各点都处于弹性平衡状态,AB 面上的接触应力就是静止土压力,墙后土单元体所处的应力状态可以由图 6－7 中的应力圆 a 表示,此时大主应力 $\sigma_1=\sigma_z=rz$,而小主应力相当于静止土压力强度,即 $\sigma_3=\sigma_x=\sigma_0=K_0\gamma z$;如果墙体向离开填土的方向移动时(伸展),随着位移量的增加,竖向应力 $\sigma_z(\sigma_1)$ 保持不变,水平向应力 $\sigma_x(\sigma_3)$ 则逐渐减小,当应力圆增大到与强度包线相切时,该单元体达到主动极限平衡状态,作用在墙上的土压力即主动土压力 σ_a,大小就等于该单元体的小主应力 σ_3,墙后土单元体所处的极限应力状态可以由图 6－7 中的应力圆 b 表示;反之,如果墙体向填土方向使土体挤压时(压缩),随着位移量的增加,竖向应力 σ_z 保持不变,水平向应力 σ_x 则逐渐增加直到超过 σ_z,则 σ_z 由 σ_1 转变成 σ_3,σ_x 由 σ_3 转变成 σ_1,当应力圆增大到与强度包线相切时,该单元体达到被动极限平衡状态,作用在墙上的土压力即被动土压力 σ_p,大小就等于该单元体的大主应力 σ_1,墙后土单元体所处的极限应力状态可以由图 6－7 中的应力圆 c 表示。

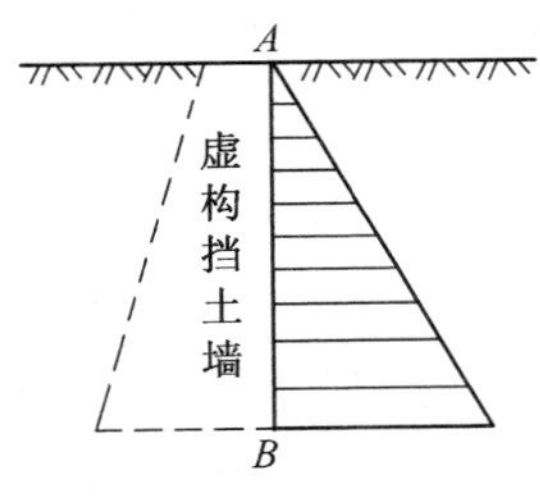

图 6－5　朗肯理论假设

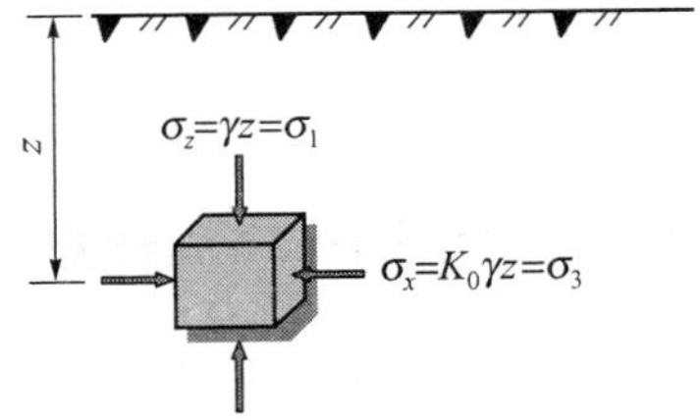

图 6－6　土单元体所受应力状态

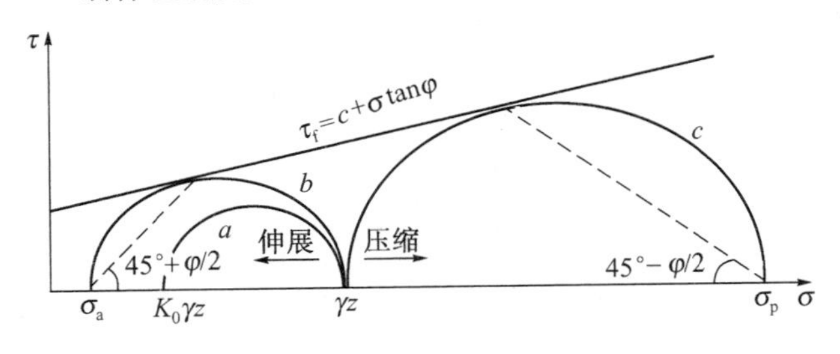

图 6－7　半无限土体极限平衡状态

由土的抗剪强度理论可知,当土体达到极限平衡状态时,产生的破坏面与大主应力面的夹角为 $45°+\varphi/2$。因此,当土体达到主动极限平衡状态时,水平面为大主应力面,则破坏面与水平面的夹角为 $\theta=45°+\varphi/2$;当土体达到被动极限平衡状态时,竖直面为大主应力面,则破坏面与水平面的夹角为 $\theta=45°-\varphi/2$,如图 6－8 所示。

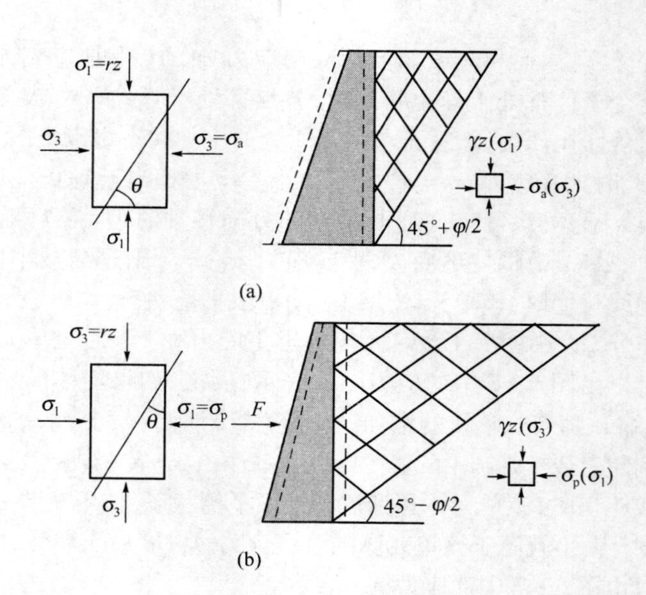

图 6－8　极限平衡状态破裂面

（a）主动破坏面；（b）被动破坏面。

6.3.2　朗肯主动土压力计算

由朗肯理论的基本原理可知，朗肯主动和被动状态都是基于土体的极限平衡状态提出的，根据土的极限平衡理论，当土体中任一点处于极限平衡状态时，大小主应力之间存在以下关系：

无黏性土：

$$\sigma_3 = \sigma_1 \tan^2\left(45° - \frac{\varphi}{2}\right) \tag{6-5}$$

$$\sigma_1 = \sigma_3 \tan^2\left(45° + \frac{\varphi}{2}\right) \tag{6-6}$$

黏性土：

$$\sigma_1 = \sigma_3 \tan^2\left(45° + \frac{\varphi}{2}\right) + 2c\tan\left(45° + \frac{\varphi}{2}\right) \tag{6-7}$$

$$\sigma_3 = \sigma_1 \tan^2\left(45° - \frac{\varphi}{2}\right) - 2c\tan\left(45° - \frac{\varphi}{2}\right) \tag{6-8}$$

设墙背垂直光滑，填土表面水平，如图 6－9 所示，挡土墙在土压力作用下，产生离开土体的位移，竖向应力保持不变，水平应力逐渐减小至墙后土体处于朗肯主动极限状态。此时，某一深度 z 处的土单元体所受竖向应力是大主应力 σ_1，水平向应力为小主应力 σ_3，根据极限状态下大小主应力关系，可得朗肯主动土压力强度 σ_a 如下：

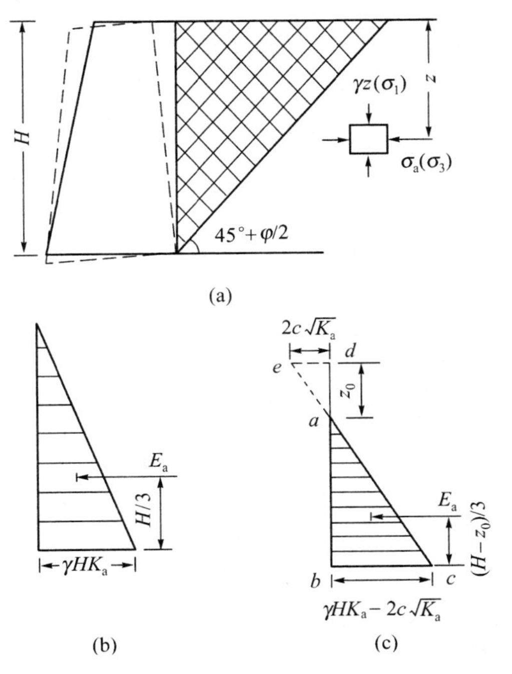

图 6－9　朗肯主动土压力计算

（a）主动土压力图示；（b）无黏性土主动土压力强度分布；（c）黏性土主动土压力强度分布。

黏性土：

$$\sigma_a = \sigma_x = \sigma_3 = rz\tan^2\left(45° - \frac{\varphi}{2}\right) - 2c\tan\left(45° - \frac{\varphi}{2}\right) =$$

$$rzK_a - 2c\sqrt{K_a} \tag{6-9}$$

无黏性土：

$$\sigma_a = \sigma_x = \sigma_3 = rz\tan^2(45° - \frac{\varphi}{2}) = rzK_a \tag{6-10}$$

式中　σ_a——主动土压力强度（kPa）；

K_a——朗肯主动土压力系数，$K_a = \tan^2(45° - \varphi/2)$；

γ——墙后填土的重度，地下水位以下采用有效重度（kN/m^3）；

c——填土的黏聚力（kPa）；

φ——填土的内摩擦角(°)；

z—— 所计算点离填土面的深度(m)。

由式(6-10)可知,无黏性土的主动土压力强度与 z 成正比,沿墙高的压力呈三角形分布,如图6-9(b)所示,如取单位墙长计算,则作用在墙上的总的被动土压力大小可按三角形分布图的面积计算:

$$E_a = \frac{1}{2}\gamma H^2 \tan^2(45° - \varphi/2) \tag{6-11}$$

或

$$E_a = \frac{1}{2}\gamma H^2 K_a \tag{6-12}$$

式中 E_a——无黏性土主动土压力(kN/m),E_a通过三角形的形心,作用在离墙底 $H/3$ 处。

由式(6-9)可知,黏性土的主动土压力强度包括两部分:一部分是土自重引起的土压力 $\gamma z K_a$;另一部分是由黏聚力 c 引起的负侧压力 $2c\sqrt{K_a}$。这两部分土压力叠加的结果如图6-9(c)所示,其中 ade 部分是负侧压力,表示对墙背产生拉应力,但实际上墙与土在很小的拉力作用下就会分离,故在计算土压力时,这部分应忽略不计,因此黏性土的土压力分布仅是 abc 部分。

a 点离填土面的深度 z_0 常称为临界深度,在填土面无荷载的条件下,可令式(6-9)为零求得 z_0 值,即

$$\sigma_a = \gamma z_0 K_a - 2c\sqrt{K_a} = 0$$

得

$$z_0 = 2c/(\gamma/\sqrt{K_a}) \tag{6-13}$$

如取单位墙长计算,则黏性土主动土压力 E_a 可按三角形 abc 分布图的面积计算:

$$E_a = (H - z_0)(\gamma H K_a - 2c\sqrt{K_a})/2 \tag{6-14}$$

或

$$E_a = (1/2)\gamma H^2 K_a - 2cH\sqrt{K_a} + 2c^2/\gamma \tag{6-15}$$

式中 E_a——黏性土主动土压力(kN/m),E_a 通过三角形压力分布图 abc 的形心,作用在离墙底$(H-z_0)/3$ 处。

[例6-2] 有一挡土墙,高5m,墙背直立、光滑、填土面水平。填土的物理力学性质指标如下:$c=15\text{kPa}$,$\varphi=22°$,$\gamma=19\text{kN/m}^3$。试求主动土压力及其作用

点，并绘出主动土压力分布图。

解： 填土主动土压力系数：

$$K_a = \tan^2\left(45° - \frac{\varphi}{2}\right) = 0.455$$

在墙顶处（$z=0$）的主动土压力强度按朗肯土压力理论为

$$\sigma_a = rzK_a - 2c\sqrt{K_a} = -20.24\text{kPa}$$

临界深度：

$$z_0 = 2c/\gamma\sqrt{K_a} = 2 \times 15/(19 \times \sqrt{0.455}) = 2.34\text{m}$$

在墙底处（$z=5\text{m}$）的主动土压力强度按朗肯土压力理论为

$$\sigma_a = rzK_a - 2c\sqrt{K_a} = 19 \times 5 \times 0.455 - 2 \times 15 \times \sqrt{0.455} = 22.99\text{kPa}$$

主动土压力合力为

$$E_a = (H - z_0)(\gamma HK_a - 2c\sqrt{K_a})/2 = (5 - 2.34) \times (19 \times 5 \times 0.455 - 2 \times 15 \times \sqrt{0.455})/2 = 30.58\text{kN/m}$$

主动土压力 E_a 作用在离墙底的距离为

$$(H - z_0)/3 = (5 - 2.34)/3 = 0.89\text{m}$$

主动土压力分布图如图 6-10 所示。

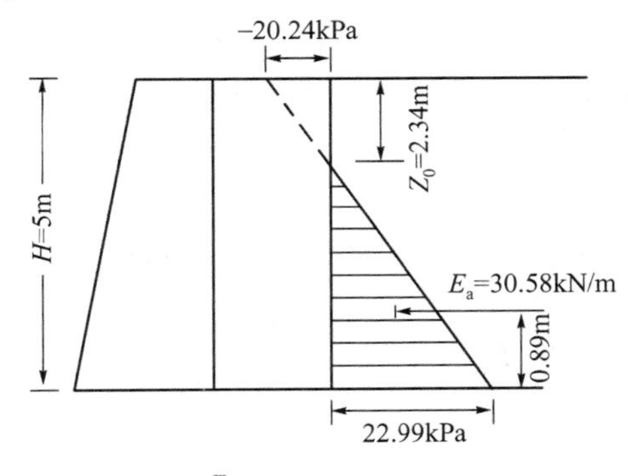

图 6-10　例 6-2 附图

6.3.3　朗肯被动土压力计算

对于图 6-11 所示墙背垂直光滑的挡土墙，填土表面水平，挡土墙在外力作用下，挤压墙背后土体产生位移，竖向应力保持不变，水平应力逐渐增大并超过竖向应力，直到墙后土体处于朗肯被动极限状态。此时，某一深度 z 处的土单元体所受竖向应力是大主应力 σ_3，水平向应力为小主应力 σ_1，根据极限状态下大小主应力关系，可得朗肯被动土压力强度 σ_p 为

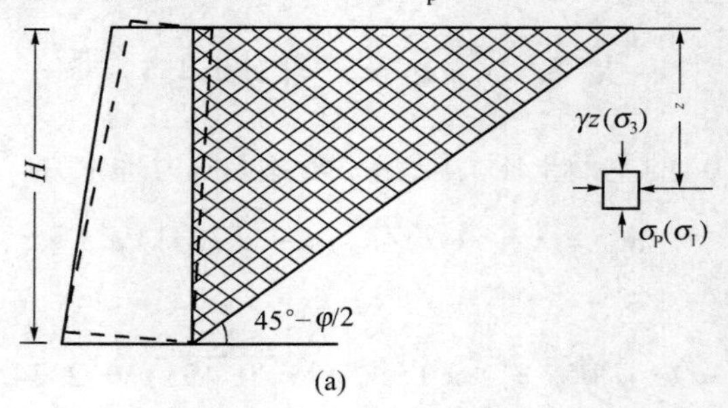

(a)

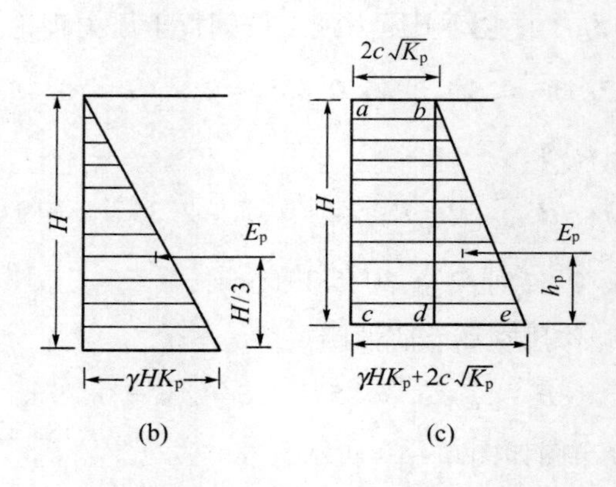

(b) (c)

图 6－11　朗肯被动土压力计算

（a）被动土压力图示；（b）无黏性土被动土压力强度分布；（c）黏性土被动土压力强度分布。

黏性土：

$$\sigma_p = \sigma_x = \sigma_1 = rz\tan^2\left(45° + \frac{\varphi}{2}\right) + 2c\tan\left(45° + \frac{\varphi}{2}\right) = rzK_p + 2c\sqrt{K_p} \tag{6-16}$$

无黏性土：

$$\sigma_p = \sigma_x = \sigma_1 = rz\tan^2\left(45° + \frac{\varphi}{2}\right) = rzK_p \tag{6-17}$$

式中　σ_p——被动土压力强度（kPa）；

K_p——朗肯被动土压力系数，$K_p = \tan^2(45° + \varphi/2)$；

其余符号同前。

由式（6－17）可知，无黏性土的朗肯被动土压力沿深度也呈三角形分布

(图 6-11(b)),合力 E_p 值可按三角形分布图的面积计算,作用在墙底以上 $H/3$ 处。

$$E_p = \frac{1}{2}\gamma H^2 K_p \tag{6-18}$$

式中 E_p——无黏性土被动土压力(kN/m),E_p 通过三角形压力分布图的形心,作用在离墙底 $H/3$ 处。

由式(6-16)可以看出,对于黏性土,黏聚力 c 的存在增加了被动土压力,作用在墙背上的被动土压力呈梯形分布,如图 6-11(c)所示,黏性土被动土压力合力 E_p 值为梯形面积,也可以用矩形 $abcd$ 与三角形 bde 的面积之和求得:

$$E_p = E_{p1} + E_{p2} = 2cH\sqrt{K_p} + \frac{1}{2}\gamma H^2 K_p \tag{6-19}$$

式中 E_p——黏性土被动土压力(kN/m)。

E_p 作用在梯形的形心上,可以采用对墙踵(图 6-11c 点)分块求矩的方法计算 E_p 距墙底的距离为

$$h_p = \frac{\sum E_{pi}h_i}{\sum E_{pi}} = \frac{E_{p1}\dfrac{H}{2} + E_{p2}\dfrac{H}{3}}{E_p} \tag{6-20}$$

式中 E_{p1}、E_{p2}——矩形分布、三角形分布的土压力合力(kN/m)。

[例 6-3] 已知某混凝土挡土墙,高 6m,墙背直立、光滑、填土面水平。填土的物理力学性质指标如下:$c = 19\text{kPa}$,$\varphi = 20°$,$\gamma = 18.5\text{kN/m}^3$。试求作用在挡土墙上的被动土压力及其作用点,并绘出主动土压力分布图。

解: 填土被动土压力系数:

$$K_p = \tan^2\left(45° + \frac{\varphi}{2}\right) = 2.04$$

在墙顶处($z = 0$)的被动土压力强度按朗肯土压力理论为

$$\sigma_p = rzK_p + 2c\sqrt{K_p} = 0 + 2 \times 19\sqrt{2.04} = 54.3\text{kPa}$$

在墙底处($z = 6\text{m}$)的被动土压力强度按朗肯土压力理论为

$$\sigma_p = rzK_p + 2c\sqrt{K_p} = 18.5 \times 6 \times 2.04 + 2 \times 19 \times \sqrt{2.04} = 280.7\text{kPa}$$

被动土压力合力 E_p 为

$$E_p=\frac{1}{2}\gamma H^2 K_p+2cH\sqrt{K_p}=$$

$$\frac{1}{2}\times 18.5\times 6^2\times 2.04+$$

$$2\times 19\times 6\times\sqrt{2.04}=$$

$$1005\text{kN/m}$$

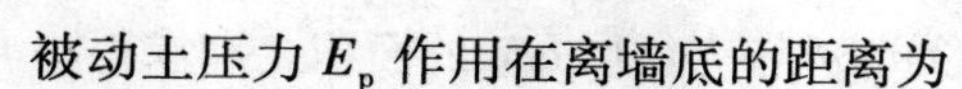

图 6－12　例 6－3 附图

被动土压力 E_p 作用在离墙底的距离为

$$h_p=\frac{E_{p1}\dfrac{H}{2}+E_{p2}\dfrac{H}{3}}{E_p}$$

$$=\frac{6\times 54.3\times 3+0.5\times 6\times(280.7-54.3)\times 2}{1005}$$

$$=2.32\text{m}$$

被动土压力分布图如图 6－12 所示。

6.3.4　其他几种情况下朗肯土压力计算

1. 填土表面有连续均布荷载

如果填土表面有均布荷载 q，深度 z 处土单元体所受竖向应力为 $\sigma_z=\gamma z+q$，即将 q 直接累加到土体单元的竖向主应力 σ_z 上，如图 6－13 所示，则由极限平衡公式得到深度 z 处主动土压力强度为

$$\sigma_a=\sigma_z K_a-2c\sqrt{K_a}=(\gamma z+q)K_a-2c\sqrt{K_a}\tag{6-21}$$

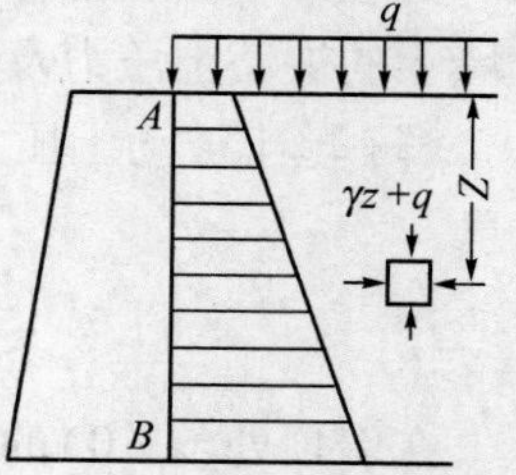

图 6－13　填土表面有连续均布荷载

深度 z 处被动土压力强度为

$$\sigma_p=\sigma_z K_p+2c\sqrt{K_p}=(\gamma z+q)K_p+2c\sqrt{K_p}\tag{6-22}$$

对于有均布荷载的黏性土主动土压力，在墙顶有可能出现拉力区，也可能不出现拉力区。由式(6－21)，令 $\sigma_a=0$，可以得到填土受拉区的临界深度为

$$z_0 = \frac{2c}{\gamma\sqrt{K_a}} - \frac{q}{\gamma} \tag{6-23}$$

如果 z_0 大于零，则填土中存在拉力区，主动土压力为三角形分布，如图 6－9(c)中 z_0 以下成阴影的三角形所示。总的主动土压力大小等于三角形面积，作用点位于墙底在以上 $(H-z_0)/3$ 处，即

$$E_a = (H - z_0)[(\gamma H + q)K_a - 2c\sqrt{K_a}]/2 \tag{6-24}$$

如果 z_0 小于零，则均布荷载引起的土压力使填土中不出现拉力区，主动土压力的分布为梯形分布，如图 6－13 中的阴影部分所示。总的主动土压力大小可按梯形阴影面积计算，即

$$E_a = \frac{1}{2}\gamma H^2 K_a + qHK_a - 2cH\sqrt{K_a} \tag{6-25}$$

E_a 作用点在梯形的形心处，可利用对墙踵(图 6－13B 点)分块求矩的方法求得。

对于墙后有连续均布荷载时的被动土压力计算，无论是黏性土还是无黏性土，其墙后土压力分布一般均呈梯形，如图 6－13 所示。总的被动土压力大小可按梯形阴影的面积计算，作用点位置采用对墙踵分块求矩的方法求得。

由上述可见，当填土表面有均布荷载时，每一深度处土压力强度只是比无荷载时增加一项 qK_a 或 qK_p 作用，而计算总土压力时仍可根据土压力强度分布图的面积来确定。

2. 填土表面受局部均布荷载

1）距墙背某个距离外的均布荷载 q

如图 6－14(a)、(b)所示，均布荷载作用在离墙顶 l 处，图 6－14(a)、(b)表示了这一问题的两种解法。对于图 6－14(a)的解法，可认为 q 的影响按 $45° + \varphi/2$ 的角度扩散，然后作用在墙背上，在 $l\tan(45° + \varphi/2)$ 以上的墙背范围内，不受 q 的影响。在墙背 AC 段范围受到 q 引起的 qK_a 或 qK_p 作用，其在墙背上引起的土压力分布如图 6－14(a)中 $acde$ 所示。对于图 6－14(b)的解法，可以认为 C 点以上的土压力不受地面荷载的影响，D 点以下完全受均布荷载影响，C 点和 D 点间的土压力用直线连接，因此墙背 AB 上因受到 q 影响而增加的土压力强度分布为图 6－14(b)中 $acde$ 部分。

2）距墙背某个距离外的局部均布荷载 q

这种问题的两种解法如图 6－14(c)、(d)所示。图 6－14(c)认为 q 的影响按 $45° + \varphi/2$ 的角度扩散，然后作用在墙背上，在 $l\tan(45° + \varphi/2)$ 以上和 $(l + l_1)\tan(45° + \varphi/2)$ 以下的墙背范围内，不受 q 的影响。因局部荷载影响引起的墙背上的土压力增量在 CD 段的分布如图 6－14(c)中 $cdef$ 所示。对于图 6－14(d)

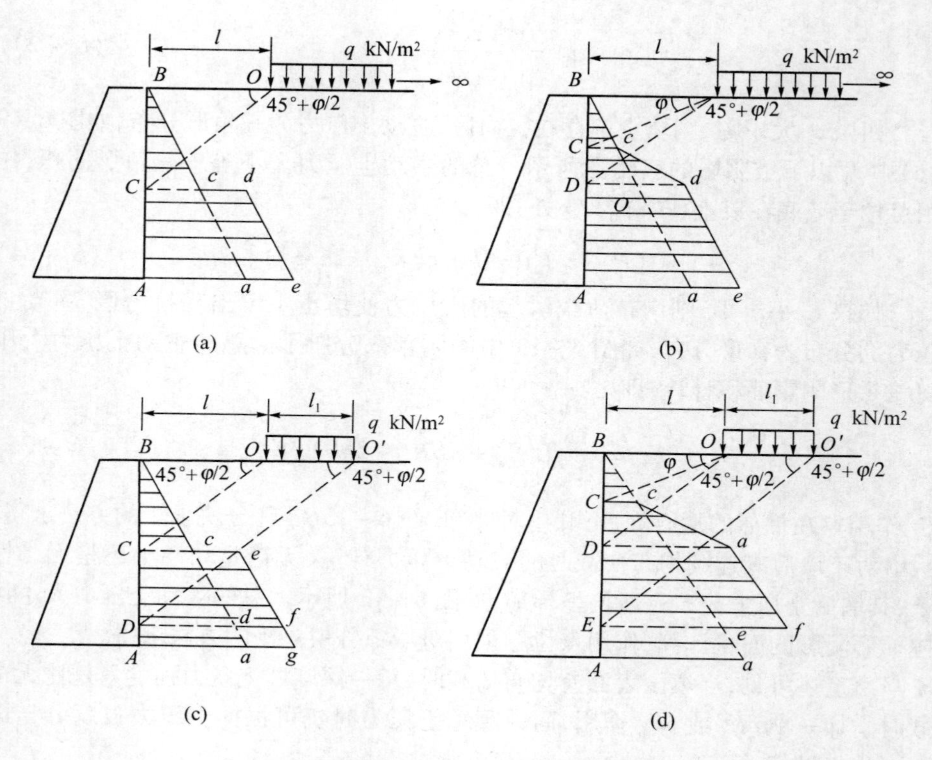

图 6-14　填土表面有局部均布荷载情况

的解法，认为局部荷载起始点 O 点对墙背土压力强度影响范围按 φ 变化到 $45°+\varphi/2$，从墙背 C 点到 D 点有一个缓变过程，即 C 点以上的土压力不受地面荷载的影响，D 点以下完全受均布荷载影响。O' 点的影响范围按 $45°+\varphi/2$ 扩散角考虑，墙背 $(l+l_1)\tan(45°+\varphi/2)$ 以下范围，不受 q 的影响。

3. 墙后填土分层

如图 6-15 所示，当墙后填土由多层不同种类的水平填土层组成时，应考虑填土性质不同（重度、黏聚力、内摩擦角）对土压力的影响。总的思路是首先按土层分布将墙后土层分层界面处标记为 $ABCD$ 四点，分别求出每点的土压力强度值，得到墙后土压力强度分布；其次，按土压力强度分布图的面积得到总土压力大小。需要注意的是在每层分界处由于土体强度参数不同，土压力强度值会发生突变，因此，每层上下分界处土压力值需要分别计算。

以主动土压力为例，可采用下述方法分析：第一层土范围内的墙背 AB 段上的土压力分布仍按匀质土层挡墙计算，A 点和 B 点土压力强度 σ_{aA}、σ_{aB} 上，采用第一层土的指标和土压力系数 K_{a1} 求得，若其表面作用有无限均布荷载，则式

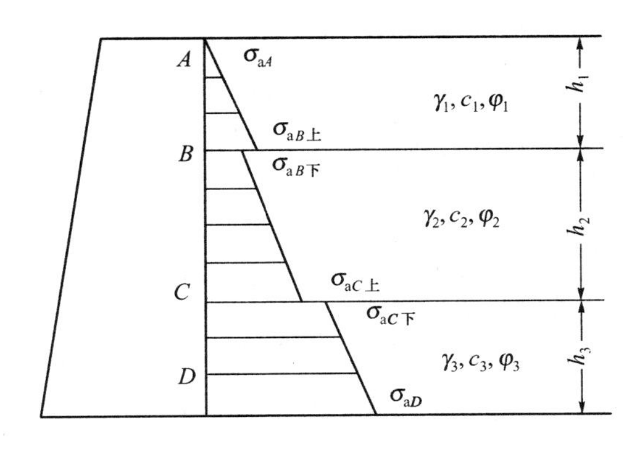

图 6－15　墙后填土分层

(6－21)仍适用。考虑作用在第二层土范围内的墙背 BC 段上的土压力分布时，B 点和 C 点土压力强度 $\sigma_{aB下}$、$\sigma_{aC上}$用第二层土的指标和土压力系数 K_{a2} 计算。由于上下两层土力学性质差异，在 B 点土压力强度有一个突变：在第一层底面土压力强度为 $\sigma_{aB上}=\gamma_1 h_1 K_{a1}-2c_1\sqrt{K_{a1}}$，在第二层顶面为 $\sigma_{aB下}=\gamma_1 h_1 K_{a2}-2c_2\sqrt{K_{a2}}$，如图 6－15 所示。同样地，考虑第三层土范围内的墙背 CD 段时，C 点和 D 点土压力强度 $\sigma_{aC下}$、σ_{aD}用第三层土的指标和土压力系数 K_{a3}计算，在 C 点土压力强度有一个突变：在第二层底面土压力强度为 $\sigma_{aC上}=(\gamma_1 h_1+\gamma_2 h_2)K_{a2}-2c_2\sqrt{K_{a2}}$，在第三层顶面为 $\sigma_{aC下}=(\gamma_1 h_1+\gamma_2 h_2)K_{a3}-2c_3\sqrt{K_{a3}}$，第三层底面为 $\sigma_{aD}=(\gamma_1 h_1+\gamma_2 h_2+\gamma_3 h_3)K_{a3}-2c_3\sqrt{K_{a3}}$，如图 6－15 所示。当有更多土层时，依此进行。

4. 墙后填土存在地下水

挡土墙由于渗水或排水不畅导致墙后填土含水量增加，会使墙后土体部分或全部处于地下水位以下。当墙后填土有地下水时，在计算墙后土压力过程中，地下水位以上部分可按照墙后匀质土或分层土方法计算，而地下水位以下部分由于水在不同种类土体中传递静水压力的差异，目前有“水土合算”和“水土分算”两种计算方法。

所谓水土分算，即采用有效重度 γ' 和有效应力强度指标 φ' 和 c' 计算土压力，另外再加上静水压力，静水压力的计算与墙后完全是地下水时相同，其强度分布如图 6－16 中 cef，作用在墙上的总压力是土压力和水压力之和。一般认为对于渗透性较大的砂土、碎石土等无黏性土，由于孔隙中充满水，且水处于静止状态，能产生垂直作用在墙背的静水压力，而不受与墙背接触的土粒存在的影响，所以应该水土分算。

所谓水土合算，即采用土的饱和重度和总应力强度指标计算墙后总的水土压力，不再单独考虑静水压力与土压力的叠加。对于渗透性小的黏性土和粉土，可以采用水土合算的方法。

以无黏性填土为例，图 6－16 中 *abdec* 部分为土压力分布图，*cef* 部分为水压力分布图，总侧压力为土压力和水压力之和（土压力、水压力强度分布图面积之和）。

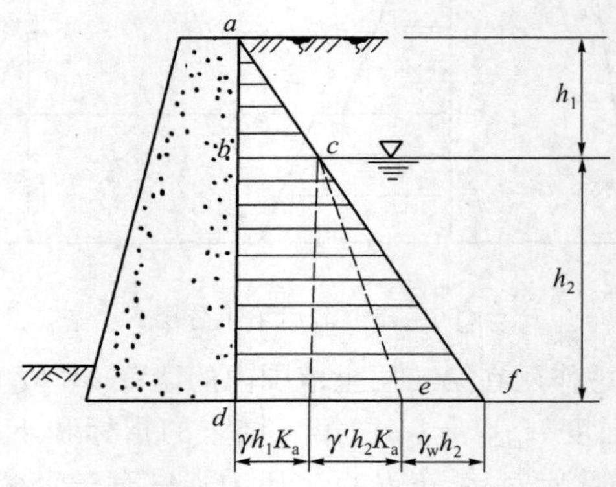

图 6－16　填土中有地下水

［例 6－4］　挡土墙高 6m，墙背垂直光滑，墙后填土面水平，填土顶面作用无限长均布荷载 $q=20\text{kN/m}^2$。墙后填土共分两层：第一层厚 2m，$\gamma_1=18\text{kN/m}^3$，$\varphi_1=30°$，$c_1=0\text{kPa}$；第二层厚 4m，$\gamma_2=20\text{kN/m}^3$，$\varphi_2=16°$，$c_2=10\text{kPa}$ 地下水位于填土顶面以下 2m 处（图 6－17）。试求总墙背侧压力及其作用点位置，并绘出侧压力分布图（采用水土分算）。

解：因墙背垂直、光滑，填土表面水平，符合朗肯土压力计算条件。

主动土压力系数为

$$\begin{cases} K_{a1} = \tan^2\left(45° - \dfrac{30°}{2}\right) = 0.33 \\ K_{a2} = \tan^2\left(45° - \dfrac{16°}{2}\right) = 0.57 \end{cases}$$

墙后各点土压力计算：

0 点：$\sigma_{a0}=(\gamma z+q)K_{a1}-2c_1\sqrt{K_{a1}}=0.33\times20=6.7\text{kN/m}^2$

1 点：$\sigma_{a1上}=(\gamma z+q)K_{a1}-2c_1\sqrt{K_{a1}}=(20+2\times18)\times0.33=18.48\text{kN/m}^2$

$\sigma_{a1下}=(\gamma z+q)K_{a2}-2c_2\sqrt{K_{a2}}=(20+2\times18)\times0.57-2\times10\times0.75=16.92\text{kN/m}^2$

2 点：$\sigma_{a2}=(\gamma z+q)K_{a2}-2c_2\sqrt{K_{a2}}=(20+2\times18+4\times10)\times0.57-$

$$2 \times 10 \times 0.75 = 39.72\text{kN/m}^2$$

墙后水压力计算：

1 点：$\sigma_{w1} = 0\text{kN/m}^2$

2 点：$\sigma_{w2} = \gamma_w h_2 = 10 \times 4 = 40\text{kN/m}^2$

墙后土压力和水压力分布图如图 6－18 所示。

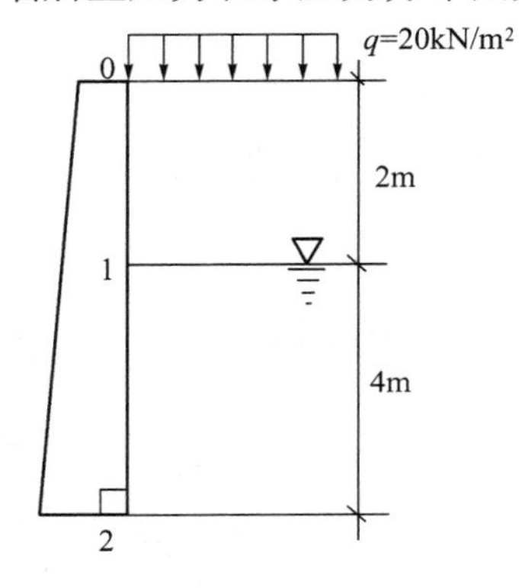

图 6－17　例 6－4 附图

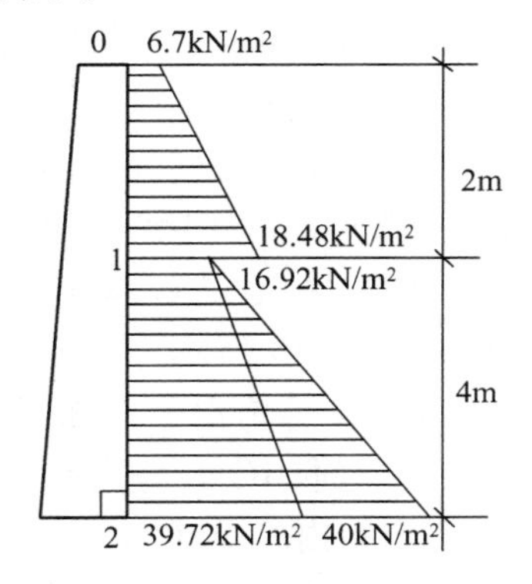

图 6－18　例 6－4 土压力分布

墙后总侧压力：

$$E = \left(\frac{6.7 + 18.48}{2}\right) \times 2 + \left(\frac{16.92 + 39.72}{2}\right) \times 4 + \frac{40 \times 4}{2} = 218.46\text{kN/m}$$

总侧压力 E 距墙底的距离：

$$x = \frac{1}{218.46}\left[\begin{array}{l} 6.7 \times 2 \times 5 + \dfrac{1}{2} \times (18.48 - 6.7) \times 2 \times \left(\dfrac{2}{3} + 4\right) + 16.92 \times \\ 4 \times 2 + \dfrac{(39.72 - 16.92)}{2} \times 4 \times \dfrac{4}{3} + \dfrac{40 \times 4}{2} \times \dfrac{4}{3} \end{array}\right] =$$

1.95m

6.4　库仑土压力理论

朗肯土压力理论是根据半空间的应力状态和土体单元的极限平衡条件而得到的土压力计算理论，适用于挡土墙墙背直立、光滑，填土表面水平的情况，可用于黏性土和无黏性土的土压力计算。实际工程中，挡土墙墙背可能不是直立、光滑的，墙后填土也不一定是水平的，此时不再适合用朗肯理论分析。法国学者库仑 1776 年根据挡土墙墙后滑动楔体达到极限平衡状态时的静力平衡条件提出了另一种土压力计算方法，称为库仑土压力理论。相对于朗肯土压力理论，库仑土压力理论仅适用于无黏性土，但可以用于挡土墙墙背不垂直、不光滑，墙后填土表面不水平等情况。

6.4.1 基本原理和基本假定

库仑理论的基本假定（应用条件）：

（1）挡土墙是刚性的，墙后填土是均质的无黏性土。

（2）当挡土墙墙身向前或向后移动达到产生主动或被动土压力条件时，墙后填土形成的滑动土楔沿通过墙踵的一个平面滑动。

（3）墙后土体极限状态时产生的滑动楔体为刚体。

考虑如图 6-19 所示挡土墙，如果墙后的填土是干的无黏性土，若将墙体突然移去时，墙后土体将沿一平面滑动，如图 6-19 中的 AC 面，AC 面与水平面的倾角等于无黏性土的内摩擦角（φ）。若墙离开填土向前发生一个微小位移，则在墙背面 AB 与 AC 面之间将产生一个接近平面的主动滑动面 AD。只要确定出该滑动破坏面的形状和位置，就可以根据滑动土楔体 ABD 的静力平衡条件得出墙背 AB 对滑动楔体 ABD 的支承力，其作用反力即为滑动楔体对挡土墙的作用力，可看成是填土作用在挡土墙上的总主动土压力。反之，如果墙向填土方向挤压，在 AC 面和水平面之间将产生一个接近平面的被动滑动面 AE。只要确定出该滑动破坏面的形状和位置，就可以根据滑动土楔体 $AB\ E$ 的静力平衡条件得出墙背 AB 对滑动楔体 ABE 的支承力，其作用反力即为滑动土楔对挡土墙的作用力，可看成是填土作用在挡土墙上的总被动土压力。

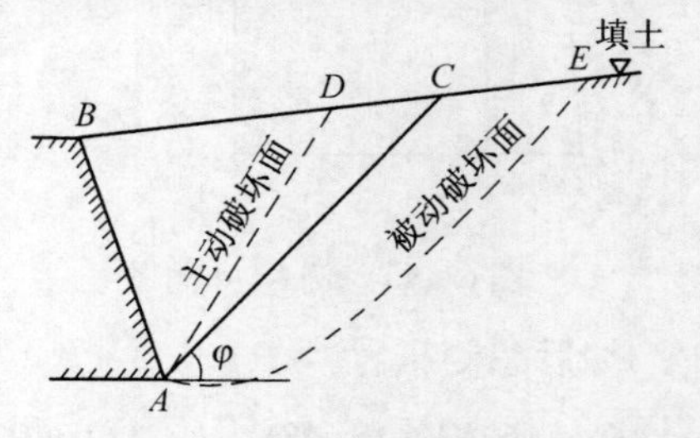

图 6-19 库仑土压力理论基本原理

库仑理论即根据上述滑动楔体的静力平衡条件求得墙背 AB 对滑动楔体的支承反力，建立了库仑主动土压力和被动土压力的计算公式，后来人们又对此进行了推广，发展到墙后填土为黏性土和有水的情况。

6.4.2 库仑主动土压力

如图 6-20 所示一墙背倾斜，墙后填土为无黏性土的挡土墙，墙背倾角为 ε，墙后填土与水平面坡角为 β、重度为 γ、内摩擦角为 φ。在墙后填土的侧压力作用下，墙后土体达到主动极限平衡状态，产生滑动破裂面 BC，但由于主动状态下的滑动面 BC 的位置尚未确定，可以先假定它与水平面的夹角为 θ 进行分析。

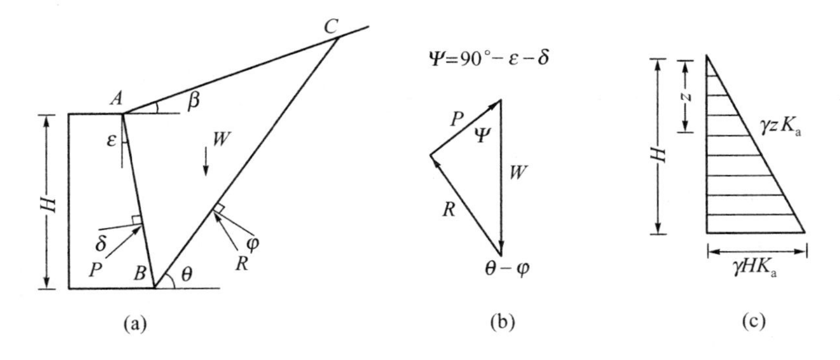

图 6－20　库仑主动土压力计算图

取滑动土楔 ABC 为隔离体,作用在土楔上的力有三个:

(1) 土楔自重 W,因为假定破裂角 θ 后土楔的几何尺寸即已确定,所以 W 是一个已知力,方向竖直向下,其值可用下式计算:

$$W = \frac{1}{2}\gamma H^2 \frac{\cos(\varepsilon - \beta)\cos(\theta - \varepsilon)}{\cos^2\varepsilon\sin(\theta - \beta)} \tag{6-26}$$

(2) 滑动面 BC 上的反力 R,其大小未知,与 BC 面的法线夹角为 φ,并位于法线的下方。

(3) 作用在墙背 AB 上的反力 P,其大小未知,与 AB 面的法线夹角为 δ 角,并位于法线的下方。

根据滑动土楔 ABC 的静力平衡条件,W、R、P 三个力组成封闭的力三角形,如图 6－20(b)所示,由三角形正弦定理,得

$$\frac{W}{\sin(90° - \theta + \varphi + \delta + \varepsilon)} = \frac{P}{\sin(\theta - \varphi)}$$

或

$$P = W\frac{\sin(\theta - \varphi)}{\cos(\theta - \varphi - \delta - \varepsilon)} \tag{6-27}$$

将式(6－26) 代入,得

$$P = \frac{1}{2}\gamma H^2 \frac{\cos(\varepsilon - \beta)\cos(\theta - \varepsilon)\sin(\theta - \varphi)}{\cos^2\varepsilon\sin(\theta - \beta)\cos(\theta - \varphi - \delta - \varepsilon)} \tag{6-28}$$

由于滑动面 BC(倾角 θ)是任意假定的,主动土压力 E_a 应该求取墙背的最大反力 P_{max},令 $dP/d\theta = 0$,求得墙背反力为 P_{max}时的临界破裂角 θ_{cr},对应破裂角为 θ_{cr}的 BC 面即为最危险滑动面。将 θ_{cr}值代入式(6－28),便可得到 P_{max}值,即作用在墙背上的主动土压力值:

$$E_a = \frac{1}{2}\gamma H^2 \frac{\cos^2(\varphi - \varepsilon)}{\cos^2\varepsilon\cos(\varepsilon + \delta)\left[1 + \sqrt{\frac{\sin(\varphi + \delta)\sin(\varphi - \beta)}{\cos(\varepsilon + \delta)\cos(\varepsilon - \beta)}}\right]^2} =$$

$$\frac{1}{2}\gamma H^2 K_a \tag{6-29}$$

$$K_a = \frac{\cos^2(\varphi - \varepsilon)}{\cos^2\varepsilon\cos(\varepsilon + \delta)\left[1 + \sqrt{\frac{\sin(\varphi + \delta)\sin(\varphi - \beta)}{\cos(\varepsilon + \delta)\cos(\varepsilon - \beta)}}\right]^2} \tag{6-30}$$

式中 K_a——库仑主动土压力系数,按式(6-30)计算或查表6-1确定;

H——挡土墙高度(m);

γ——墙后填土的重度(kN/m^3;

φ——墙后填土的内摩擦角(°);

ε——墙背的倾斜角(°),俯斜时取正号,仰斜为负号,如图6-21所示;

β——墙后填土面的倾角(°);

δ——土对挡土墙背的外摩擦角,查表6-2确定。

表6-1 库仑主动土压力系数 K_a 值

δ	ε	β \ φ	15°	20°	25°	30°	35°	40°	45°	50°
0°	-20°	0°	0.497	0.380	0.287	0.212	0.153	0.106	0.070	0.043
		10°	0.595	0.439	0.323	0.234	0.166	0.114	0.074	0.045
		20°		0.707	0.401	0.274	0.188	0.125	0.080	0.051
		30°				0.498	0.239	0.090	0.090	0.051
		40°						0.301	0.116	0.060
	-10°	0°	0.540	0.433	0.344	0.270	0.209	0.158	0.117	0.083
		10°	0.644	0.500	0.389	0.301	0.229	0.171	0.125	0.088
		20°		0.785	0.482	0.353	0.261	0.190	0.136	0.094
		30°				0.614	0.331	0.226	0.155	0.104
		40°						0.433	0.200	0.123
	0°	0°	0.589	0.490	0.406	0.333	0.271	0.217	0.172	0.132
		10°	0.704	0.569	0.462	0.374	0.300	0.238	0.186	0.142
		20°		0.883	0.573	0.441	0.344	0.267	0.204	0.154

（续）

δ	ε	β \ φ	15°	20°	25°	30°	35°	40°	45°	50°
		30°				0.750	0.436	0.318	0.235	0.172
		40°						0.587	0.303	0.206
	10°	0°	0.652	0.560	0.478	0.407	0.343	0.288	0.238	0.194
		10°	0.784	0.655	0.550	0.461	0.384	0.318	0.261	0.211
		20°		1.015	0.685	0.548	0.444	0.360	0.291	0.231
		30°				0.925	0.566	0.433	0.337	0.262
		40°						0.785	0.437	0.316
	20°	0°	0.736	0.648	0.569	0.498	0.434	0.375	0.322	0.274
		10°	0.896	0.768	0.663	0.572	0.492	0.421	0.358	0.302
		20°		1.205	0.834	0.688	0.576	0.484	0.405	0.337
		30°				1.169	0.740	0.586	0.474	0.385
		40°						1.064	0.620	0.469
5°	-20°	0°	0.457	0.352	0.267	0.199	0.144	0.101	0.067	0.041
		10°	0.557	0.410	0.302	0.220	0.157	0.108	0.070	0.043
		20°		0.688	0.380	0.259	0.178	0.119	0.076	0.045
		30°				0.484	0.228	0.140	0.085	0.049
		40°						0.293	0.111	0.058
	-10°	0°	0.503	0.406	0.324	0.256	0.199	0.151	0.112	0.080
		10°	0.612	0.474	0.369	0.286	0.219	0.164	0.120	0.085
		20°		0.776	0.463	0.339	0.250	0.183	0.131	0.091
		30°				0.607	0.321	0.218	0.149	0.100
		40°						0.428	0.195	0.120
	0°	0°	0.556	0.465	0.387	0.319	0.260	0.210	0.166	0.129
		10°	0.680	0.547	0.444	0.360	0.289	0.230	0.180	0.138
		20°		0.886	0.558	0.428	0.333	0.259	0.199	0.150
		30°				0.753	0.428	0.311	0.229	0.168
		40°						0.589	0.299	0.202
	10°	0°	0.622	0.536	0.460	0.393	0.333	0.280	0.233	0.191
		10°	0.767	0.636	0.534	0.448	0.374	0.311	0.255	0.207
		20°		1.035	0.676	0.538	0.436	0.354	0.286	0.228

（续）

δ	ε	φ / β	15°	20°	25°	30°	35°	40°	45°	50°
		30°				0. 943	0. 563	0. 428	0. 333	0. 259
		40°						0. 801	0. 436	0. 314
	20°	0°	0. 709	0. 627	0. 553	0. 485	0. 424	0. 368	0. 318	0. 271
		10°	0. 887	0. 776	0. 650	0. 562	0. 484	0. 416	0. 355	0. 300
		20°		1. 250	0. 835	0. 684	0. 571	0. 480	0. 402	0. 335
		30°				1. 212	0. 746	0. 587	0. 474	0. 385
		40°						1. 103	0. 627	0. 472
10°	−20°	0°	0. 427	0. 330	0. 252	0. 188	0. 137	0. 096	0. 064	0. 039
		10°	0. 529	0. 388	0. 286	0. 209	0. 149	0. 103	0. 068	0. 041
		20°		0. 675	0. 364	0. 248	0. 170	0. 114	0. 073	0. 044
		30°				0. 475	0. 220	0. 135	0. 082	0. 047
		40°						0. 288	0. 108	0. 056
	−10°	0°	0. 477	0. 385	0. 309	0. 245	0. 191	0. 146	0. 109	0. 078
		10°	0. 590	0. 455	0. 354	0. 275	0. 221	0. 159	0. 116	0. 082
		20°		0. 773	0. 450	0. 328	0. 242	0. 177	0. 127	0. 088
		30°				0. 605	0. 313	0. 212	0. 146	0. 098
		40°						0. 426	0. 191	0. 117
	0°	0°	0. 533	0. 447	0. 373	0. 309	0. 253	0. 204	0. 163	0. 127
		10°	0. 664	0. 531	0. 431	0. 350	0. 282	0. 225	0. 177	0. 136
		20°		0. 897	0. 549	0. 420	0. 326	0. 254	0. 195	0. 148
		30°				0. 762	0. 423	0. 306	0. 226	0. 166
		40°						0. 596	0. 297	0. 201
	10°	0°	0. 603	0. 520	0. 448	0. 384	0. 326	0. 275	0. 230	0. 189
		10°	0. 759	0. 626	0. 524	0. 440	0. 369	0. 307	0. 253	0. 206
		20°		1. 064	0. 674	0. 534	0. 432	0. 351	0. 284	0. 227
		30°				0. 969	0. 564	0. 427	0. 332	0. 258
		40°						0. 823	0. 438	0. 315
	20°	0°	0. 695	0. 615	0. 543	0. 478	0. 419	0. 365	0. 316	0. 271
		10°	0. 890	0. 752	0. 646	0. 558	0. 482	0. 414	0. 354	0. 300
		20°		1. 308	0. 844	0. 687	0. 573	0. 481	0. 403	0. 337

（续）

δ	ε	φ / β	15°	20°	25°	30°	35°	40°	45°	50°
		30°				1.268	0.758	0.594	0.478	0.388
		40°						0.155	0.640	0.480
15°	-20°	0°	0.405	0.314	0.180	0.240	0.132	0.093	0.062	0.038
		10°	0.509	0.372	0.201	0.201	0.144	0.100	0.066	0.040
		20°		0.667	0.352	0.239	0.164	0.110	0.071	0.042
		30°				0.470	0.214	0.131	0.080	0.046
		40°						0.284	0.105	0.055
	-10°	0°	0.458	0.371	0.298	0.237	0.186	0.142	0.106	0.076
		10°	0.576	0.442	0.344	0.267	0.205	0.155	0.114	0.081
		20°		0.776	0.441	0.320	0.237	0.174	0.125	0.087
		30°				0.607	0.308	0.209	0.143	0.097
		40°						0.428	0.189	0.116
	0°	0°	0.518	0.434	0.363	0.301	0.248	0.201	0.160	0.125
		10°	0.656	0.522	0.423	0.343	0.277	0.222	0.174	0.135
		20°		0.914	0.546	0.415	0.323	0.251	0.194	0.147
		30°				0.777	0.422	0.305	0.225	0.165
		40°						0.608	0.298	0.200
	10°	0°	0.592	0.511	0.441	0.378	0.323	0.273	0.228	0.189
		10°	0.760	0.623	0.520	0.437	0.366	0.305	0.252	0.206
		20°		1.103	0.679	0.535	0.432	0.351	0.284	0.228
		30°				1.005	0.571	0.430	0.334	0.260
		40°						0.853	0.445	0.319
	20°	0°	0.690	0.611	0.540	0.476	0.419	0.366	0.317	0.273
		10°	0.904	0.757	0.649	0.560	0.484	0.416	0.357	0.303
		20°		1.383	0.862	0.697	0.579	0.486	0.408	0.341
		30°				1.341	0.778	0.606	0.487	0.395
		40°						1.221	0.659	0.492
20°	-20°	0°			0.231	0.174	0.128	0.090	0.061	0.038
		10°			0.266	0.195	0.140	0.097	0.064	0.039
		20°			0.344	0.233	0.160	0.108	0.069	0.042

（续）

δ	ε	β \ φ	15°	20°	25°	30°	35°	40°	45°	50°
		30°				0.468	0.210	0.129	0.079	0.045
		40°						0.283	0.104	0.054
	−10°	0°			0.291	0.232	0.182	0.140	0.105	0.076
		10°			0.337	0.026	0.202	0.153	0.113	0.080
		20°			0.437	0.316	0.233	0.171	0.124	0.086
		30°				0.614	0.306	0.207	0.142	0.096
		40°						0.433	0.188	0.115
	0°	0°			0.357	0.297	0.245	0.199	0.160	0.125
		10°			0.419	0.340	0.275	0.220	0.174	0.135
		20°			0.547	0.414	0.322	0.251	0.193	0.147
		30°				0.798	0.425	0.306	0.225	0.166
		40°						0.625	0.300	0.202
	10°	0°			0.438	0.377	0.322	0.273	0.229	0.190
		10°			0.521	0.438	0.367	0.306	0.254	0.208
		20°			0.690	0.540	0.436	0.354	0.286	0.230
		30°				1.015	0.582	0.437	0.338	0.264
		40°						0.893	0.456	0.325
	20°	0°			0.543	0.479	0.422	0.370	0.321	0.277
		10°			0.659	0.568	0.490	0.423	0.363	0.309
		20°			0.891	0.715	0.592	0.496	0.417	0.349
		30°				1.434	0.807	0.624	0.501	0.406
		40°						1.305	0.685	0.509
25°	−20°	0°				0.170	0.125	0.089	0.060	0.037
		10°				0.191	0.137	0.096	0.063	0.039
		20°				0.229	0.157	0.106	0.069	0.041
		30°				0.470	0.207	0.127	0.078	0.045
		40°						0.284	0.103	0.053
	−10°	0°				0.228	0.180	0.139	0.104	0.075
		10°				0.259	0.200	0.151	0.112	0.080
		20°				0.314	0.232	0.170	0.123	0.086

（续）

δ	ε	φ β	15°	20°	25°	30°	35°	40°	45°	50°
		30°				0.620	0.307	0.207	0.142	0.096
		40°						0.441	0.189	0.116
	0°	0°				0.296	0.245	0.199	0.160	0.126
		10°				0.340	0.275	0.221	0.175	0.136
		20°				0.417	0.324	0.252	0.195	0.148
		30°				0.828	0.432	0.309	0.228	0.168
		40°						0.647	0.306	0.205
	10°	0°				0.379	0.325	0.276	0.232	0.193
		10°				0.443	0.371	0.311	0.258	0.211
		20°				0.551	0.443	0.360	0.292	0.235
		30°				1.112	0.600	0.448	0.346	0.270
		40°						0.944	0.471	0.335
	20°	0°				0.488	0.430	0.377	0.329	0.284
		10°				0.582	0.502	0.433	0.372	0.318
		20°				0.740	0.612	0.512	0.430	0.360
		30°				1.553	0.846	0.650	0.520	0.421
		40°						1.414	0.721	0.532

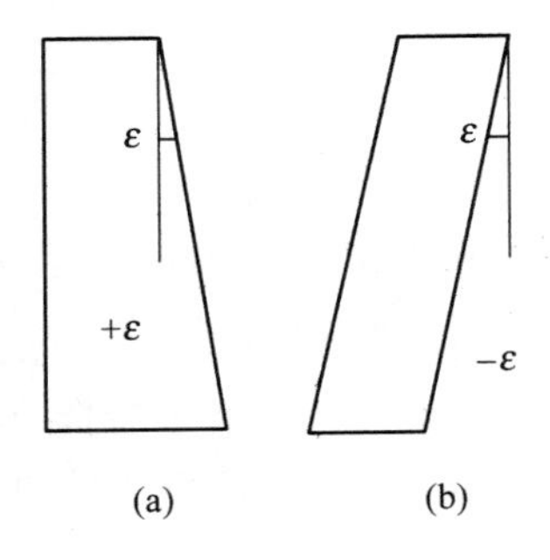

图 6－21　墙背倾斜情况

（a）俯斜；（b）仰斜。

表 6－2　土对挡土墙墙背的外摩擦角 δ 取值

墙背粗糙及填土排水情况	δ
墙背平滑，排水不良	$(0\sim0.33)\varphi$
墙背粗糙，排水良好	$(0.33\sim0.5)\varphi$
墙背很粗糙，排水良好	$(0.5\sim0.67)\varphi$ 或更大
注：φ 为墙背填土的内摩擦角	

当墙背直立($\varepsilon=0$)、光滑($\delta=0$),填土面水平($\beta=0$)时,挡土墙符合朗肯条件,式(6-30)可写为 $E_a=\frac{1}{2}\gamma H^2\tan^2(45°-\varphi/2)$,与朗肯理论对于无黏性土的主动土压力计算式相同。由此可见,朗肯土压力计算理论可以看作库仑理论的特例。

为求得离墙顶为任意深度 z 处的主动土压力强度 σ_a,可将 E_a 对 z 取导数而得,即

$$\sigma_a=\frac{dE_a}{dz}=\frac{d}{dz}\left(\frac{1}{2}\gamma z^2K_a\right)=\gamma zK_a \tag{6-31}$$

由式(6-31)可见,主动土压力强度沿墙高成三角形分布,如图6-20(c)所示。需要注意的是,在图6-20(c)中所示的土压力分布图只表示其沿墙高度的大小,而不代表其作用方向。实际作用在墙背上的土压力强度按墙高和墙背的分布图分别如图6-22(a)、(b)所示。墙后主动土压力合力的作用点在离墙底 $H/3$ 处,其方向与墙背法线的夹角为 δ,并且作用在墙背法线上方。

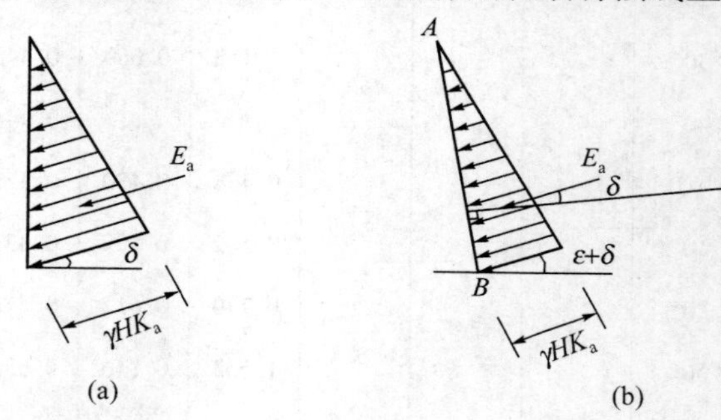

图6-22 库仑主动土压力分布

(a) 沿墙高分布;(b) 沿墙背分布。

6.4.3 库仑被动土压力

当墙受外力作用推向填土,直至产生滑动破坏面 BC,使得墙后土体达到被动极限平衡状态,如图6-23所示,此时滑动土楔 ABC 在其自重 W、墙后填土反力 R 和墙背反力 P 的作用下处于静力平衡状态。由于被动状态下土楔向上滑动,R 移到 BC 面的法线上方并与法线成 φ 角,P 移到墙背 AB 面法线上方并与法线成 δ 角。

与库仑主动土压力理论分析方法类似,由土楔 ABC 力系的平衡,利用正弦定理,求得墙背反力 P 值,然后用导数求极值的方法求得最小值 P_{min} 及对应的临

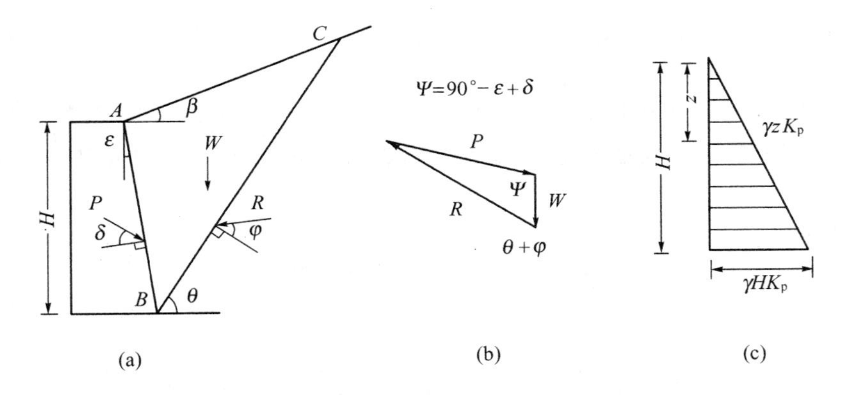

图 6－23　库仑被动土压力计算图

界破裂角 θ_{cr}，P 的作用反力即为作用在墙背上的被动土压力合力 E_p 可用式(6－32)求得，作用点位置在距墙底 $H/3$ 处，位于墙背法线下方并与法线成 δ 角，指向墙背，即

$$E_p = \frac{1}{2}\gamma H^2 \frac{\cos^2(\varphi+\varepsilon)}{\cos^2\varepsilon\cos(\varepsilon-\delta)\left[1-\sqrt{\frac{\sin(\varphi+\delta)\cdot\sin(\varphi+\beta)}{\cos(\varepsilon-\delta)\cdot\cos(\varepsilon-\beta)}}\right]^2} =$$

$$\frac{1}{2}\gamma H^2 K_p \tag{6-32}$$

$$K_p = \frac{\cos^2(\varphi+\varepsilon)}{\cos^2\varepsilon\cos(\varepsilon-\delta)\left[1-\sqrt{\frac{\sin(\varphi+\delta)\cdot\sin(\varphi+\beta)}{\cos(\varepsilon-\delta)\cdot\cos(\varepsilon-\beta)}}\right]^2} \tag{6-33}$$

式中　K_p——库仑被动土压力系数，可按式(6－33)计算，较少使用图表；

其余符号同前。

当墙背直立($\varepsilon=0$)、光滑($\delta=0$)，填土面水平($\beta=0$)时，挡土墙符合朗肯条件，式(6－32)可写为 $E_p=\frac{1}{2}\gamma H^2\tan^2(45°+\varphi/2)$，与朗肯理论对于无黏性土的被动土压力计算式相同。

库仑被动土压力强度为

$$\sigma_p = \frac{dE_p}{dz} = \frac{d}{dz}\left(-\frac{1}{2}\gamma z^2 K_p\right) = \gamma z K_p \tag{6-34}$$

与库仑主动土压力强度分布一样，被动土压力强度沿墙高为三角形直线分布，如图 6－23(c)所示。需要注意的是，在图 6－23(c)中所示的被动土压力分布图仍只表示其沿墙高度的大小,而不代表其作用方向,其实际作用方向与墙背法线的夹角为δ,位于墙背法线下方。

[**例6-5**]　挡土墙高4.5m,墙背俯斜,填土为砂土,$\gamma = 17.5\text{kN/m}^3$,$\varphi = 30°$,填土坡角、填土与墙背摩擦角等指标如图所示,试按库仑理论求主动土压力E_a。

解:

由$\varepsilon = 10°$,$\beta = 15°$,$\varphi = 30°$,$\delta = 20°$,按式(6-30)得

$$K_a = \frac{\cos^2(\varphi - \varepsilon)}{\cos^2\varepsilon\cos(\varepsilon + \delta)\left[1 + \sqrt{\dfrac{\sin(\varphi + \delta)\sin(\varphi - \beta)}{\cos(\varepsilon + \delta)\cos(\varepsilon - \beta)}}\right]^2} = 0.48$$

$$E_a = \frac{1}{2}\gamma H^2 K_a = 85.1\text{kN/m}$$

E_a作用点位于$H/3$处,方向与墙背法线成$\delta = 20°$,并位于法线上侧,如图6-24所示。

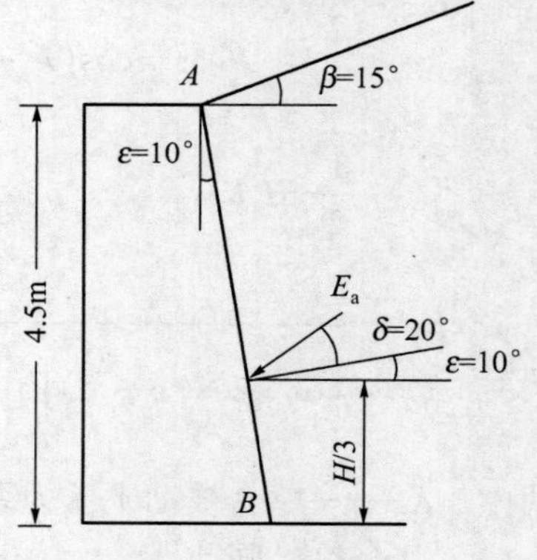

图6-24　例6-5附图

[**例6-6**]　有一重力式挡土墙高4.0m,$\varepsilon = 10°$,$\beta = 5°$,墙后填砂土,$c = 0$,$\varphi = 30°$,$\gamma = 18\text{kN/m}^3$。试分别求出当$\delta = \varphi/2$和$\delta = 0$时,作用于墙背上的总主动土压力E_a的大小、方向及作用点。

解:

(1) 求$\delta = \dfrac{1}{2}\varphi$时的$E_{a1}$。由$\varepsilon = 10°$,$\beta = 5°$,$\delta = \dfrac{1}{2}\varphi = 15°$和$\varphi = 30°$,按式(6-30)得$K_{a1} = 0.405$,则

$$E_{a1} = \frac{1}{2}\gamma H^2 K_{a1} = \frac{1}{2} \times 18 \times 4^2 \times 0.405 = 58.3\text{kN/m}$$

E_{a1}作用点位置在距墙底$H/3$处,即$y = 4/3 = 1.33\text{m}$。E_{a1}作用方向与墙背法线的夹角成$\delta = 15°$,如图6-25所示。

(2) 求$\delta = 0$时的E_{a2}。由$\varepsilon = 10°$,$\beta = 5°$,$\delta = 0$和$\varphi = 30°$,按式(6-30)得$K_{a2} = 0.431$,则

$$E_{a2}=\frac{1}{2}\gamma H^2K_{a2}=\frac{1}{2}\times18\times4^2\times0.431=$$

$$62.06\text{kN/m}$$

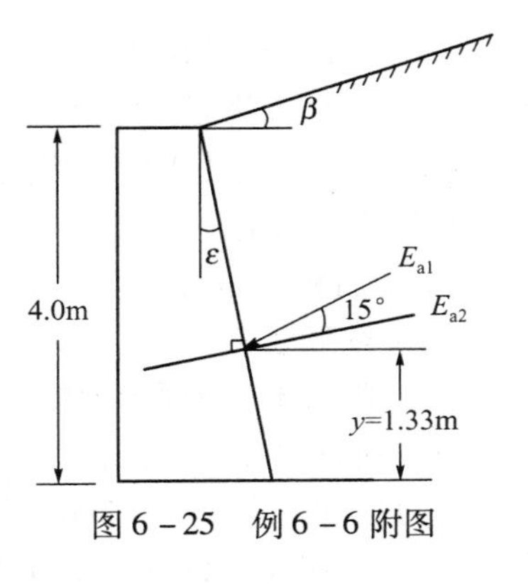

图 6－25 例 6－6 附图

E_{a2}的作用点与E_{a1}相同，作用方向与墙背法线重合，即垂直于墙背，如图 6－25 所示。

比较上述计算结果可知，在其他情况不变的情况下，当墙背与填土之间的摩擦角δ减小时，作用于墙背上的总主动土压力将增大。

6.4.4 其他几种情况下库仑土压力计算

1. 填土表面不规则

图 6－26 给出了填土表面不规则的几种情况。对于此类问题，常按填土表面为水平或倾斜的情况分别进行计算，然后再组合。

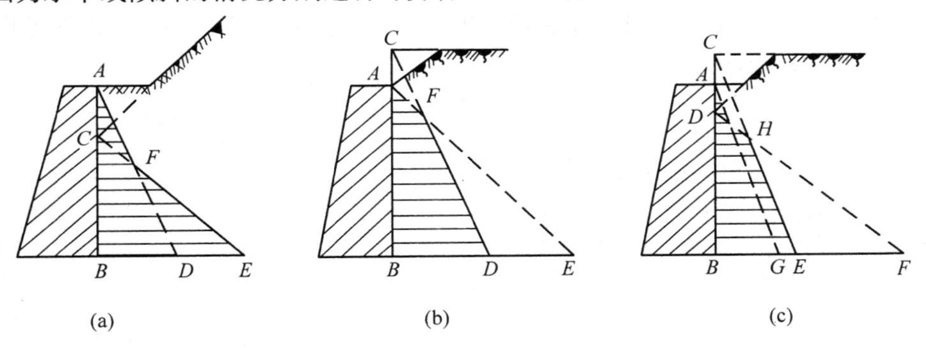

图 6－26 填土表面不规则时主动土压力计算

以主动土压力为例，对于图 6－26(a)所示的情况，可延长倾斜面交墙背于C点，分别计算出墙背为AB而填土表面水平时的主动土压力强度分布图ABD，以及墙背为CB而填土表面倾斜时的主动土压力强度分布图CBE。这两个图形交于F点，则实际主动土压力强度分布图形可近似取图中$ABEFA$，其面积就是总主动土压力E_a的近似值。

图 6－26(b)的情况可分别计算墙背AB在填土表面为倾斜时的主动土压力强度分布图形ABE，以及虚设墙背BC而在填土表面为水平时的主动土压力强度分布图形BCD。两个三角形相交于F点，则$ABDFA$图形面积就是总主动土压力E_a的近似值。

图 6－26(c)所示的填土表面自距墙背一定距离处开始倾斜。此时应分别计算墙背为 AB 而填土表面水平时的主动土压力分布图形 ABG，墙背为 BD 而填土表面倾斜时的主动土压力强度分布图形 DBF，以及虚设墙背 BC 在填土表面为水平时的主动土压力强度分布图形 CBE。这三个三角形分别交于 I、H 点，则 $ABEHIA$ 的面积就是总主动土压力 E_a 的近似值。

2. 折线形墙背

如果挡土墙的墙面为如图 6－27 所示的 ABC 折线，此时墙面 ABC 上的土压力可按下列方法确定。先将 AB 段墙背视为挡土墙的单向墙背，计算 AB 段的主动土压力强度分布图形(图 6－27(b))和总主动土压力 E_{a1}(与 AB 段墙背法线成 δ 角度，作用在法线上方，指向墙背)；再延长 CB 与地表水平线交于 A'，将 $A'BC$ 视为单向墙背，计算 $A'C$ 段的主动土压力强度分布图形，再从图中去掉 $A'B$ 段土压力强度分布，剩下的就是作用在 BC 段上的土压力强度分布图，如图 6－27(c)中的阴影部分所示。阴影部分面积就是作用在 BC 段的总主动土压力 E_{a2}(与 BC 段墙背法线成 δ 角度，作用在法线上方，指向墙背)。将 AB 段和 BC 段两部分土压力分布图形叠加即为实际作用在墙背 ABC 上的土压力强度分布，因 E_{a1} 和 E_{a2} 的作用方向不同，还必须求出它们的矢量和才能得到整个折线形墙背上的总主动土压力。

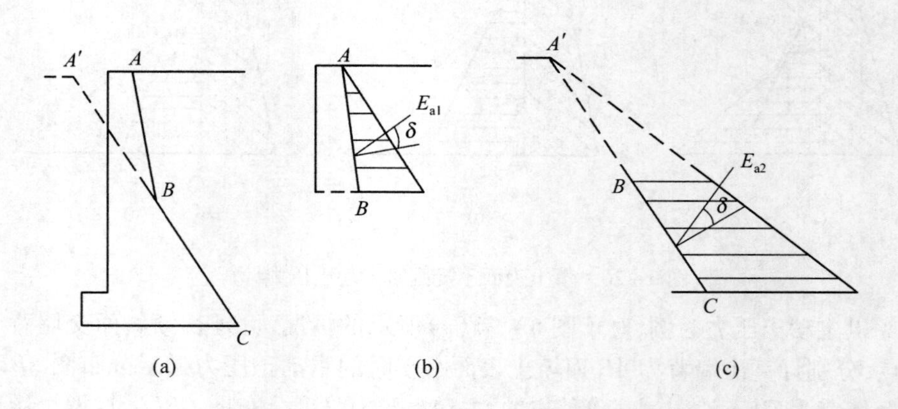

图 6－27　折线墙背主动土压力计算图

3. 墙后填土表面有均布荷载作用

对于墙背倾斜、墙后填土表面作用有均布荷载的情况，如图 6－28 所示，可按库仑理论处理。在计算土楔重力 W 时应加上土楔范围内的总均布荷载 W_q。采用类似于无超载作用时的公式推导，得出此情况下的总主动土压力 E'_a 的计算公式，即

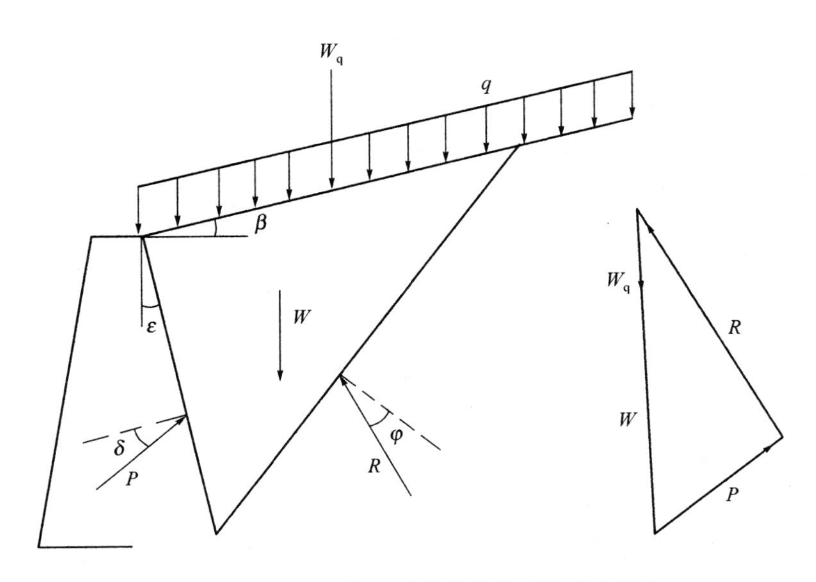

图 6－28 墙背倾斜连续均布荷载下主动土压力

$$E'_a = \left(1 + \frac{W_q}{W}\right)E_a = E_a + \frac{qHK_a\cos\varepsilon}{\cos(\beta - \varepsilon)} \qquad (6-35)$$

式中 ε——墙背与铅垂线夹角；

β——墙后填土表面与水平面夹角；

K_a——无超载时的库仑主动土压力系数；

E_a——无超载时的总主动土压力(kN/m)。

4. 黏性填土的土压力

库仑土压力理论从理论上说只适用于无黏性土，但在实际工程中经常采用黏性填土，为了考虑土的黏聚力 c 对土压力的影响，可用以下方法确定黏性填土的主动土压力。

1）图解法

如图 6－29 所示，当墙后黏性填土达到极限平衡状态时，滑动土楔的破裂面上以及墙背与填土的接触面上除了有摩擦力外，还有黏聚力 c 的作用。根据前述朗肯理论可知，在无荷载作用的黏性土表层 z_0 深度内，由于存在黏聚力将导致地表产生负的土压力，即土体受拉出现裂缝，如图 6－29(a)所示，所以在 z_0 深度内的墙背面和破裂面上无土压力的作用。$z_0 = \dfrac{2c}{\gamma\sqrt{K_a}}$($K_a$ 为朗肯主动土压力系数)，该表达式不因地表倾角不同而变化。

墙后土体达到极限状态，产生滑动破裂面 AD 后，考虑滑动楔体 $BEADC$，则

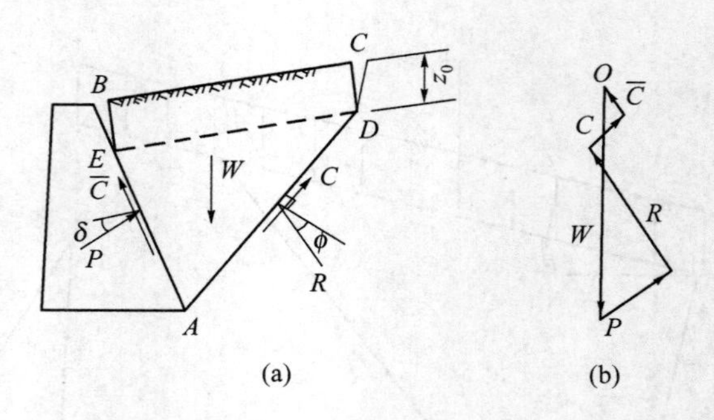

图 6-29　用图解法求黏性土主动土压力

作用在滑动楔体上的力如下：

（1）滑动土楔 $BEADC$ 的重力 W。

（2）墙背对填土的反力 P。

（3）沿墙背 AE 的总黏聚力 $\overline{C}=\overline{c}\cdot\overline{AE}$，其中 $\overline{c}$ 为墙与填土接触面之间单位面积上的黏聚力，方向沿接触面，如图 6-29 所示。

（4）破裂面 AD 上的反力 R。

（5）破裂面 AD 上的总黏聚力 $C=c\cdot\overline{AD}$，c 为填土内单位面积上的黏聚力，方向沿破裂面 AD。

上述 5 个力的作用方向均为已知，且 W、$\overline{C}$ 和 C 的大小也已知，根据力系平衡时力多边形闭合的条件，即可确定出墙背给楔体反力 P 的大小，如图 6-29(b)所示。用与无黏性土同样的方法，假定若干滑动面按以上方法试算，其中最大值即为主动土压力 E_a。

2）规范推荐的公式

《建筑地基基础设计规范》(GB 50007—2002)对于边坡支挡结构上的主动土压力按式(6-36)计算，该计算公式也适用于黏性土和粉土，系采用楔体试算法相似的平面滑裂面的假设。同时该规范规定，当填土为无黏性土时，主动土压力系数可按库仑土压力理论确定，当支挡结构满足朗肯条件时，主动土压力系数可按朗肯土压力理论确定。

$$E_a = \psi_c \gamma H^2 K_a / 2 \tag{6-36}$$

式中　E_a——主动土压力；

ψ_c——主动土压力增大系数，土坡高度小于 5m 时宜取 1.0；高度为 5m ~ 8m 时宜取 1.1；高度大于 8m 时宜取 1.2；

γ——填土重度(kN/m³)；

H——挡土墙高度(m)；

K_a——主动土压力系数，按式(6－37)～式(6－39)确定：

$$K_a = \frac{\sin(\alpha' + \beta)}{\sin^2\alpha\sin^2(\alpha + \beta - \varphi - \delta)}\{k_q[\sin(\alpha' + \beta)\sin(\alpha' - \beta) + \sin(\varphi + \delta)\sin(\varphi - \beta)] + 2\eta\sin\alpha\cos\varphi \times \cos(\alpha' + \beta - \varphi - \delta) - 2[(k_q\sin(\alpha' + \beta)\sin(\varphi - \beta) + \eta\sin\alpha'\cos\varphi)(k_q\sin(\alpha' - \delta)\sin(\varphi + \delta) + \eta\sin\alpha'\cos\varphi)]^{1/2}\} \quad (6-37)$$

$$k_q = 1 + 2q\sin\alpha\cos\beta/[\gamma H\sin(\alpha' + \beta)] \quad (6-38)$$

$$\eta = 2c/\gamma H \quad (6-39)$$

式中　q—— 地表均布荷载(以单位水平投影面上的荷载强度计)；

φ—— 填土的内摩擦角；

α'、β、δ——如图6－30所示。

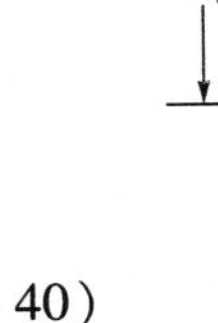

图6－30　规范法计算简图

E_a 作用点距墙底的距离 z_a 为

$$z_a = \frac{H}{3}\frac{1 + \frac{3}{2}\left(\frac{2q}{\gamma H}\right)}{1 + \frac{2q}{\gamma H}} \quad (6-40)$$

当 $q=0$ 时，$z_a = H/3$。

5. 层状填土的情况

若有如图6－31(a)所示的挡土墙 AB，墙背面填土为两层，上层填土厚 H_1，重度为 γ_1，内摩擦角为 φ_1；下层填土厚 H_2，重度为 γ_2，内摩擦角为 φ_2，两土层与墙面的摩擦角分别为 δ_1 和 δ_2。

首先计算第一层填土对挡土墙的土压力 E_{a1}，此时将挡土墙看成高度为 H_1，墙面为 AD，填土表面为 AK，如图6－31(b)所示。按式(6－29)计算作用在墙面 AD 上的土压力 E_{a1}。此土压力沿墙面成线形分布，分布图形为三角形，如图6－31(b)中的三角形 ADH，压力作用线与墙面法线成 δ_1。

然后将上层填土按下式换算为下层填土的厚度：

$$z_0 = \frac{\gamma_1 H_1}{\gamma_2} \quad (6-41)$$

式中　z_0——将第一层填土换算为第二层填土后的厚度；

H_1——第一层填土的厚度；

γ_1、γ_2——第一层填土和第二层填土的重度。

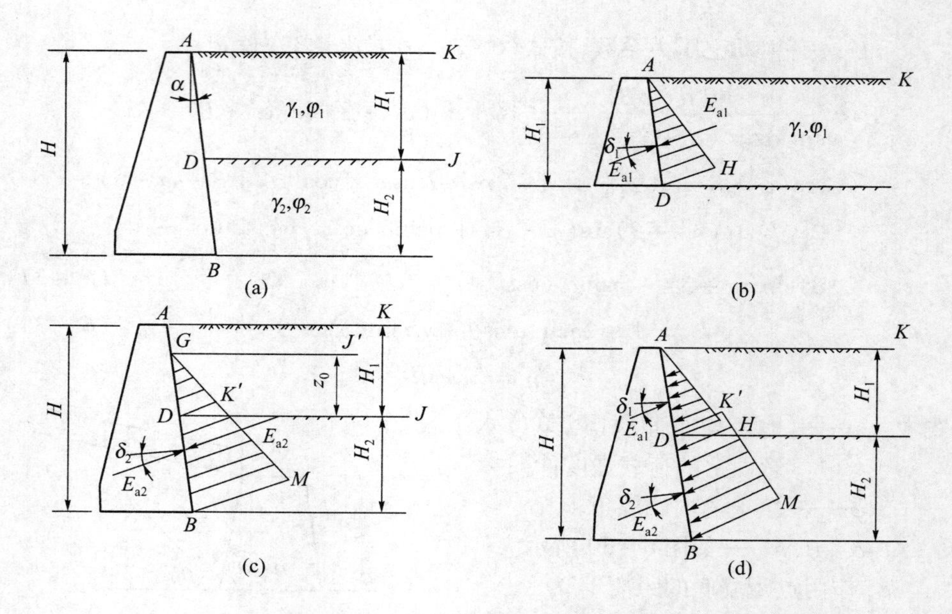

图 6－31　层状填土的土压力计算图

在第二层填土面 DJ 上加上第一层填土的折算高度 z_0，得折算的填土面 GJ'，与挡土墙墙面相交于 G 点。然后按填土面为 GJ'，墙面为 GB，根据式(6－29)计算得作用在墙面 GB 上的土压力 E_{a2}，此土压力沿墙面 GB 成线性分布，分布图形为三角形，即图 6－31(c)中的三角形 GBM，压力作用线与墙面法线成 δ_2。

从 D 点作直线 DK'，与墙面法线成 δ_2，并且与压力三角形 GBM 的斜边 GM 线相交于 K' 点，将土压力三角形 GBM 分为两部分：三角形 GDK' 和四边形 $DBMK'$。

作用在挡土墙墙面 AB 上的土压力，由两部分组成，即作用在墙面 AD 上的土压力为三角形 ADH；作用在墙面 DB 上的土压力为四边形 $DBMK'$，如图 6－31(d)所示。

6.4.5　朗肯土压力理论与库仑土压力理论的比较

挡土墙土压力的计算理论是土力学的主要课题之一，也是较复杂的问题之一，还有许多问题尚待进一步解决。朗肯理论和库仑理论都是研究土压力问题的简化方法，它们各有其不同的基本假定、分析方法和适用条件，只有在最简单的情况下($\varepsilon=0,\beta=0,\delta=0$)，用这两种古典理论计算结果才相同。因此，在应用时必须注意针对实际情况合理选择，否则将会造成不同程度的误差。以下是两种理论的一些基本比较。

1. 分析方法的异同

朗肯理论和库仑理论均属于极限状态土压力理论,都是计算极限平衡状态作用下墙背土压力,这是它们的共同点。但两者在分析方法上存在着较大的差异,朗肯土压力理论依据半空间的应力状态和土的极限平衡条件,从一点的应力出发,先求土压力强度及分布,再计算总土压力,因而朗肯理论属于极限应力法;库仑土压力理论根据墙背和滑裂面之间的土楔整体处于极限平衡状态,用静力平衡条件先求出作用在墙背上的总土压力,需要时再计算土压力强度及其分布形式,因而库仑理论属于滑动楔体法。

上述两种理论中,朗肯理论在理论上比较严密,但只能在理想的简单条件下求解,应用上受到了一定的限制。库仑理论虽然是一种简化理论,但由于其能适用于较为复杂的各种实际边界条件,且在一定的范围内能得出比较满意的结果,因而应用更广。

2. 计算误差

朗肯理论和库仑理论都是建立在某些人为假定的基础上,因此计算结果都有一定误差。朗肯土压力理论应用半空间中的应力状态和极限平衡理论的概念比较明确,公式简单,便于记忆,对于黏性土和无黏性土都可以用该公式直接计算,故在工程中得到广泛应用。但为了使墙后的应力状态符合半空间的应力状态,必须假设墙背直立的、光滑的,墙后填土面是水平的。由于该理论忽略了墙背与填土之间摩擦影响,使计算的主动土压力增大,被动土压力偏小。

库仑土压力理论根据墙后滑动土楔的静力平衡条件导得计算公式,考虑了墙背与土之间的摩擦力,并可用于墙背倾斜,填土面倾斜情况。库仑土压力理论的关键是破坏面的形状和位置如何确定。为使问题简化,一般都假定破坏面为平面,但实际上却是一曲面,因此这种平面滑裂面的假定使得破坏楔体平衡时所必须满足的力系对任一点的力矩之和等于零($\sum M = 0$)的条件得不到满足,这是用库仑理论计算土压力,特别是被动土压力存在很大误差的重要原因。实验证明,在计算主动土压力时,只有当墙背的倾斜度不大,墙背与填土间的摩擦角较小时,破坏面才接近于平面。因此,在通常情况下,在计算主动土压力时这种偏差为2% ~ 10%,可以认为已满足实际工程所要求的精度;但在计算被动土压力时,由于破坏面接近于对数螺线,因此计算结果误差较大,有时可达2倍 ~ 3倍,甚至更大。

6.5 挡土墙设计

挡土墙是用来支撑天然边坡或人工填土边坡以防止墙后土体坍塌和滑移的

建筑物。在房屋建筑、公路、铁路、桥梁、港口和水利工程中被广泛地应用,例如,地下室的外墙、支撑建筑物周围填土的挡土墙、堆放散粒材料的挡墙、码头、桥台以及道路边坡的挡土墙,如图 6-32 所示。本章前几节内容已经对墙后土压力的计算方法进行了介绍,本节主要讲解常用挡土墙的设计。

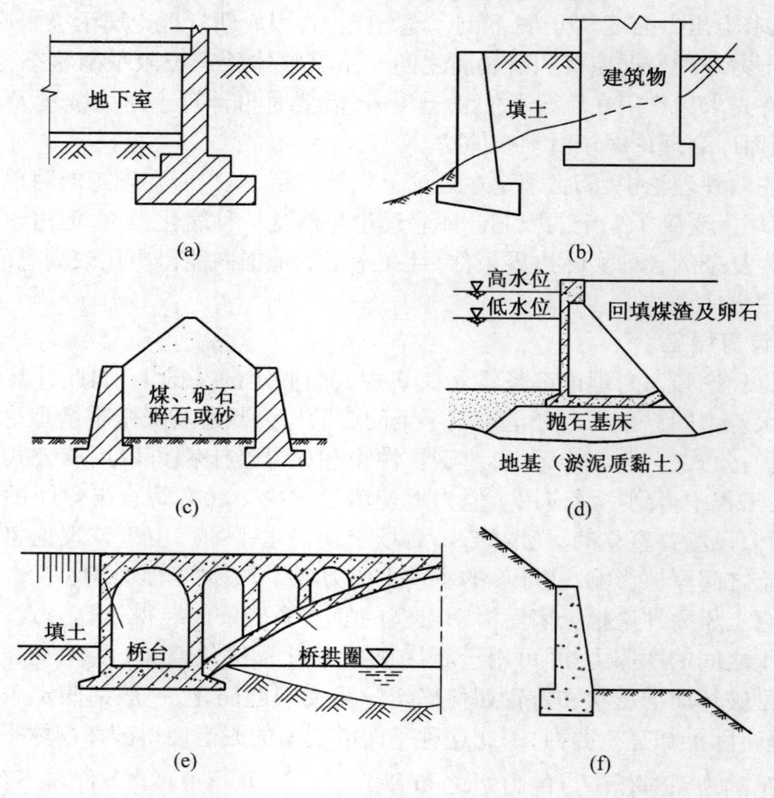

图 6-32 挡土墙应用举例

(a) 地下室的外墙;(b) 支撑建筑物周围填土的挡土墙;(c) 堆放散粒材料的挡墙;(d) 码头;(e) 桥台;(f) 道路边坡的挡土墙。

6.5.1 挡土墙的基本形式

按结构形式划分,常用的挡土墙形式有重力式、悬臂式、扶壁式、锚杆式、锚定板式、加筋土式等。一般应根据工程需要、墙址地形、工程地质、建筑材料供应、施工技术以及造价等因素合理地选择。

1. 重力式挡土墙

重力式挡土墙依靠墙身自重维持稳定,因而墙体必须做成厚重的实体,墙身断面较大，材料用量大，一般由价格便宜的块石砌筑，缺乏块石地区可用砖、素混凝土。根据墙背倾斜方向可分为仰斜、直立和俯斜三种，如图 6－33(a)、图 6－33 (b)、图 6－33 (c) 所示。作用于墙背上的土压力以仰斜式最小，俯斜式最大，直立式居中。对岩质边坡和挖方形成的土质边坡宜采用仰斜式，因为仰斜背可以和开挖的临时边坡紧密贴合，仰斜式在护坡工程中采用较多，填方时则宜采用俯斜或直立式，因为夯实过程比仰斜式容易。采用重力式挡墙时，墙体抗拉、抗剪强度都较低，土质边坡高度宜在 5m～8m，岩质边坡高度不宜大于 10m。重力式挡土墙优点是结构简单，施工方便，能就地取材，在建筑工程中应用广泛。缺点是工程量大，沉降大。

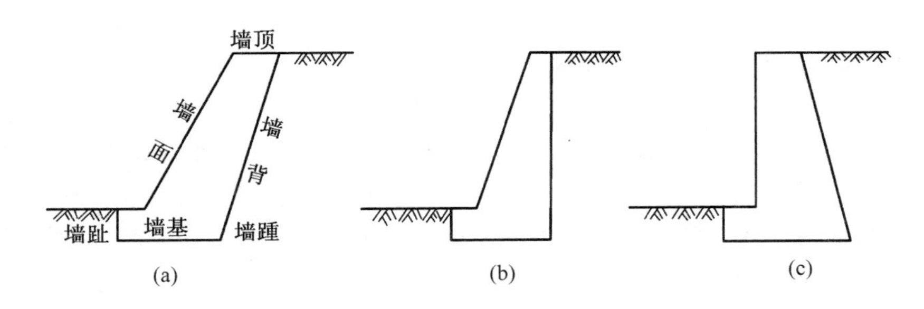

图 6－33　重力式挡土墙型式

(a) 仰斜式；(b) 直立式；(c) 俯斜式。

2. 悬臂式挡土墙

悬臂式挡土墙主要依靠墙踵悬臂上的土重维持稳定，墙体内拉应力由钢筋承担，墙身截面尺寸小。初步设计时可按如图 6－34 所示选取截面尺寸。其适用于石料缺乏、地基承载力低的地区以及比较重要的工程。墙高 h 不宜大于 8m，可取 6m 左右。多用于市政工程及储料仓库。悬臂式挡土墙优点是工程量小，缺点是施工较复杂。

3. 扶壁式挡土墙

当墙高较大时，悬臂式挡土墙立壁挠度较大，为了增强立壁的抗弯性能，常沿墙的长度方向每隔一定距离(0.8～1.0)h 设置一道扶壁，称为扶壁式挡土墙，如图 6－35 所示。扶壁间填土可增加抗滑和抗倾覆能力。扶壁式挡土墙一般用钢筋混凝土建造，墙高不宜超过 10m，设计时可按如图 6－35 所示初选截面尺寸，再将墙身及墙踵作为三边固定的板，按钢筋混凝土结构进行设计。扶壁式挡土墙一般用于重要的挡土工程中，优点是工程量小，缺点是施工较复杂。

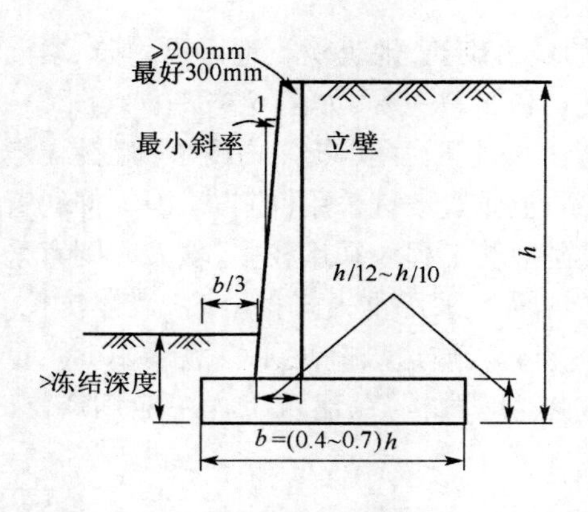

图 6－34　悬臂式挡土墙初步设计尺寸

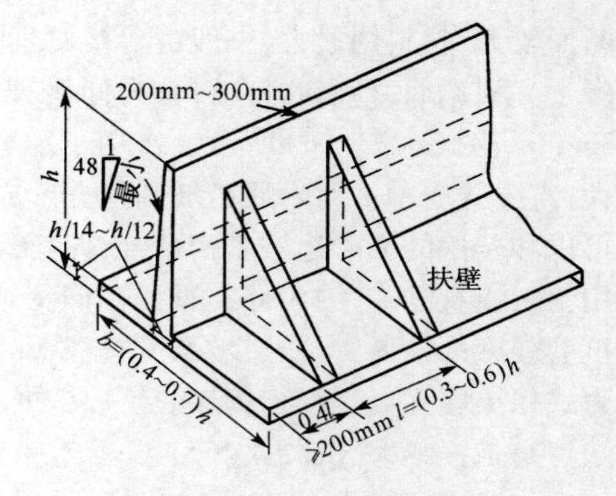

图 6－35　扶壁式挡土墙

4. 锚定板式与锚杆式挡土墙

锚定板挡土墙由预制的钢筋混凝土立柱、墙面板、钢拉杆和竖埋于填土中的锚定板组成，在现场拼装而成，依靠填土与结构的相互作用力维持其自身稳定。锚杆式挡土墙是利用嵌入坚实岩层的灌浆锚杆作为拉杆的一种挡土结构。锚定板及锚杆式挡土墙常用在临近建筑物的基础开挖，铁路两旁的护坡、路基、桥台等处，其高度不宜超过 15m。图 6－36 所示为 1974 年建成的太原至焦作的铁路线上修建的锚定板及锚杆式挡土墙结构。

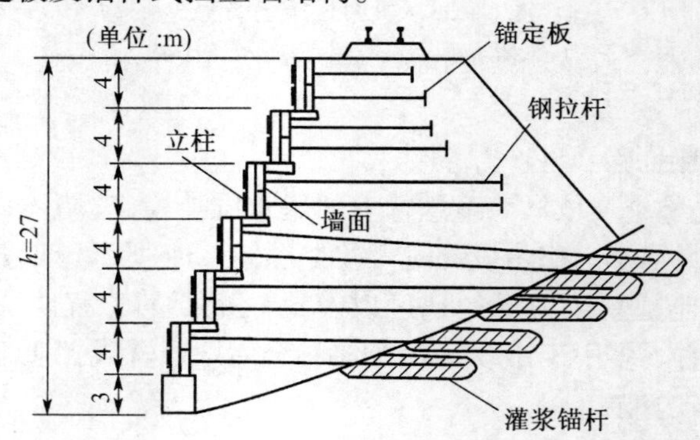

图 6－36　太焦铁路锚定板及锚杆式挡土墙

与重力式挡土墙相比，锚定板及锚杆式挡土墙有结构轻、柔性大、材料用量小、造价低、施工方便等优点，特别适用于地基承载力不大的地区，常用于铁路路基、桥台、护坡和基坑开挖支挡邻近建筑等工程，缺点是施工较复杂。

5. 加筋土式挡土墙

加筋土式挡土墙于 20 世纪 60 年代始创于法国，现已得到广泛的应用。它由墙面板、加筋材料及填土共同组成，如图 6－37 所示。它依靠拉筋与填土之间

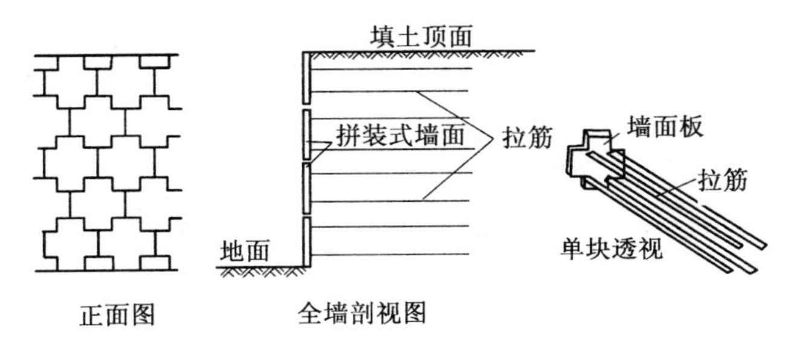

图 6－37　加筋土式挡土墙

的摩擦力来平衡作用在墙面的土压力以保持稳定。拉筋一般采用镀锌扁钢或土工合成材料。墙面用预制混凝土板，每块板尺寸为 1.5m × 1.5m，十字形，每块墙面板连接 4 根拉筋。

加筋土式挡土墙的优点是对地基土的承载力要求低，适合在软弱地基上建造，能充分利用材料的性能。与重力式挡土墙相比其结构轻巧、柔性及抗震性较好，能现场预制和工地拼装，施工速度快，造价低。加筋土式挡土墙已经在国内外得到广泛应用，最大的墙高达 43m。

6.5.2　重力式挡土墙的设计

重力式挡土墙是公路、铁路、水利、港口、矿山和建筑等工程中常见的一种挡土墙。它的设计内容包括选择墙型和尺寸，进行抗倾覆稳定性验算、抗滑移稳定性验算、地基承载力验算、墙身材料强度验算、地基稳定性验算等。一般的设计过程是先初步拟定挡土墙尺寸，然后进行后续的一系列验算，满足验算要求后最终确定挡土墙的外形尺寸。设计过程中同时还要考虑就地取材、结构合理、断面经济、施工养护方便等因素，并按要求进行施工、监测和质量验收。

1. 重力式挡土墙的构造

1）墙身构造

(1) 挡土墙的高度。通常挡土墙的高度是由任务要求确定的，即考虑墙后被支挡的填土呈水平时墙顶的高程要求。有时，对长度很大的挡土墙，也可使墙顶低于填土顶面，而用斜坡连接，以节省工程量。

(2) 墙背坡度。重力式挡土墙的墙背坡度一般由地形地质条件及墙体稳定性确定。仰斜式挡土墙墙背坡度不宜缓于 1∶0.25（高宽比），为方便施工，墙面宜尽量与墙背平行，如图 6－38(a)所示。在地面横坡陡峻时，俯斜式挡土墙可采用陡直的墙面，以减小墙高。墙背也可做成台阶形，如图 6－38(b)所示，以增加墙背与填料间的摩擦力。直立式挡土墙墙背的特点介于仰斜和俯斜墙背之间。衡重式挡土墙在上下墙之间设衡重台，并采用陡直的墙面，如图 6－38 (c)

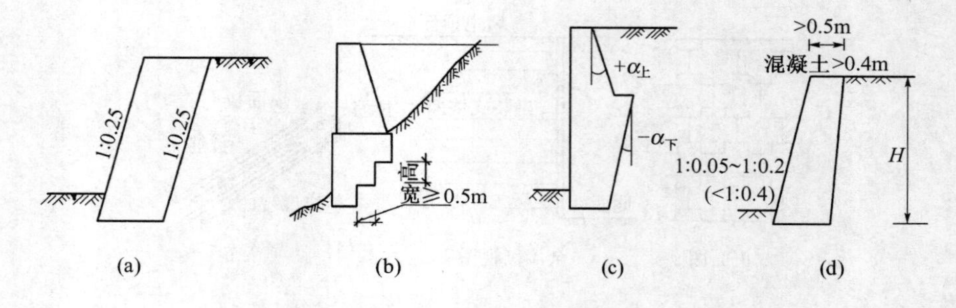

图 6－38　重力式挡土墙墙身构造

所示。上墙俯斜墙背的坡度为 1∶0.25～1∶0.45，下墙仰斜墙背在 1∶0.25 左右，上下墙的墙高比一般采用 2∶3。

（3）墙面坡度。墙面坡度应根据墙前地面坡度确定，对于墙前地面坡度较陡时，墙面坡度取 1∶0.05～1∶0.2，如图 6－38（d）所示，矮墙可采用陡直墙面；当墙前地面坡度平缓时，墙面坡度取 1∶0.2～1∶0.35 较为经济，直立式挡土墙墙面坡度不宜缓于 1∶0.4，以减少墙体材料。

（4）墙顶、墙底最小宽度。挡土墙的顶宽由构造要求确定，以保证挡土墙的整体性，并具有足够的刚度。对于块、条石和素混凝土挡土墙墙顶宽度不宜小于 0.5m。重力式挡土墙基础底宽由地基承载力和稳定性确定。初定挡土墙底宽为墙高 $b=(0.5\sim0.7)h$，挡土墙底面为卵石、碎石时取小值，墙底为黏性土时取大值。

（5）墙身材料。

① 块石、条石和混凝土：块石、条石应经过挑选，在力学性质、颗粒大小和新鲜程度等方面要求一致，强度等级应不低于 MU30，不应有过分破碎、风化外壳或严重的裂缝。混凝土的强度等级应不低于 C15。

② 砂浆：挡土墙应采用水泥砂浆，只有在特殊条件下才采用水泥石灰砂浆、水泥黏土砂浆和石灰砂浆等。在选择砂浆强度等级时，除应满足墙身强度所需的砂浆强度等级外，还应符合有关构造要求，在 9 度地震区，砂浆强度等级应比计算结果提高一级。

2）基础

（1）墙趾台阶。当墙身高度超过一定限度时，基底压应力往往是控制截面尺寸的重要因素。为了减小基底压应力和增加抗倾覆稳定性，可在墙底加设墙趾台阶，以加大承压面积。墙趾高 h 和墙趾宽 a 的比例可取 $h:a=2:1$，且 a 不得小于 0.2m（墙趾台阶尺寸如图 6－39 所示）。墙趾台阶的夹角一般应保持直角或钝角，若为锐角时不宜小于 60°。此外，基底法向反力的偏心距必须满足 $e\leqslant0.25b$（b 为无台阶时的基底宽度）。

（2）基底逆坡。为了增加墙体的抗滑稳定性，常将基底做成逆坡。对土质地基，逆坡坡度不大于0.1∶1，岩质地基不大于0.2∶1，如图6－40所示。由于基底倾斜，会使基底承载力减少，因此需将地基承载力特征值折减。当基底逆坡为0.1∶1时，折减系数为0.9；当基底逆坡为0.2∶1时，折减系数为0.8。

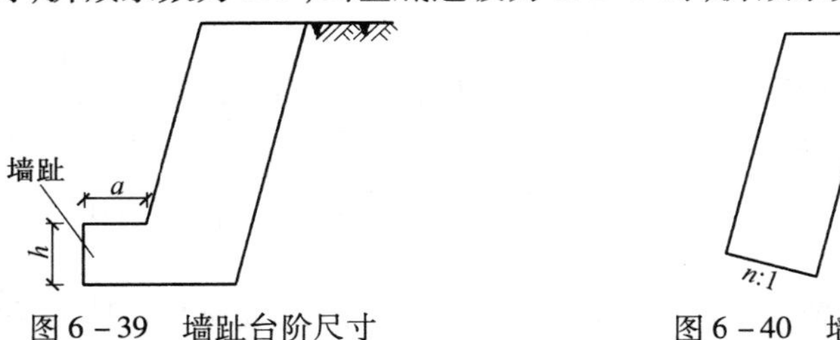

图6－39　墙趾台阶尺寸　　　　图6－40　墙底逆坡坡度

（3）基础埋置深度。重力式挡土墙的基础埋置深度，应根据持力层和软弱下卧层地基承载力、冻结深度、水流冲刷情况和岩石风化程度等因素综合确定，并从坡脚排水沟底起算，如基底倾斜，则按最浅的墙趾处计算。

① 土质地基：当地面无冲刷时，应在天然地面以下至少0.5m～0.8m（挡墙较高时取大值，反之取小值）；当地面有冲刷时，应在冲刷线以下至少1m；当地基受冻胀影响时，应在冻结线以下不少于0.25m，但当冻深超过1m时，仍采用1.25m，此时基底应夯填一定厚度的砂砾或碎石垫层，垫层底面亦应位于冻结线以下不少于0.25m。

② 碎石、砾石和砂类地基：基础埋深至少0.5m～0.8m（挡墙较高时取大值，反之取小值），不考虑冻胀影响。

③ 岩石地基：岩质地基，基础埋置深度不宜小于0.3m。若基底为风化岩层时，除应将其全部清除外，一般应加挖并将基底埋于未风化的岩层内0.15m～0.25m。当风化层较厚时，应根据地基的风化程度及其承载力将基底埋入风化层中，基础埋深 h 可参照表6－3确定。墙趾前地面横坡较大时，应留出足够的襟边宽度 L，以防地基剪切破坏，见表6－3。

表6－3　挡土墙基础嵌入层尺寸表

岩基层种类	基础埋深 h/m	襟边长度 L/m	嵌入岩坡示意图
较完整的坚硬岩石	0.25	0.25～0.5	
一般岩石（如砂岩、页岩等）	0.6	0.6～1.5	
松散岩石（如千枚岩）	1.0	1.0～2.0	
砂夹砾石	≥1.0	1.5～2.5	

3）挡土墙排水设施

墙后雨水下渗和地下水的作用，会使填土的抗剪强度降低，墙后土压力增大，若排水不良导致墙后积水，挡土墙还受到新增加的水压力作用。这些因素对挡土墙的稳定极为不利，甚至会导致挡土墙倒塌，因此挡土墙应设置排水设施。排水设施主要如下：

（1）截水沟。若墙后有较大的填土面积或山坡，则应在填土顶面、离挡土墙适当的距离设截水沟，截住地表水。截水沟的剖面尺寸要根据暴雨集水面积计算确定，并应采用混凝土衬砌。截水沟纵向设适当坡度，出口应远离挡土墙，如图6－41(a)所示。

（2）泄水孔。已渗入墙后填土的水应将其迅速排出，通常在挡土墙的下部设置泄水孔来排水。当墙高 $H>12\text{m}$ 时，可在墙的中部加一排泄水孔，如图6－41所示。泄水孔尺寸根据排水量而定，可分别采用直径50mm～100mm的圆孔、100mm×100mm、150mm×200mm的矩形孔，外斜5%。孔眼间距为2m～3m，干旱地区可适当加大间距。渗水量较大时，可采用加密泄水孔、加大泄水孔尺寸或增设纵向排水设施的方法解决。泄水孔孔眼布置时应上下错开，下排水孔的出口应高出墙前地面0.3m，并高于墙前水位，以免倒灌。

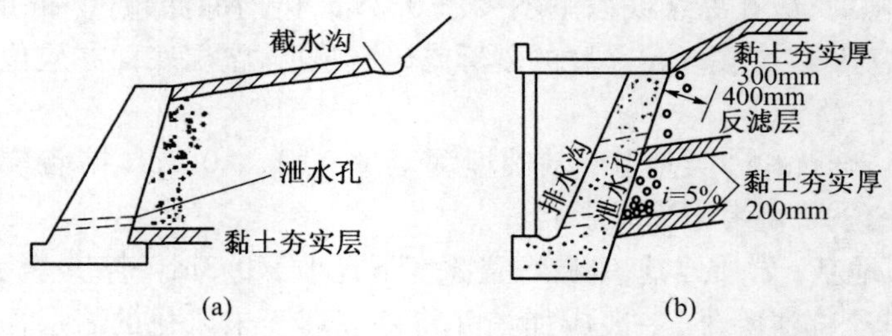

图6－41　挡土墙排水措施

（3）黏土夯实隔水层。在墙后地面、墙前地面、泄水孔进水口的底部都应铺设30mm厚的黏土夯实隔水层，如图6－41所示，防止积水下渗影响墙的稳定性。

（4）滤水层、散水和排水沟等。泄水孔的进水口附近应用卵石、碎石、块石覆盖，作为反滤层，以免泥砂淤塞，如图6－41所示。墙前应做好散水、排水沟、黏土夯实层，避免墙前水渗入地基。对不能向坡外排水的边坡应在墙背填土体中设置足够的排水暗沟。

4）沉降缝与伸缩缝

为防止因地基不均匀沉降而导致墙身开裂，应根据地基、墙高、墙身断面的变化情况设置沉降缝。为了防止墙身砌体因收缩硬化和温度变化产生过大拉应力而使墙体拉裂,应设置伸缩缝。设计时,一般将沉降缝与伸缩缝合并设置。

重力式挡墙的伸缩缝间距,对条石、块石挡土墙沿路线方向每隔 20m ~ 25m 设置一道,如图 6-42 所示,对素混凝土挡墙每隔 10m ~ 15m 设置一道。在地基岩土性质和挡土墙高度变化处应设沉降缝,缝宽应采用 20mm ~ 30mm,缝内一般用沥青麻筋或其他有弹性的防水材料沿内、外、顶三个方向填塞,填深不小于 0.15m,在挡土墙拐角处,应适当加强构造措施,当墙后为岩石路堑或填石路堤时,可设置空缝。干砌挡土墙,缝的两侧应选用平整石料砌筑,做成垂直通缝。

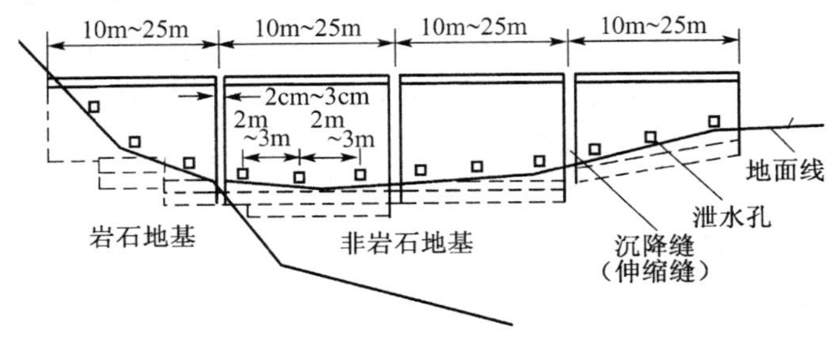

图 6-42 挡土墙正面示意图

5) 填土质量要求

墙后填土不能用淤泥、耕植土、成块的硬黏土、膨胀性黏土、杂填土等作填料,而应该选择透水性较强的填料,如砂土、砾石、碎石等,因为这类土抗剪强度较稳定,易于排水。一般的挡土墙当采用黏性土作填料时,宜掺入适量的碎石,以利于夯实和提高其抗剪强度。对于重要的、高度较大的挡土墙,不宜采用黏性填土。因为黏性土在地下水交替作用下抗剪强度不稳定,且干缩湿胀,这种交错变化可能使挡土墙产生比理论计算大许多倍的侧压力,而在设计中难以考虑,可能导致挡土墙外移,甚至发生事故。在季节性冻土地区,墙后填土应选用非冻胀性填料(如炉渣、碎石、粗砂等)。

2. 重力式挡土墙的稳定验算

为了保证挡土墙的稳定性与安全性,挡土墙的设计除了需满足合适的墙型、截面尺寸等构造要求外,还需要进行抗倾覆稳定性验算、抗滑移稳定性验算、地基承载力验算、墙身强度验算、地基稳定性验算等过程,若不满足验算要求,则还需重新考虑上述构造要求,调整后直至验算满足为止。

1) 抗倾覆稳定验算

研究表明,挡土墙的破坏大部分是倾覆破坏。要保证挡土墙在土压力作用下不发生绕墙趾 O 点的倾覆,如图 6-43 所示,且有足够的安全储备,抗倾覆安全系数 K_t(绕墙趾 O 点的抗倾覆力矩与倾覆力矩之比)应满足下式要求:

$$K_t = \frac{Gx_0 + E_{az}x_f}{E_{ax}z_f} \geqslant 1.6 \tag{6-42}$$

式中 G——挡土墙每延米自重(kN/m);

x_0——挡土墙重心离墙趾的水平距离(m);

E_{ax}——E_a 的水平分力(kN/m),$E_{ax} = E_a\cos(\varepsilon+\delta)$;

E_{az}——E_a 的竖向分力(kN/m),$E_{az} = E_a\sin(\varepsilon+\delta)$;

x_f——土压力作用点离墙趾 O 点的水平距离(m), $x_f = b - z\tan\varepsilon$;

z_f——土压力作用点离墙趾 O 点的高度(m),$z_f = z - b\tan\alpha_0$;

ε——墙背与铅垂面夹角(°),仰斜式取负,直立式取0°,俯斜式取正;

δ——土对挡土墙背的摩擦角(°)(见表6-3);

z——土压力作用点离墙踵的高度(m);

b——基底的水平投影宽度(m);

α_0——挡土墙基底倾角(°)。

对于建在软弱地基上的挡土墙,在倾覆力矩作用下墙趾可能会陷入土中,使地基反力合力作用点内移,导致抗倾覆安全系数降低,有时甚至会发生整体性滑动破坏,因此验算时应注意土的压缩性大小。若验算结果不能满足式(6-42),可按以下措施处理。

(1) 增大挡土墙断面尺寸,这样增大了 G 及抗倾覆力臂,抗倾覆力矩增大,但工程量也相应增大。

(2) 加长加高墙趾,使 x_0 增大,抗倾覆力矩增大。但墙趾过长,则墙趾端部弯矩、剪力较大,厚度不够时易产生拉断或剪切破坏,需要配置钢筋。

(3) 墙背做成仰斜式,可减小土压力。

(4) 在挡土墙垂直墙背上做卸荷台,形状如牛腿,如图6-44所示。平台以上土压力不能传到平台以下,总土压力减小,故抗倾覆稳定性增大。但卸荷台适用于钢筋混凝土挡墙,浆砌石挡土墙不宜做卸荷台。

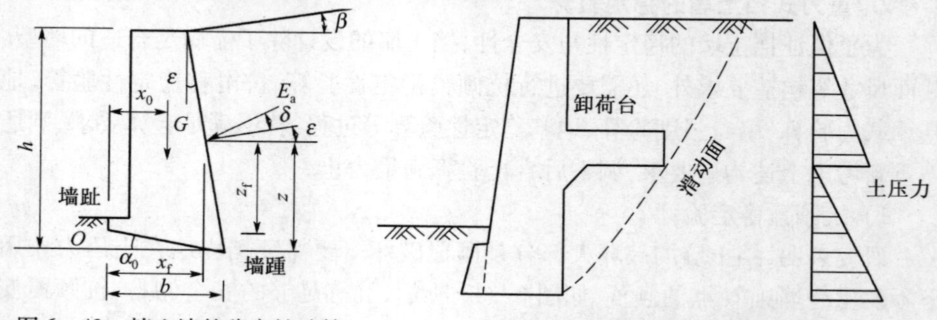

图6-43 挡土墙的稳定性验算　　图6-44 有卸荷台的挡土墙

2）抗滑动稳定性验算

在土压力的作用下，挡土墙还可能沿基础底面发生滑动。要保证挡土墙在土压力作用下不发生滑动，且有足够的安全储备，抗滑安全系数 K_s（抗滑力与滑动力之比）应满足下式要求：

$$K_s = \frac{(G_n + E_{an})\mu}{E_{at} - G_t} \geqslant 1.3 \tag{6-43}$$

式中 G_n——挡土墙自重在垂直于基底平面方向的分力（kN/m），$G_n = G\cos\alpha_0$；

G_t——挡墙自重在平行于基底平面方向的分力（kN/m），$G_t = G\sin\alpha_0$；

E_{an}——E_a 在垂直于基底平面方向的分力（kN/m），$E_{an} = E_a\sin(\varepsilon + \alpha_0 + \delta)$；

E_{at}——E_a 在平行于基底平面方向的分力（kN/m），$E_{at} = E_a\cos(\varepsilon + \alpha_0 + \delta)$；

μ——土与挡土墙基底的摩擦系数，宜按试验确定，也可按表 6-4 取用。

表 6-4 土对挡土墙基底的摩擦系数

土的类别		摩擦系数 μ
黏性土	可塑	0.25 ~ 0.30
	硬塑	0.30 ~ 0.35
	坚塑	0.35 ~ 0.45
粉土		0.3 ~ 0.40
中砂、粗砂、砾砂		0.40 ~ 0.50
碎石土		0.40 ~ 0.60
软质岩石		0.40 ~ 0.60
表面粗糙的硬质岩石		0.65 ~ 0.75
说明：对易风化的软质岩石和塑性指数 I_p 大于 22 的黏性土，基底摩擦系数 μ 应通过实验确定；对碎石土，可根据其密实度、填充物状况、风化程度来确定		

若验算结果不能满足式（6-43）要求时，可按以下措施处理。

（1）修改挡土墙断面尺寸，加大 G 值，但工程量也相应增大。

（2）墙基底面做成砂、石垫层，以提高 μ 值。

（3）墙底做成逆坡，如图 6-40 所示，利用滑动面上部分反力来抗滑。

（4）在软土地基上，其他方法无效或不经济时，可在墙踵后加拖板，如图 6-45 所示，利用拖板上的土重来抗滑。拖板与挡土墙之间应用钢筋连接，但钢筋必须做好防锈处理。

3）圆弧滑动稳定性验算

如图 6－46 所示，当土质较软弱时，可能产生接近于圆弧状的滑动面而丧失其稳定性，此时可采用条分法进行验算。

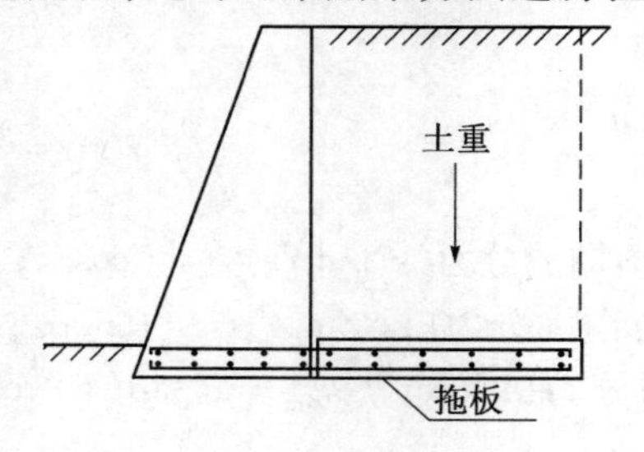

图 6－45　墙踵后加拖板图

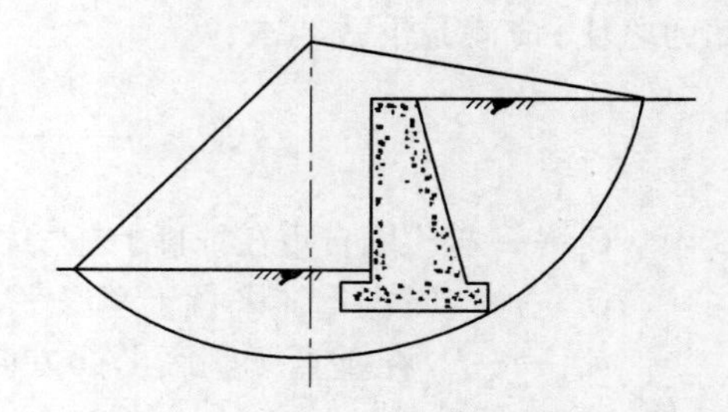

图 6－46　挡土墙圆弧滑动稳定性验算图

4）挡土墙的地基承载力及墙身强度验算

挡土墙在自重及土压力的垂直分力作用下基底压力一般按线性分布，其地基承载力验算方法与天然地基浅基础受偏心压力下验算方法相同，具体可参见《基础工程》教材中浅基础部分有关内容。挡土墙墙身材料强度应满足《混凝土结构设计规范》（GB 50010—2002）和《砌体结构设计规范》（GB 50003—2001）中有关要求。

［例 6－7］　已知浆砌石挡土墙的墙高 $h=6\text{m}$，埋深 $d=1.0\text{m}$，墙背与填土摩擦角 $\delta=20°$，填土面倾斜 $\beta=18°$，墙后填土为中砂，其重度、内摩擦角、黏聚力分别为 $\gamma=18\text{kN/m}^3$、$\varphi=28°$、$c=0$，基底摩擦系数 $\mu=0.48$，经过深度修正后的地基承载力特征值 $f_a=180\text{kPa}$，并采用 MU20 毛石、混合砂浆 M2.5，毛石砌体的抗压强度设计值 $f=0.47\text{MPa}$，浆砌石挡土墙重度 $\gamma_s=22\text{kN/m}^3$。试设计挡土墙的尺寸。

解：

（1）挡土墙断面尺寸的初选。初选墙胸、墙背倾斜角分别为 $\varepsilon'=10°$、$\varepsilon=18°$，浆砌石挡土墙墙顶宽不宜小于 0.5m，且约为 $b_0=0.1$、$h=0.6\text{m}$，取 $b_0=1\text{m}$。

底宽 $b=(b_0+h\tan\varepsilon'+h\tan\varepsilon)=(1+6\times\tan10°+6\times\tan18°)=4.007\text{m}$，取 $b=4\text{m}$。

（2）由于墙后是无黏性土，采用库仑理论计算作用在墙上的主动土压力。已知 $\varphi=28°$，$\delta=20°$，$\beta=18°$，$\varepsilon=18°$，代入式（6－30）得

$$K_a=\frac{\cos^2(\varphi-\varepsilon)}{\cos^2\varepsilon\cos(\varepsilon+\delta)\left[1+\sqrt{\dfrac{\sin(\varphi+\delta)\sin(\varphi-\beta)}{\cos(\varepsilon+\delta)\cos(\varepsilon-\beta)}}\right]^2}=0.69$$

主动土压力：

$$E_a = \frac{1}{2}\gamma h^2 K_a = 223.56\text{kN/m}$$

（3）求墙体自重及重心位置。每延米墙体自重（将截面分为一个矩形及两个三角形计算）：

$$G = G_1 + G_2 + G_3 = \gamma_s(A_1 + A_2 + A_3) =$$

$$22 \times (0.5 \times 1.058 \times 6 + 0.5 \times 1.95 \times 6 + 0.992 \times 6) =$$

$$69.828 + 128.7 + 130.944 = 329.5\text{kN/m}$$

重心位置 G_1、G_2、G_3 作用点距墙趾的水平距离：

$$x_{01} = 1.058 \times 2/3 = 0.705\text{m}$$

$$x_{02} = 1.95 \times 1/3 + (4 + 1.058) = 5.708\text{m}$$

$$x_{03} = 0.992 \times 1/2 + 1.058 = 1.554\text{m}$$

（4）抗倾覆稳定验算：

$$K_t = \frac{Gx_0 + E_{az}x_f}{E_{ax}z_f} =$$

$$\frac{G_1x_1 + G_2x_2 + G_3x_3 + E_a\sin(\varepsilon + \delta)(b - z\tan\varepsilon)}{E_a\cos(\varepsilon + \delta)(z - b\tan\alpha_0)} =$$

$$69.828 \times 0.705 + 128.7 \times 5.708 + 130.944 \times 1.544 + 223.56 \times$$

$$\sin38°(4 - 2 \times \tan18°)/223.56 \times \cos38°(2 - 4 \times \tan0°) =$$

$$4.11 > 1.6$$

满足要求。

（5）抗滑稳定验算：

$$K_s = \frac{(G_n + E_{an})\mu}{E_{at} - G_t} = \frac{G\cos\alpha_0 + E_a\sin(\varepsilon + \alpha_0 + \delta)u}{E_a\cos(\varepsilon + \alpha_0 + \delta) - G\sin\alpha_0} =$$

$$\frac{329.5 \times \cos0° + 223.56 \times \sin(18° + 0° + 20) \times 0.48}{223.56 \times \cos(18° + 0° + 20°) - 329.5\sin0°} = 2.25 > 1.3$$

满足要求。

（6）地基承载力验算。作用在基础底面上总的竖向力为

$$N = G + E_{az} = 329.5 + 223.56 \times \sin38° = 467.14\text{kN}$$

竖向力合力作用点与墙趾 o 的距离为

$$x = \frac{Gx_0 + E_{az}x_f - E_{ax}z_f}{G + E_{az}} = 69.828 \times 0.705 + 128.7 \times 5.708 + 130.944 \times$$

$$1.544 + 223.56 \times \sin38°(4 - 2 \times \tan18°) - 223.56 \times \cos38°(2 - 4 \times$$

$$\tan0)/329.5 + 223.56 \times \sin38° = 2.344\text{m}$$

基底合力的偏心距：

$$e = \frac{b}{2} - x = 2 - 2.344 = -0.344\text{m} < \frac{b}{6} = 0.667\text{m}$$

基底边缘应力为

$$P_{\min}^{\max} = \frac{N}{6}\left(1 \pm \frac{6e}{b}\right) = \frac{467.14}{4} \times \left[1 \pm \frac{6 \times (-0.344)}{4}\right] = \begin{cases}177.1\text{kPa} \\ 56.5\text{kPa}\end{cases}$$

$$\frac{1}{2}(P_{\max} + P_{\min}) = \frac{1}{2} \times (177.1 + 56.5) = 116.8\text{kPa} < f_a = 180\text{kPa}$$

$$P_{\max} = 177.1\text{kPa} < 1.2f_a = 216\text{kPa}$$

基底平均应力与最大应力满足承载力要求。

墙身截面强度验算过程省略。最终可确定墙顶宽度取1m，墙底宽度取4m，挡土墙横截面如图6－47所示。

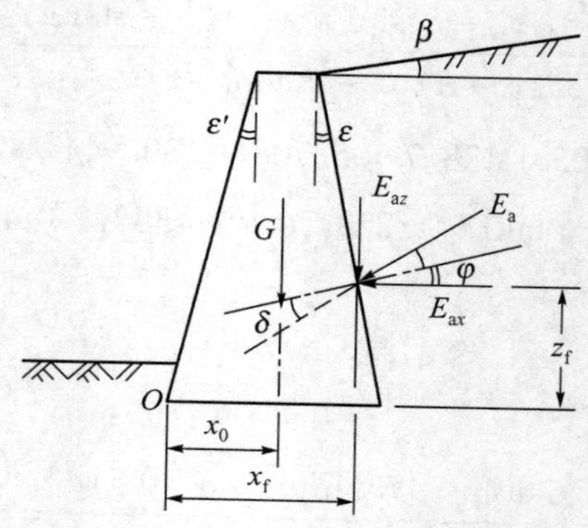

图6－47　例6－7附图

复习思考题

1. 影响土压力的因素有哪些？其中最主要的因素是什么？
2. 什么是主动土压力、被动土压力和静止土压力？三者的关系是什么？

3. 试分析刚性挡土墙产生位移时，墙后土体中应力状态的变化。

4. 说明土的极限平衡状态是什么意思？挡土墙应如何移动，才能产生主动土压力？

5. 试比较朗肯土压力理论和库仑土压力理论的基本假定及适用条件？

6. 朗肯土压力理论和库仑土压力理论各采用了什么假定？分别会带来什么样的误差？

7. 墙背的粗糙程度、填土排水条件的好坏对主动土压力有何影响？

8. 地下水位升降对土压力的影响如何？

9. 挡土墙有哪几种类型？其特点是什么？

10. 如何初步确定重力式挡土墙断面尺寸？

11. 重力式挡土墙墙后排水可以采取哪些措施？如果排水不畅对挡土墙有何影响？

12. 挡土墙后填土有何要求？

13. 挡土墙设计尺寸初定后一般需要进行哪些验算？

习　题

[6-1]　有一高 7m 的挡土墙，墙背直立光滑、填土表面水平。填土的物理力学性质指标为：$c = 12\text{kPa}, \varphi = 15°, \gamma = 18\text{kN/m}^3$，试求主动土压力及作用点位置，并绘出主动土压力分布图。

[6-2]　有一重力式挡土墙高 5m，墙背垂直光滑，墙后填土水平。填土的性质指标为 $c = 0, \varphi = 40°, \gamma = 18\text{kN/m}^3$。试分别求出作用于墙上的静止、主动及被动土压力的大小和分布。

[6-3]　如图 6-48 所示挡土墙，墙背竖直光滑，墙后填土面水平，墙后填土为非黏性土，求作用在挡土墙上的主动土压力？

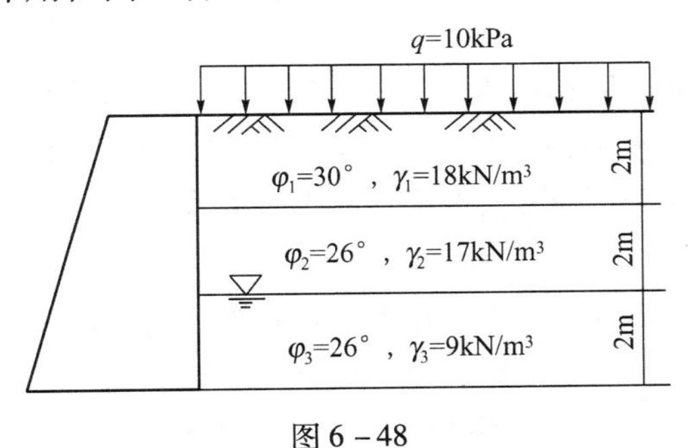

图 6-48

［6－4］　某挡土墙高7m，墙背竖直光滑，墙后填土面水平，并作用均布荷载 $q=20\text{kPa}$，填土分两层，上层土 $\gamma_1=18.0\text{kN/m}^3$，$\varphi_1=20°$，$c_1=12.0\text{kPa}$；下层位于地下水位以下，$\gamma_{sat}=19.2\text{kN/m}^3$，$\varphi_2=26°$，$c_2=6.0\text{kPa}$。求墙背总侧压力 E_a 并绘出侧压力分布图？

［6－5］　已知挡土墙高 $H=10\text{m}$，墙后填土为中砂，$\gamma=8\text{kN/m}^3$，$\gamma_{sat}=20\text{kN/m}^3$，$\varphi=30°$，墙背垂直、光滑，填土面水平。计算总静止土压力 E_0，总主动土压力 E_a；当地下水位上升至离墙顶6m时，计算墙所受的 E_a 及水压力 P_w。

［6－6］　有一重力式挡土墙高4.0m，$\varepsilon=10°$，$\beta=5°$，墙后填砂土，其性质指标为：$c=0$，$\varphi=30°$，$\gamma=18\text{kN/m}^3$。试分别求出当 $\delta=\varphi/2$ 和 $\delta=0$ 时，作用于墙背上的总的主动土压力 E_a 的大小、方向和作用点。

［6－7］　某挡土墙如图6－49所示，填土与墙背的外摩擦角 $\delta=15°$，试用库仑土压力理论计算：① 主动土压力的大小、作用点位置和方向；② 主动土压力沿墙高的分布。

［6－8］　某重力式挡土墙如图6－50所示，砌体重度 $\gamma_k=22.0\text{kN/m}^3$，基底摩擦系数 $\mu=0.5$，作用在墙背上的主动土压力为51.6kN/m。试验算该挡土墙的抗滑和抗倾覆稳定性。

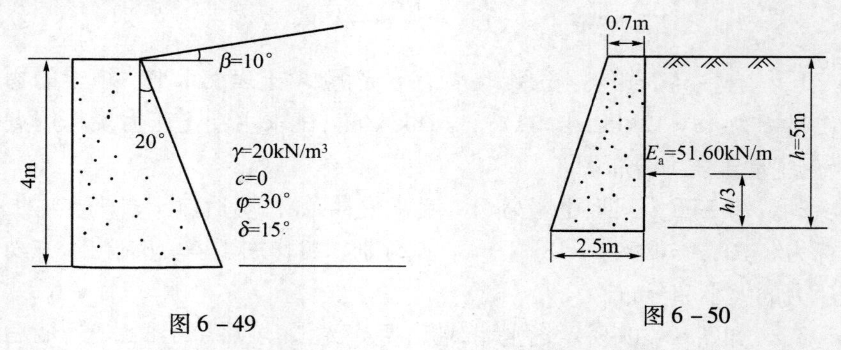

图6－49　　　　图6－50

［6－9］　如图6－51所示的挡土墙，墙身砌体重度 $\gamma_k=22.0\text{kN/m}^3$，试验算该挡土墙的稳定性。

［6－10］　某挡土墙砌体重度为 $\gamma=25\text{kN/m}^3$，基底摩擦系数 $\mu=0.8$，墙背竖直光滑，墙后填土水平，并作用均匀荷载 $q=20\text{kPa}$，填土分两层，其强度指标及墙体尺寸如图6－52所示，试求墙背总土压力及作用点位置，并求墙的抗滑和抗倾覆安全系数。

［6－11］　某挡土墙背垂直光滑，尺寸如图6－53所示，墙身用重度为 22kN/m^3 的材料砌筑，墙建在土质地基上，墙前后回填砂土的湿重度相同，仅墙后有地下水作用，墙趾处按静止土压力考虑（$K_0=0.5$），试计算确定该墙是

否会发生沿基础底面的平面滑动(安全系数 $F_s = 1.3$,设地下水位上下砂土 φ 值相同)?

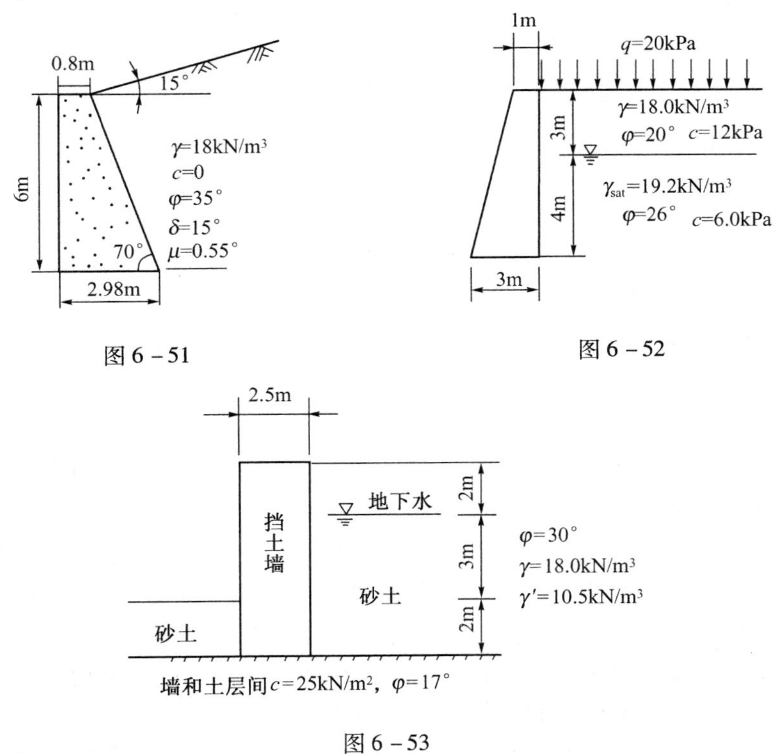

图 6-51

图 6-52

图 6-53

第7章 土坡稳定分析

7.1 概 述

7.1.1 基本概念

土坡就是具有倾斜坡面的土体。土坡有天然土坡,也有人工土坡。天然土坡是由于地质作用自然形成的土坡,如山坡、江河的岸坡等;人工土坡是经过人工挖、填的土工建筑物,如基坑、渠道、土坝、路堤等的边坡。

土坡下土体的破坏称为滑动。土坡的滑动系指土坡丧失其原有稳定性,一部分土体相对另一部分土体滑动的现象。土坡的滑动可能会以任意的方式发生,它既可能是缓慢的,也可能是很突然的;既可能是有明显的扰动而触发的,也可能是没有明显的扰动而触发的。通常,土坡滑动是由于开挖或现已存在的斜坡坡脚的切断所引起的。然而,在某些情况下,土坡滑动是由于土结构的逐渐破坏所产生的微小裂缝把土体分成不规则的片段而引起的。另外,在某些渗透性异常的土层中孔隙水压力的升高或斜坡下土层的震(振)动液化也会引起土坡的滑动。由于导致土坡滑动的不利因素的异常变化,土坡稳定性的条件经常违背理论分析的结果。基于试验结果的稳定性计算,可能仅仅是在本章各节指定的条件被严格满足的条件下才是可靠的。土体中各种未被发现的不连续性,如大量微小的贯通裂缝、残存的老滑动面、含水簿砂层,可能会使得计算结果完全无效。

7.1.2 土坡失稳原因分析

由于土坡表面倾斜,在土体自重及外力作用下,坡体内将产生切向应力,当切应力大于土的抗剪强度时,就会产生剪切破坏,如果靠坡面处剪切破坏的面积很大,则将产生一部分土体相对于另一部分土体滑动的现象,称为滑坡或塌方。土坡在发生滑动之前,一般在坡顶首先开始明显下降并出现裂缝,坡脚附近的地面则有较大的侧向的位移并微微隆起。随着坡顶裂缝的开展和坡脚侧向位移的增加,部分土体突然沿着某一个滑动面而急剧下滑,造成滑坡。土建工程中经常遇到土坡稳定问题,如果处理不当,土坡失稳产生滑动,不仅影响工程进展,可能导致工程事故甚至危及生命安全,应当引起重视。

(1) 基坑开挖,一般黏性土浅基础,土质较好,基础埋深 $d = 1m \sim 2m$,可以竖直开挖,也可采用机械施工以加快施工进度。若 $d > 5m$,两层以上的箱基和深基,垂直开挖会产生滑坡。如边坡缓,则工程量太大,在密集建筑区进行基坑开挖,有可能影响到邻近建筑物的安全。

(2) 经过漫长时间形成的天然土坡原本是稳定的,如在土坡上建造房屋,增加了坡上荷载,有可能引起土坡的滑动;如在坡脚建房,为增加平地面积,往往将坡脚的缓坡削平,则土坡更容易失稳发生滑动。

(3) 人工填筑的土堤、土坝、路基等,形成地面以上新的土坡。由于这些工程的长度很大,边坡稍微改陡一点,往往可以节省工程量。

由此可见,土坡稳定在工程上具有很重要的意义,影响土坡稳定的因素很多,包括土坡的边界条件、土质条件和外界条件。具体因素如下:

(1) 边坡坡角 α。坡角 α 越小就越安全但不经济;坡角 α 太大,则经济而不安全。

(2) 坡高 H。试验研究表明,其它条件相同的土坡,坡高 H 越小,土坡越稳定。

(3) 土的性质。土的性质越好,土坡越稳定。例如,土的重度 γ 和抗剪强度指标 c、φ 值大的土坡,比 γ、c、φ 小的土坡更安全。

(4) 地下水的渗透力。当土坡中存在与滑动方向一致的渗透力时,对土坡不利。如水库土坝下游土坡就可能发生这种情况。

(5) 震动作用如强烈地震、工程爆破和车辆震动等,会使土的强度降低,对土坡稳定性产生不利影响。

(6) 施工不合理。对坡角的不合理开挖或超挖,将使坡体的被动抗力减小。这在平整场地过程中经常遇到。不适当的工程措施引起古滑坡的复活等,均需预先对坡体的稳定性作出估计。

(7) 人类活动和生态环境的影响。

7.1.3 防止边坡滑动的措施

边坡失稳,将会影响工程的顺利进行和施工安全,对相邻建筑物构成威胁,甚至危及人民的生命安全。因此,在工程建设中,必须根据场地的工程地质和水文地质条件进行调查与评价,排除潜在的威胁以及直接有危害的整体不稳定山坡地带,并对周围环境以及施工影响等因素进行分析,判断其是否存在失稳的可能性,采取相应的预防措施。

(1) 加强岩土工程勘查,查明边坡地区工程地质、水文地质条件,尽量避开滑坡区或古滑坡区，掩埋的古河道、冲沟口等不良地质。

(2) 根据当地经验，参照同类土（岩）体的稳定情况，选择适宜的坡型和坡角。

(3) 对于土质边坡或易于软化的岩质边坡，在开挖时采取相应的排水和坡角。

(4) 开挖土石方时，宜从上到下依次进行，并防止超挖；挖、填土宜求平衡，尽量分散处理弃土，如必须在坡顶或山腰大量弃土时，应进行坡体稳定性验算。

(5) 若边坡稳定性不足时，可采取放缓坡角、设置减载平台、分级加载及设置相应的支挡结构等措施。

(6) 对软土，特别是灵敏度较高的软土，应注意防止对土的扰动，控制加载速率。

(7) 为防止振动等对土坡的影响，桩基施工宜采取压桩、人工挖孔或重锤低击、低频锤击等施工方式。

土坡稳定分析属于土力学中的稳定问题。本章主要介绍简单土坡的稳定分析方法。简单土坡指土坡的顶面和底面都是水平的，并延伸至无限远，土坡由均质土组成。为了下文叙述方便，图 7－1 给出简单土坡各部位的名称。

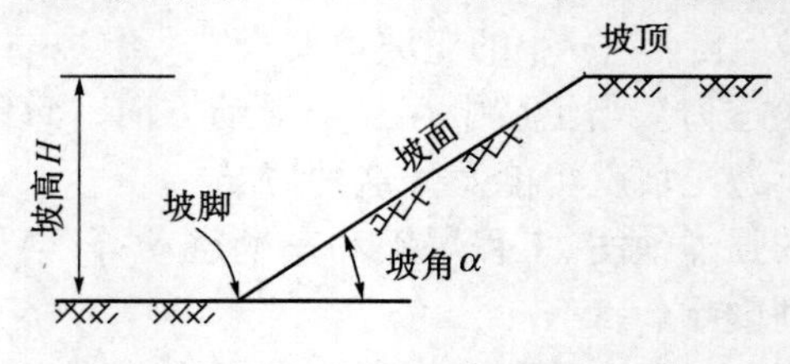

图 7－1　土坡各部位的名称

7.2　无黏性土坡稳定性分析

大量的实际调查表明，由砂、卵石、风化砾石等组成的无黏性土土坡，其滑动面可以近似为一平面，故常用直线滑动法分析其稳定。

7.2.1　干的无黏性土坡

处于不渗水的砂、砾、卵石组成的无黏性土坡，只要坡面上颗粒能保持稳定，那么整个土坡便是稳定的。

图 7－2 为无黏性土坡，坡角为 α，自坡面上取一单元土体，其重量为 W，由

W引起的顺坡方向的下滑力为 $T = W\sin\alpha$，抗滑力为 $T_f = N\tan\varphi = W\cos\alpha\tan\varphi$。若抗滑力与下滑力的比值定义为稳定安全系数，则安全系数为

$$K = \frac{T_f}{T} = \frac{W\cos\beta\tan\varphi}{W\sin\alpha} = \frac{\tan\varphi}{\tan\alpha} \tag{7-1}$$

式中　α——土坡坡角；

　　　φ——土的内摩擦角。

由式(7-1)可见，对于均质无黏性土土坡，土坡的稳定性与土坡的高度 H(称为坡高)无关，与土体重度 γ 无关，仅仅取决于坡角 α，理论上只要坡角 $\alpha < \varphi$，则 $K > 1$，土体就是稳定的。为了保证土坡有足够的安全储备，可取 $K = 1.1 \sim 1.5$。当坡角 $\alpha = \varphi$，有 $K = 1$，土体处于极限平衡状态，称为无黏性土土坡的休止角。

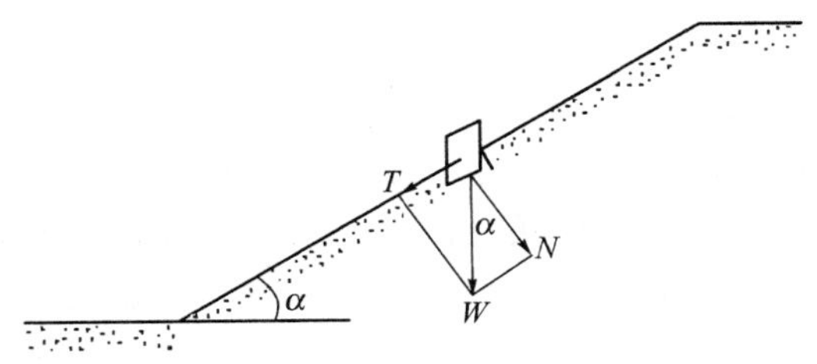

图7-2　无黏性土坡稳定分析

7.2.2　有渗流作用的无黏性土坡

当坡中有渗流并从边坡表面逸出时，在动水压力作用下，土坡的稳定安全系数将会降低。若水流顺坡流出时，则渗透水力坡降 $i = \sin\alpha$，沿渗流逸出方向产生的渗透力 $j = i\gamma_w$。求出全部下滑力和抗滑力后，可得土坡的稳定系数为

$$K = \frac{\gamma'}{\gamma} \cdot \frac{\tan\varphi}{\tan\alpha} \tag{7-2}$$

式中　γ'——土的有效重度；

　　　γ——土的饱和重度；

其余符号意义同前。

通常，γ'/γ 约为0.5，可见有顺坡渗流时，土坡的安全系数降为无渗流时的1/2。

[例7-1]　一均质的无黏性土坡，土的重度为 19kN/m^3，饱和重度为 20.4kN/m^3，土的内摩擦角为30°。求安全系数 $K = 1.2$ 时，干坡及有顺坡渗流时的最大坡角。

解:(1) 根据式(7-1)得

$$K=\frac{\tan\varphi}{\tan\alpha}=\frac{\tan30°}{\tan\alpha}=1.2$$

从而可得干坡的最大坡角为25.7°。

(2) 根据式(7-2)得

$$K=\frac{\gamma'}{\gamma}\cdot\frac{\tan\varphi}{\tan\alpha}=\frac{(20.4-9.8)\tan30°}{20.4\tan\alpha}=1.2$$

从而可得有顺坡渗流时的最大坡角为14°。计算结果表明,有顺坡渗流时稳定坡角要比干坡时小得多。

7.3 黏性土坡稳定性分析

土坡的失稳形态和当地的工程地质条件有关。在非均质土层中,如果土坡下面有软弱层,则滑动面很大部分将通过软弱层形成曲折的复合滑动面,如图7-3(a)所示,如果土坡位于倾斜的岩层面上,则滑动面往往沿岩层面产生,如图7-3(b)所示。均质黏性土的土坡失稳破坏时,其滑动面常常是曲面,通常可近似地看成为圆弧滑动面。

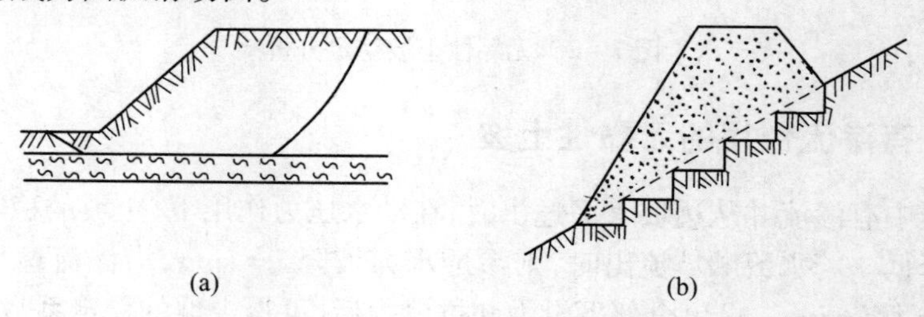

图7-3 非均质土中的滑动面
(a) 土坡滑动面通过软弱层;(b) 土坡沿岩层面滑动。

圆弧滑动面的形式一般有以下三种。

(1) 圆弧滑动面通过坡脚 B 点(图7-4(a)),称为坡脚圆。

(2) 圆弧滑动面通过坡面上 E 点(图7-4(b)),称为坡面圆。

(3) 圆弧滑动面通过坡脚以外的 A 点(图7-4(c)),称为中点圆。

上述三种圆弧滑动面的产生,与土坡的坡角大小、填土的强度指标以及土中硬层的位置等有关。总的来说,黏性土由于颗粒之间存在黏结力,发生滑坡时是整块土体向下滑动的,坡面上任一单元土体的稳定条件不能用来代表整个土坡的稳定条件。若按平面应变问题考虑,可将滑动面以上土体看作刚体,并以它为

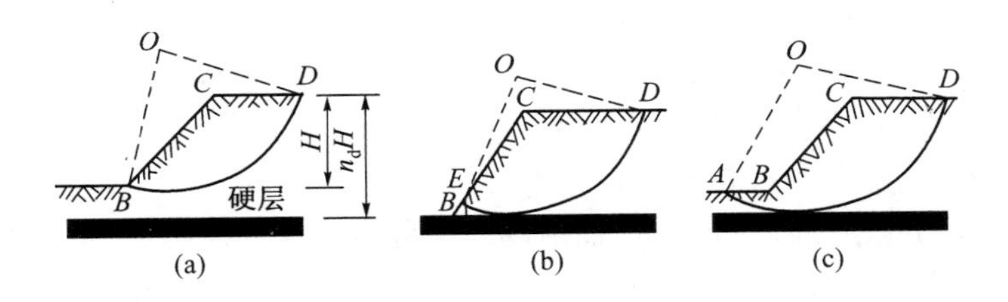

图 7－4　均质黏性土土坡的三种圆弧滑动面

（a）坡角圆；（b）坡面圆；（c）中点圆。

脱离体，分析在极限平衡条件下其上各种作用力。

土坡稳定分析时采用圆弧滑动面首先由彼得森（K. E. Petterson，1916）提出，此后费伦纽斯（W. Fellenius，1927）和泰勒（D. W. Taylor，1948）做了研究和改进，他们提出的分析方法可以分为两种。

（1）土坡圆弧滑动按照整体稳定分析法，主要适用于均质简单土坡。

（2）用条分法分析土坡稳定，条分法对非均质土坡、土坡外形复杂、土坡部分在水下时均适用。

7.3.1　整体圆弧滑动法

分析图 7－5 所示均质土坡，当土坡沿弧 AC 滑动，弧 AC 的圆心为 O 点，弧 AC 长为 L，半径为 R。取滑弧上面的滑动土体为脱离体，并视为刚体分析其受力。使土体产生滑动的力矩由滑动土体的重量 W 产生，阻止土体滑动的力矩由沿滑动面上分布的抗剪强度 τ_f 产生。可定义滑动土体的稳定安全系数为抗滑力矩与滑动力矩之比：

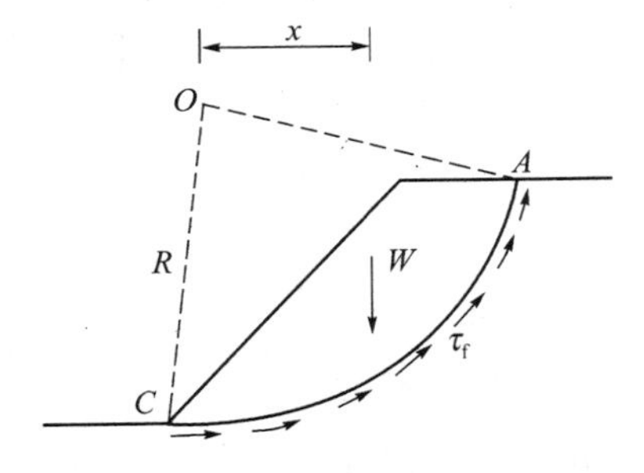

图 7－5　黏性土坡的整体圆弧滑动

$$K = \frac{M_r}{M_s} \qquad (7-3)$$

其中，抗滑力矩：

$$M_r = \tau_f LR$$

滑动力矩：

$$M_s = Wx$$

式中　τ_f——土的抗剪强度（kPa）；

L——滑动面滑弧长(m);

R——滑动面圆弧半径(m);

W——滑动土体的重力(kN/m);

x——滑动土体重心至圆心 O 的力臂(m)。

式(7-3)中的$\tau_f = c + \sigma \tan\varphi$,而滑动面上各点的法向应力 σ 是变化的,使得该式难以应用。但对饱和黏性土,在不排水条件下,$\varphi_u = 0$,抗剪强度$\tau_f = c_u$,与法向应力 σ 无关,则式(7-3)可改为

$$M_s = \frac{c_u LR}{Wx} \tag{7-4}$$

式(7-4)用于分析饱和黏性土坡形成过程和刚竣工时的稳定分析,称为$\varphi_u = 0$法,在 $\varphi = 0$ 时的分析是完全精确的,对于圆弧滑动面的总应力分析可得出基本正确的结果。

在应用式(7-3)时,如果土坡坡顶有堆载或车辆荷载等附加外力作用,滑动力矩的计算中应将附加外力考虑在内。

7.3.2 泰勒稳定图解法

泰勒和其后的研究者为简化最危险滑动面的试算工作,首先研究饱和黏土土坡($\varphi_u = 0$),在坡底以下一定深度 ηH 有硬质土层的情况,其后发展到 $\varphi \neq 0$ 的土坡。根据几何相似原理,选取影响土坡稳定的 5 个参数,即土的重度 γ、土坡高度 H、坡角 β 以及土的抗剪强度指标 c、φ,并将 γ、c 和 H 之间的关系定义为稳定因数 N_s,即

$$N_s = \frac{c}{\gamma H_c} \tag{7-5}$$

稳定因数 N_s 为无量纲数,泰勒给出了均质土坡在极限平衡状态下($K = 1$)和 φ、α 的关系,给出了稳定图,如图 7-6 所示。

应用稳定数图,可以比较方便地求解三类问题:① 已知黏性土坡角 α 和土体指标 γ、c、φ,根据图 7-6 横坐标 α 值与 φ 值曲线的交点,得到相应纵坐标 N_s 值,即可得到土坡极限坡高 H;② 已知土坡高度 H 和土体指标 γ、c、φ,计算得到稳定数 N_s,根据稳定数图 7-6 也可求得土坡极限坡角 α;③ 在 5 个参数均已知时,可由 φ 和 α 从图中查得 N_s,求土坡最小安全系数 $K = c/(\gamma H N_s)$。稳定数法一般适用于坡高 $H \leqslant 10$m 的均质土坡的设计,或用于土坡稳定的初步设计。

[例 7-2] 某开挖基坑,深 4m,地基土的重度为 18kN/m^3,有效黏聚力 10kPa,有效内摩擦角 15°。如要求基坑边坡的抗滑稳定安全系数 K 为 1.20。试

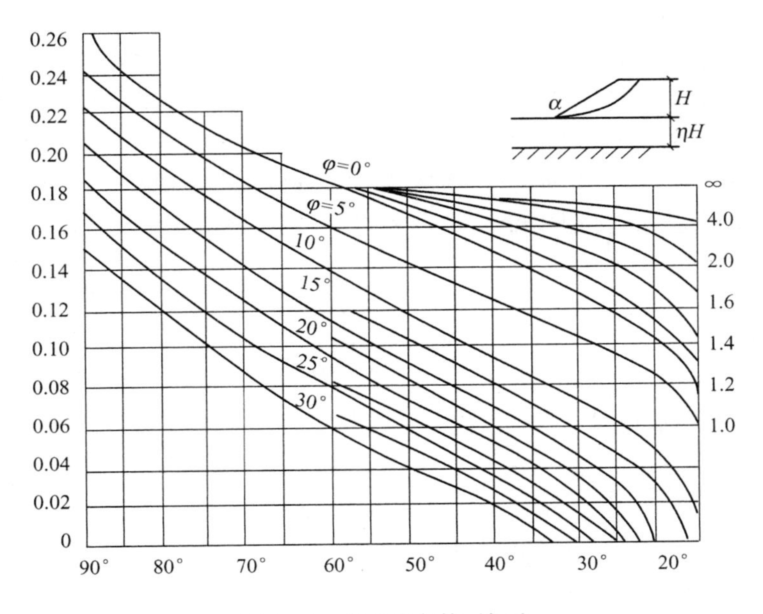

图 7－6　泰勒稳定数图解法

问：边坡的坡度设计成多少最为合适？

解：要使抗滑稳定安全系数 $K=1.20$，则基坑边坡的临界高度应为

$$H_c = FH = 1.20 \times 4 = 4.80\text{m}$$

因而

$$N_s = \frac{c}{\gamma H_c} = \frac{10}{18 \times 4.80} = 0.116$$

由 $N_s=0.116$ 和 $\varphi=15°$查图 7－6 可得坡角 $\alpha=59°$最为合适。

7.3.3　瑞典条分法

由于瑞典圆弧滑动法假设整个滑动土体为刚性处于极限平衡状态，对于土坡受渗透力、地震力等外力作用时，整个滑动土体上力的分析就较复杂；此外，滑动面上各点的抗剪强度又与该点的法向应力有关，并非均匀分布，使得瑞典圆弧滑动法的应用受到限制。

费伦纽斯在瑞典圆弧滑动法的基础上，将滑动土体划分成一系列铅直土体，假定各土条两侧分界面上作用力的合力大小相等、方向相反，且作用线重合，即不计土条间相互作用力对平衡条件的影响，计算每一滑动土条上的滑动力矩和土的抗剪强度，然后根据整个滑动土体的力矩平衡条件，求得稳定安全系数。该法古老且简单,又称为瑞典条分法。

图7-7(a)所示土坡和滑弧,将滑坡体分成 n 个土条,其中第 i 个条宽度为 b_i,条底弧线可简化为直线,长为 l_i,重力为 W_i,土条底的抗剪强度参数为 c_i、φ_i,该土条的受力如图7-7(b)所示,根据费伦纽斯的假定有 $E_i = E_{i+1}$。根据第 i 条上各力对 O 点力矩的平衡条件,考虑 N_i 通过圆心,不出现在平衡方程中,假设土坡的整体安全系数与土条的安全系数相等,然后根据 n 个土条的力矩平衡方程求和,可得

$$K = \frac{\sum T_i R}{\sum W_i R \sin\alpha_i} \tag{7-6}$$

式中 K——土坡抗滑动安全系数。

T_i 和 N_i 之间满足:

$$T_i = c_i l_i + N_i \tan\varphi_i \tag{7-7}$$

式中 T_i——第 i 土条底部的抗滑力;

N_i——第 i 土条底部的法向力。

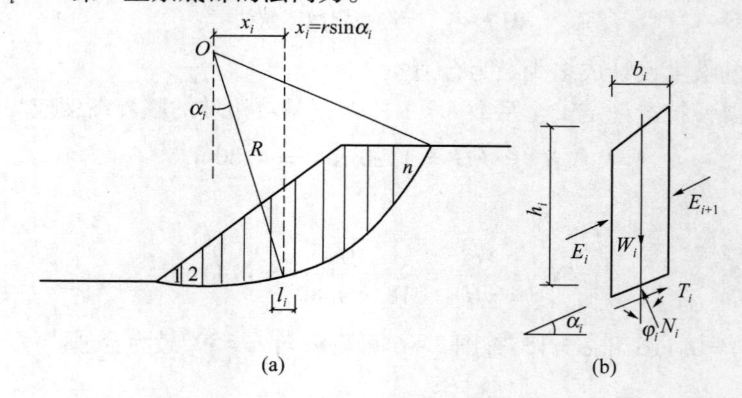

图7-7 瑞典条分法土坡稳定分析

根据条底法线方向力的平衡条件,考虑到 $E_i = E_{i+1}$,得

$$N_i = W_i \cos\alpha_i \tag{7-8}$$

则

$$K = \frac{\sum (c_i l_i + W_i \cos\alpha_i \tan\varphi_i)}{\sum W_i \sin\alpha_i} \tag{7-9}$$

其中

$$\sin\alpha_i = \frac{x_i}{R}$$

式中，α_i 存在正负问题。当土条自重沿滑动面产生下滑力时，α_i 为正；当产生抗滑力时，α_i 为负。

式(7-9)为圆弧条分法采用总应力分析法求得的土坡稳定安全系数，当采用有效应力分析法时，抗剪强度指标应取 c' 和 φ'，在计算土条重力 W_i 时，土条在浸润线以下部分应取饱和重度计算，考虑到条底孔隙水压力 u_i 的作用，$N'_i = N_i - u_i l_i$，式(7-9)改写为

$$K = \frac{\sum[c'_i l_i + (W_i\cos\alpha_i - u_i l_i)\tan\varphi'_i]}{\sum W_i\sin\alpha_i} \tag{7-10}$$

7.3.4 最危险滑动面的确定

上述的计算是针对一个假定的滑动圆弧面得到的稳定安全系数，不一定是最危险的滑动面。为寻找最危险的滑动面，求得相应最小安全系数，可假设一系列滑动圆弧，分别计算所对应的安全系数，直至找到最小值。这一过程需要进行多次试算，计算工作量很大。

费伦纽斯发现，均质黏性土土坡，其最危险滑动面常通过坡脚，$\varphi=0°$时，圆心位置可由图7-8中 AO 与 BO 两线的交点确定，AO 与 BO 的方向由 β_1 和 β_2 确定，β_1 和 β_2 的值和坡角或坡比有关，见表7-1。对 $\varphi>0°$的土坡，最危险滑动面可能在图7-8(b)中 EO 的延长线上。自 O 点向外取圆心 O_1、O_2、O_3 分别作圆心，绘制过坡脚的圆弧，并计算安全系数，然后沿延长线作 K 对圆心位置的曲线，求得最小安全系数 $K_{\min}$ 和对应的圆心 O_m。

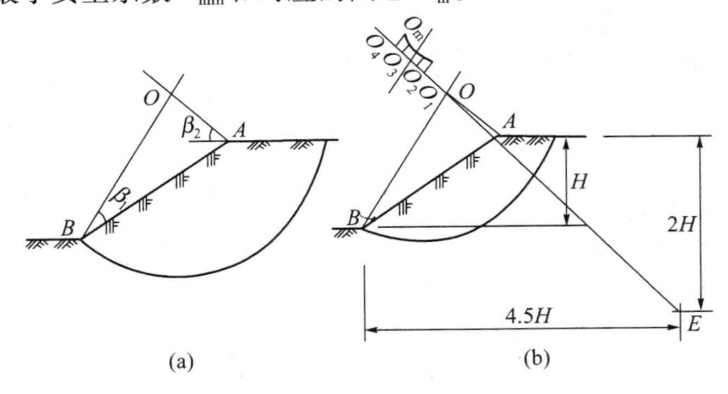

图7-8 最危险滑动面圆心位置的确定

表 7-1 β_1 和 β_2

坡比 1: n	坡角/(°)	β_1/(°)	β_2/(°)
1: 0.5	63.43	29.5	40
1: 0.75	53.13	29	39
1: 1.0	45	28	37
1: 1.5	33.68	26	35
1: 1.75	29.75	25	35
1: 2.0	26.57	25	35
1: 2.5	21.8	25	35
1: 3.0	18.43	25	35
1: 4.0	14.05	25	36
1: 5.0	11.32	25	37

上述计算可利用程序,通过计算机进行,大量的计算结果表明:对基于极限平衡理论的各种稳定分析法,若滑动面采用圆弧面时,尽管求出的 K 值不同,但最危险滑弧的位置却很接近;而且在最危险滑弧附近,K 值的变化很不灵敏。因此,可利用瑞典条分法确定出最危险滑弧的位置。然后,对最危险滑弧,或其附近的少量的滑弧,用比较精确的稳定分析方法来确定它的安全系数以减少计算工作量。

[例 7-3] 一均质黏性土坡,高 20m,边坡为 1: 2,土体黏聚力 $c=10\text{kPa}$,内摩擦角 $\varphi=20°$,重度 $\gamma=18\text{kN/m}^3$。试用瑞典条分法计算土坡的稳定安全系数。

解: (1) 选择滑弧圆心,作出相应的滑动圆弧。按一定比例画出土坡剖面,如图 7-9 所示。因为是均质土坡,可由表 7-1 查得 $\beta_1=25°$,$\beta_2=35°$,作线 BO 及 CO 得交点 O。再如图 7-9 所示求出 E 点,作置 EO 之延长线,在 EO 延长线上任取一点 O_1 作为第一次试算的滑弧圆心,通过坡脚作相应的滑动圆弧,量得其半径 $R=40\text{m}$。

(2) 将滑动土体分成若干土条,并对土条进行编号。为了计算方便,土条宽度取等宽 $b=0.2R=8\text{m}$。土条编号一般从滑弧圆心的垂线开始作为 0,逆滑动方向的土条依次为 1、2、3、…,顺滑动方向的土条依次为 -1、-2、-3、…。

(3) 量出各土条中心高度 h_i,并列表计算 $\sin\alpha_i$、$\cos\alpha_i$ 以及 $\sum W_i\sin\alpha_i$、$\sum W_i\cos\alpha_i$ 等值,见表 7-2。

注意:当取等宽时,土体两端土条的宽度不一定恰好等于 b,此时需将土条

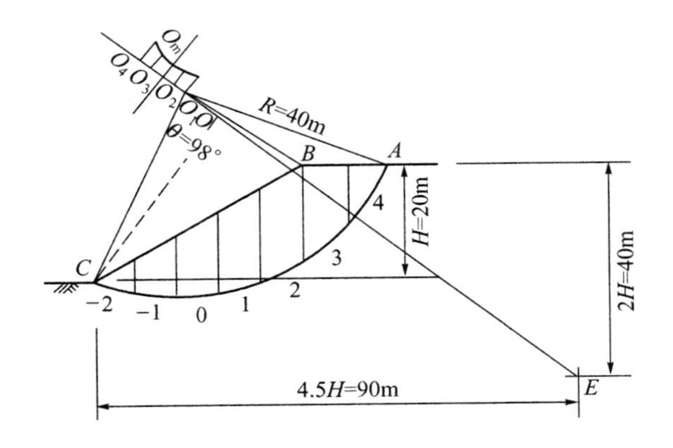

图 7－9　例题 7－3 示意图

的实际高度折算成相应于 b 时的高度，对 $\sin\alpha_i$ 应按实际宽度计算，如表 7－2 备注栏所列。

(4) 量出滑动圆弧的中心角 $\alpha=98°$，计算滑弧弧长：

$$L=\frac{\pi}{180}\times 98\times 40=68.4\text{m}$$

(5) 计算安全系数，用式(7－9)求得

$$K=\frac{cL+b\tan\varphi\sum\gamma h_i\cos\alpha_i}{b\sum\gamma h_i\sin\alpha_i}=\frac{10\times 68.4+18\times 8\times 0.346\times 80.51}{18\times 8\times 25.34}=1.34$$

(6) 在 EO 延长线上重新选择滑弧圆心 O_1、O_2、O_3、…，重复上述计算，直至求出最小的安全系数，即为该土坡的稳定安全系数。

表 7－2　瑞典条分法计算表

土条编号	H_i/m	$\sin\alpha_i$	$\cos\alpha_i$	$W_i\sin\alpha_i$	$W_i\cos\alpha_i$	备注
−2	3.3	−0.383	0.924	−22.68	54.9	1. 从图中量出“－2”土条实际宽度为 6.6m，实际高为 4.0 m。折算后“－2”土条高为 $4.0\times\frac{6.6}{8.0}=3.3\text{m}$ 2. $\sin\alpha_{-2}=-\left(\frac{1.5b+0.5b_{-2}}{R}\right)=-\left(\frac{1.5\times 8+0.5\times 6.6}{40}\right)=-0.383$
−1	9.5	−0.2	0.980	−34.2	167.58	
0	14.6	0	1.00	0.00	262.8	
1	17.5	0.2	0.980	63.0	308.7	
2	19.0	0.4	0.916	136.8	313.2	
3	17.0	0.6	0.800	183.6	244.8	
4	9.0	0.8	0.600	129.6	97.2	
				$\sum=456.12$	$\sum=1449.18$	

瑞典条分法由于忽略了土条侧面的作用力,虽然满足滑动圆弧的整体力矩平衡条件和土条的力矩平衡条件,但却不满足土条静力平衡条件,计算结果存在误差。这种误差随着滑弧圆心角和孔隙水压力的增大而增大,计算得到的稳定安全系数偏低 5% ~20%,偏于安全。但 Duncan 指出,瑞典条分法对平缓边坡和高孔隙水压情况边坡进行有效应力分析是非常不准确的。

7.3.5 毕肖普条分法

1955 年,毕肖普(Bishop)提出了考虑土条侧面作用力的稳定分析方法,称为毕肖普条分法。与瑞典圆弧条分法不同之处在于,条间力的假设和土坡稳定安全系数的定义。如图 7-10 所示,取土条 i 分析其受力。作用在土条 i 上有重力 W_i,滑动面上法向力 N_i 和切向力 T_i,土条侧面分别有切向力 V_i、V_{i+1} 和法向力 H_i、H_{i+1}。当土条 i 处于极限平衡状态时,由竖向力平衡条件,有

$$W_i + \Delta Vi = N_i\cos\alpha_i + T_i\sin\alpha_i \tag{7-11}$$

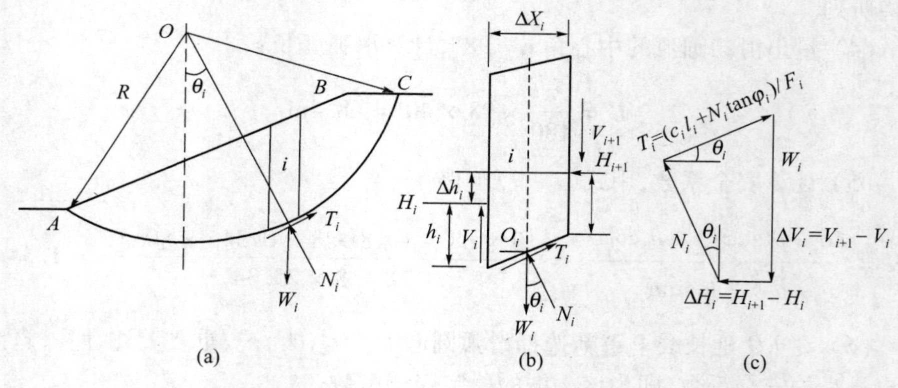

图 7-10 毕肖普条分法土条受力图

毕肖普将安全系数定义为土坡滑动面上的抗滑动力与滑动面上的实际剪力之比,并假定各土条底部滑动面的稳定安全系数是相同的,则土条 i 滑动面上 T_i 和 N_i 之间满足如下关系:

$$T_i = \frac{1}{K}(c_i l_i + N_i\tan\varphi_i) \tag{7-12}$$

将式(7-12)代入式(7-11)得

$$N_i = \frac{W_i + \Delta V_i - \dfrac{c_i l_i}{K}\sin\alpha}{\cos\alpha_i + \dfrac{\sin\alpha_i\tan\varphi_i}{K}} = \frac{1}{m_{ai}}\left(W_i + \Delta V_i - \frac{c_i l_i}{K}\sin\alpha_i\right) \tag{7-13}$$

其中

$$m_{ai} = \cos\alpha_i + \frac{\sin\alpha_i \tan\varphi_i}{K}$$

考虑整个滑动土体的整体力矩平衡条件,V_i 和 H_i 成对出现,大小相等,方向相反,相互抵消,各土条作用力对滑弧圆心的力矩之和为零,得

$$\sum T_i R = \sum W_i R \sin\alpha_i \tag{7-14}$$

将上述式(7-11)~式(7-13)代入式(7-14)中整理得

$$K = \frac{\sum \frac{1}{m_{ai}}[c_i b_i + (W_i + \Delta V_i)\tan\varphi_i]}{\sum W_i \sin\alpha_i} \tag{7-15}$$

式(7-15)即毕肖普条分法稳定计算的一般公式。式中 $\Delta V_i = V_{i+1} - V_i$,需要进一步假设,式(7-15)才能求解。毕肖普假定 $\Delta V_i = 0$,即假设条间切向力的大小相等方向相反,则式(7-15)可简化为

$$K = \frac{\sum \frac{1}{m_{ai}}[c_i b_i + W_i \tan\varphi_i]}{\sum W_i \sin\alpha_i} \tag{7-16}$$

其中

$$m_{ai} = \cos\alpha_i + \frac{\sin\alpha_i \tan\varphi}{K}$$

式(7-16)称为毕肖普简化条分法计算公式。在式(7-15)和式(7-16)中,等式两端均有安全系数 K,安全系数的求解需要试算。计算时,可以先假定 $K=1$,然后求出 m_{ai},代入式(7-16)中求 K,如果计算得到的 K 不等于 1,可以利用计算得到的只再求出新的 m_{ai}及 K,如此反复迭代,直至前后两次得到的 K,非常接近为止。计算经验表明,迭代通常都是收敛的,迭代 3 次~4 次即可满足工程精度要求。而要求出土坡的最小稳定安全系数,需继续假定不同的圆弧滑动面,计算相应的安全系数进行比较,直至寻求到安全系数的最小值。

同瑞典圆弧条分法类似,采用有效应力分析法时,抗剪强度指标应取 c' 和 φ'。Duncan 对土坡稳定分析方法作了分析和比较,指出毕肖普简化法在所有情况下都是精确的(除了遇到数值分析困难情况外),但仅适用于圆弧滑动面。陈祖煌认为,对于一般没有软弱土层和结构面的边坡,毕肖普简化法计算往往能得到足够的精度。如果毕肖普简化法得到的安全系数比瑞典条分法小,可以认为

毕肖普简化法存在数值分析问题。在此情况下，瑞典条分法的结果比毕肖普简化法好。因此，可以同时利用瑞典条分法和毕肖普简化法，比较其计算结果。

[例 7-4] 有一黏性土坡，坡高 18m，土的重度为 19.6kN/m^3，黏聚力为 28.6kPa，内摩擦角为 15.5°，试用毕肖普条分法求解图 7-11 所示滑弧的稳定安全系数。

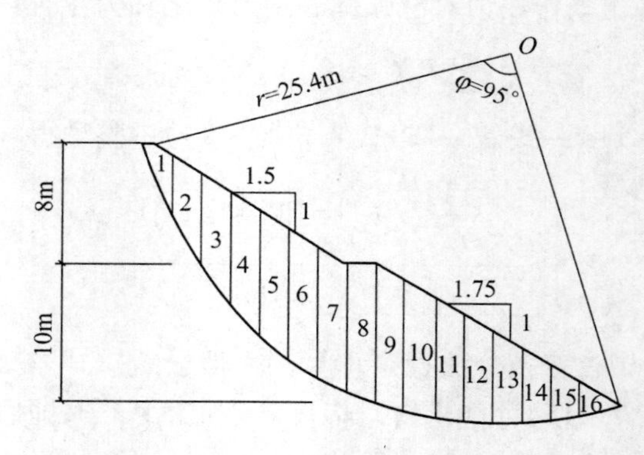

图 7-11 例 7-4 示意图

解： 将滑坡体分成 16 个竖直土条，如图 7-11 所示。各分条中式(7-16)各项计算结果见表 7-3、表 7-4。

先假设 $K=1.37$，将表 7-3 中数据代入式(7-16)得

$$K=\frac{\sum\frac{1}{m_{ai}}[c_ib_i+W_i\tan\varphi_i]}{\sum W_i\sin\alpha_i}=\frac{2311.1}{1626.9}=1.421$$

表 7-3 例 7-4 表 1

土条编号	条宽 b_i /m	条高 h_i /m	土条重 $W_i=\gamma b_ih_i$	x_i/m	$\sin\alpha_i=x_i/r$	$\cos\alpha_i$	$W_i\sin\alpha_i$	c_ib_i	$W_i\tan\varphi_i$
1	1.12	2.0	43.9	24.0	0.945	0.327	41.5	32.03	12.16
2	2.0	4.8	188.2	22.5	0.886	0.464	166.7	57.2	52.13
3	2.0	7.0	274.4	20.5	0.807	0.591	221.4	57.2	76.01
4	2.0	8.0	313.6	18.5	0.728	0.686	228.3	57.2	86.87
5	2.0	8.4	329.3	16.5	0.650	0.760	214.0	57.2	91.22
6	2.0	8.8	345.0	14.5	0.571	0.821	197.0	57.2	95.57
7	2.0	8.8	345.0	12.5	0.492	0.871	169.7	57.2	95.57
8	2.0	9.0	352.8	10.5	0.413	0.911	145.7	57.2	97.73

（续）

土条编号	条宽 b_i /m	条高 h_i /m	土条重 $W_i=\gamma b_i h_i$	x_i/m	$\sin\alpha_i = x_i/r$	$\cos\alpha_i$	$W_i \sin\alpha_i$	$c_i b_i$	$W_i \tan\varphi_i$
9	2.0	9.4	368.5	8.5	0.335	0.942	123.4	57.2	102.1
10	2.0	8.8	345.0	6.5	0.256	0.967	88.3	57.2	97.73
11	2.0	8.0	313.6	4.5	0.177	0.984	55.5	57.2	86.87
12	2.0	7.4	290.1	2.5	0.098	0.995	28.4	57.2	80.36
13	2.0	6.0	235.2	0.5	0.010	1.000	2.35	57.2	65.15
14	2.0	4.8	188.2	-1.5	-0.059	0.998	-11.1	57.2	52.13
15	2.0	3.6	141.1	-3.5	-0.138	0.990	-19.5	57.2	39.09
16	3.5	1.6	109.8	-5.75	-0.226	0.974	-24.8	100.1	30.42

表7-4　例7-4表2

$m_{ai}=\cos\alpha_i+\dfrac{\sin\alpha_i\tan\varphi}{K}$		$\dfrac{c_i b_i + W_i \tan\varphi_i}{m_{ai}}$	
$K=1.37$	$K=1.42$	$K=1.37$	$K=1.42$
0.518	0.511	85.31	86.48
0.643	0.637	170.0	171.6
0.754	0.748	176.7	178.1
0.833	0.828	173.0	174.0
0.891	0.887	166.6	167.3
0.936	0.932	163.2	163.9
0.970	0.967	157.8	158.0
0.995	0.992	155.7	156.2
1.010	1.010	157.7	158.3
1.020	1.020	151.9	151.9
1.020	1.020	141.2	141.2
1.020	1.010	136.2	136.2
1.000	1.020	122.4	120.0
0.970	0.986	112.7	110.9
0.962	0.963	100.1	99.99
0.928	0.930	140.6	140.3
		$\sum=2311.6$	$\sum=2314.4$

再设 $K=1.42$,将表 7-4 中数据代入式(7-15)得

$$K=\frac{\sum \frac{1}{m_{ai}}[c_i b_i + W_i \tan\varphi_i]}{\sum W_i \sin\alpha_i}=\frac{2314.4}{1626.9}=1.423$$

计算值 $K=1.423$ 与假设值 $K=1.42$ 差别很小,土坡安全系数为 1.42。

7.4 特殊情况下土坡稳定分析

7.4.1 填方土坡的稳定性分析

为简单计,假设土坡由同一种饱和黏性土组成。土中 a 点的应力状态在图 7-12(a)和图 7-12(b)中描述。a 点的剪应力随填土高度增加而增大,并在竣工时达到最大值。初始的孔隙水压力 u_0 等于静水压力 $h_0\gamma_w$。由于黏土具有低渗透性,因此,在施工期间的体积变化量或排水量极小,可假定在施工过程中不发生排水,孔隙水压力 u 也不消散。于是,可假定黏土是在不排水条件下受荷的。一直到竣工以前孔隙水压力随填土增高而增大,如图 7-12(b)所示。按照 $u=\Delta\sigma_3+A(\Delta\sigma_1-\Delta\sigma_3)$(对饱和土有 $B=1$),除非 A 具有较大的负值,孔隙水压力 u 总是正值。竣工时土的抗剪强度继续保持与施工开始时的不排水强度 s_u 相等。

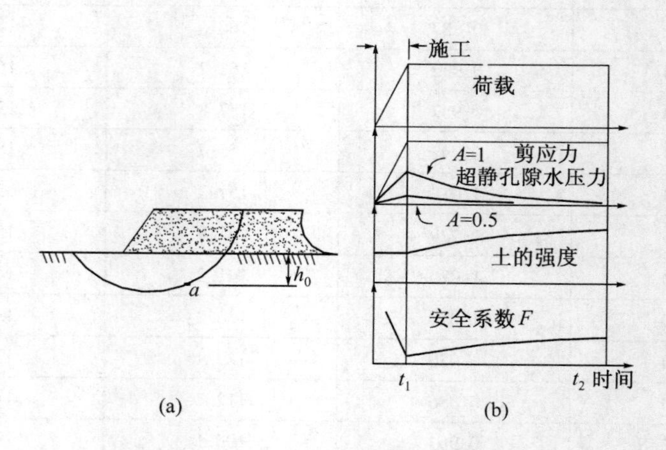

图 7-12 填方土坡的稳定性分析

(a) 饱和黏性土上的土堤;(b) 土堤的稳定性条件(Bishop 等,1960)。

竣工以后，总应力保持常数，而超静孔隙水压力 u 则由于固结而消散。并固结使孔隙水压力下降，同时使有效应力与抗剪强度增加。在较长的一段时间之后，在时间 t_2 时超静孔隙水压力 $u=0$ 即排水条件。只要孔隙水压力已知（因而有效应力已知），任何时间的抗剪强度就可由有效应力指标 c' 和 φ' 估计而得。由于在时间 t_2 时超静孔隙水压力为零，因此，有效应力可从外荷载、土体重量和静水压力算出。

因此，竣工时土坡的稳定性用总应力法和不排水强度 s_u 来分析；而土坡的长期稳定性则用有效应力法和有效应力指标 c' 和 φ' 来分析。从图 7-12(b) 可清楚地看出，在时间 t_1 即施工刚结束时，土坡的稳定性是最小的。如土坡渡过了这个状态，则安全系数会与日俱增。

7.4.2 挖方土坡的稳定性分析

同样，假设土坡由同一种饱和黏性土组成。挖土使 a 点的平均上覆压力减小，并引起孔隙水压力的降低，即出现负值的超静孔隙水压力，如图 7-13 所示。这种下降取决于孔隙压力系数 A 以及应力变化的大小，因土体完全饱和，$B=1$，因此，孔隙压力的变化量 $\Delta u=\Delta\sigma_3+A(\Delta\sigma_1-\Delta\sigma_3)$。开挖过程中土中的小主应力 $\Delta\sigma_3$ 要比大主应力 $\Delta\sigma_1$ 下降得多。于是，$\Delta\sigma_3$ 为负值，而 $\Delta\sigma_1-\Delta\sigma_3$ 为正值。

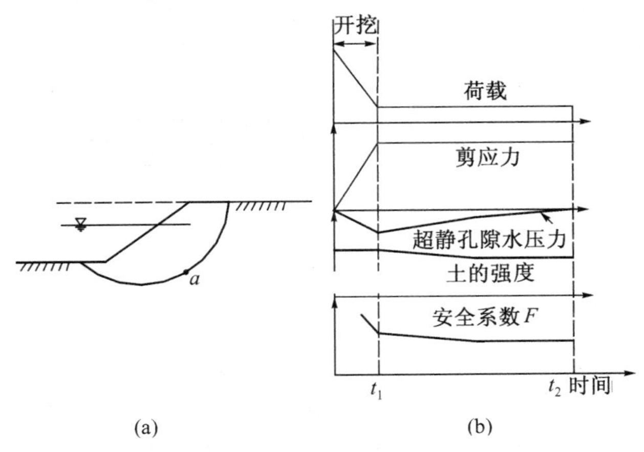

图 7-13　挖方土坡的稳定性分析

(a) 饱和黏性土中的挖方；(b) 开挖的稳定性条件(Bishop 等，1960)。

a 点的剪应力在施工结束时达到最大值。假定施工期间土处于不排水状态，则竣工时土的抗剪强度等于土的不排水强度 s_u。负的超静孔隙水压力随时间增长而消散，同时伴随着黏性土的膨胀和抗剪强度的下降。在开挖后较长时间土中负的超静孔隙水压力完全消散，$\Delta u=0$。因此，竣工时土坡的稳定性用总应力法和不排水强度 s_u 来分析；而土坡的长期稳定性则用有效应力法和有效应力指标 c'和 φ'来分析。但是，最不利的条件是土坡的长期稳定性。

7.4.3 邻近土坡加载引起的土坡稳定性问题

土坡的稳定性条件如图 7－14 所示。假设有一现存的饱和黏性土土坡，在离坡顶一定距离处作用有荷载 q。由于荷载 q 作用在一定距离处，故它并不改变沿滑弧上的应力，并且剪应力随时间而保持为常数。荷载 q 的施加使 b 点的孔隙水压力瞬时上升，又随固结而消散。a 点的孔隙水压力由于 b 点起始的辐射向排水而暂时增大；孔隙水压力的增大使土的抗剪强度和安全系数下降。可以看到，在某一中间时间 t_2 时，抗滑稳定安全系数达到最小值。这种情况潜伏着很大的危险，因为，不管土坡具有足够的瞬时或长期的稳定性，土坡的滑动仍然有可能会发生。

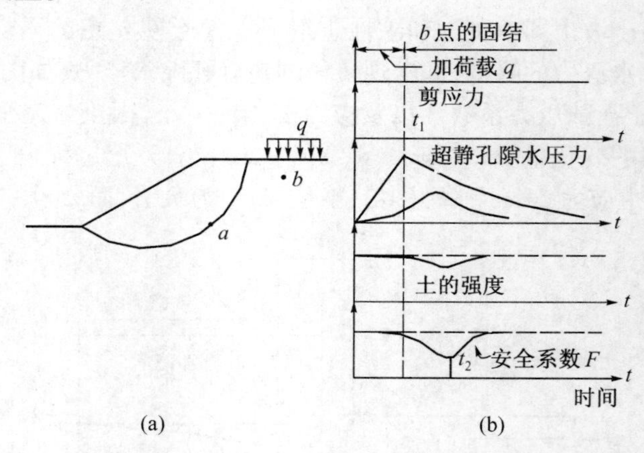

图 7－14 邻近土坡加载引起土坡稳定性条件

（a）邻近土坡的荷载；（b）受荷土坡的稳定性条件（Bishop 等，1960）。

图 7－14（b）说明了一种孔隙水压力随时间而先增大后减小的情况。这种条件产生在由于建造建筑物或打桩引起超静孔隙水压力的情况。在荷载 q 作用下的超静孔隙水压力沿辐射向排水而消散，从而使水从 b 点向 a 点流动，并使 a 点的孔隙水压力增加。

7.4.4 土坡稳定分析时强度指标的选用和容许安全系数

土坡稳定分析成果的可靠性，很大程度上取决于填土和地基土的抗剪强度的正确选取。因为，对任意一种给定的土来讲，抗剪强度变化幅度之大远远超过不同计算方法之间的差别。所以，在测定土的强度时，原则上应使试验的模拟条件尽量符合土在现场的实际受力和排水条件，使试验指标具有一定的代表性。因此，对于控制土坡稳定的各个时期，应分别采用不同的试验方法和测定结果。总的说来，对于总应力分析，在土坡（坝、堤）施工期，应采用不排水指标 c_u 和 φ_u；在土坡（水库）水位骤降期，也可采用固结不排水指标 c_{cu} 和 φ_{cu}。在土坡的稳定渗流期，不管采用何种分析方法，实质上均属于有效应力分析，应采用有效应力强度指标 c'、φ' 或排水剪强度指标 c_u 和 φ_u。对于软弱地基受压固结或土坡（坝、堤）施工期孔隙应力消散的影响，要考虑不同时期的固结度，采用相应的强度指标。

如果采用有效应力分析，当然应该采用有效应力强度指标，但此时对算出的孔隙水压力的正确程度要有足够的估计，最好能通过现场观测，由实测孔隙水压力资料加以验证。

从理论上讲，处于极限平衡状态时土坡的抗滑稳定安全系数 F 应等于1。因此，如设计土坡的 F 大于1，理应能满足稳定要求。但在实际工程中，有些土坡的抗滑稳定安全系数虽大于1，但还是发生了滑动；而有些土坡的抗滑稳定安全系数虽小于1，却是稳定的。产生这些情况的主要原因，是因为影响抗滑稳定安全系数的因素很多，如土的抗剪强度指标、稳定计算方法和稳定计算条件的选择等。目前，对于土坡稳定的容许抗滑稳定安全系数的取值，各部门尚未有统一标准，考虑的角度也不一样，在选用时要注意计算方法、强度指标和容许抗滑稳定安全系数必须相互配套，并根据工程不同情况，结合当地的实践经验加以确定。

复习思考题

1. 土坡失稳破坏的原因有哪些？
2. 土坡稳定安全系数的意义是什么？在本章中有哪几种表达方式？
3. 砂性土土坡的稳定性只要坡角不超过其内摩擦角，坡高可不受限制，而黏性土土坡的稳定还同坡高有关，试分析其原因。
4. 简要说明条分法的基本原理及计算步骤。
5. 对瑞典条分法、毕肖普法的异同进行比较。
6. 土力学观点，你认为土坡稳定计算的主要问题是什么？
7. 如何确定最危险的滑动圆心及滑动面？

习　题

[7-1]　一均质无黏性土坡，土的有效重度为 9.65kN/m^3 时，内摩擦角为

33°，设计稳定安全系数为 1.2，下列两种种情况，坡角 α 应取多少度？① 干坡；② 当有顺坡向下稳定渗流，且地下水位与坡面一致时。

[7-2]　一深度为 8m 的基坑，放坡开挖坡角为 45°，土的黏聚力 $c = 40\text{kPa}$，$\varphi_u = 0°$，重度 $\gamma = 19\text{kN/m}^3$，试用瑞典圆弧法求图 7-15 所示滑弧的稳定安全系数，并用泰勒图表法求土坡的最小稳定安全系数。

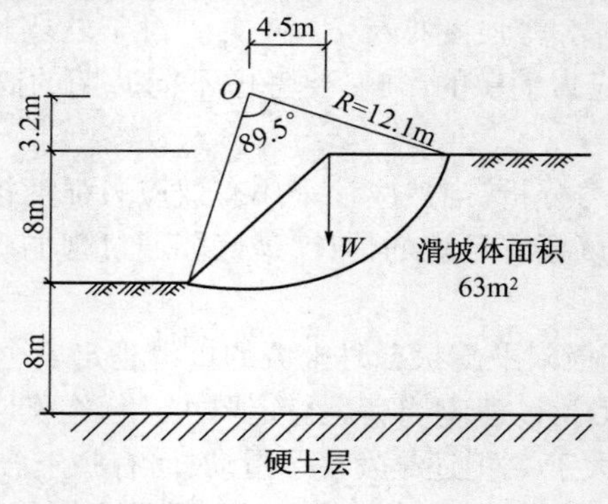

图 7-15

第8章　地基承载力理论

8.1　概　　述

地基承载力是指地基土单位面积上承受荷载的能力。建筑物因地基问题引起的破坏,一般有两种可能:一种是由于建筑物基础在荷载作用下产生过大的变形或不均匀沉降,从而导致建筑物严重下沉、倾斜或挠屈,上部结构开裂,建筑功能变坏;另一种是由于建筑物的荷重过大,超过地基的承载能力,而使地基产生剪切破坏或丧失稳定性。在建筑工程设计中,必须使建筑物基础底面压力不超过规定的地基承载力,以保证地基土不致产生剪切破坏即丧失稳定性;同时也要使建筑物不会产生不容许的沉降和沉降差,以满足建筑物正常的使用要求。确定地基承载力是工程实践中迫切需要解决的基本问题之一,也是土力学研究的主要课题。

目前,确定地基承载力的方法主要有原位试验法、理论公式法、规范表格法、当地经验法四种。原位试验法是一种通过现场直接试验确定承载力的方法,原位试验或原位测试包括载荷试验、静力触探试验、标准贯入试验、旁压试验等,其中以载荷试验法为最可靠的基本的原位测试法。理论公式法是根据土的抗剪强度指标计算的理论公式确定承载力的方法。规范表格法是根据室内试验指标、现场测试指标或野外鉴别指标,通过查规范所列表格得到承载力的方法。《建筑地基基础设计规范》(GB 50007—2002)取消了地基承载力表,但现行地方规范和行业规范仍然提供了各自的地基承载力表。当地经验法是一种基于地区的使用经验,进行类比判断确定承载力的方法,它是一种宏观辅助的方法。

本章先介绍浅基础地基破坏型式,再介绍地基临塑荷载、地基临界荷载、地基极限承载力(地基极限荷载),最后介绍理论公式法和原位试验法确定地基容许承载力或地基承载力特征值。有关规范表格法和当地经验法确定地基承载力,参见各地区地基基础设计规范。

8.2　地基的破坏形式

建筑物因地基承载力不足而引起的破坏，通常是由于基础下地基土剪切破坏所造成的。图 8－1 表示的地基承载力破坏是由于在整个滑动面上剪应力达到土的抗剪强度而使地基失去稳定。土中的剪应力是由于地表局部荷载引起的。地基破坏时的滑动面可以是圆弧形的，直线的或其它形状的。试验研究表明，地基在极限荷载作用下发生剪切破坏的型式可分为整体剪切破坏、局部剪切破坏和冲剪破坏三种（图 8－1）。

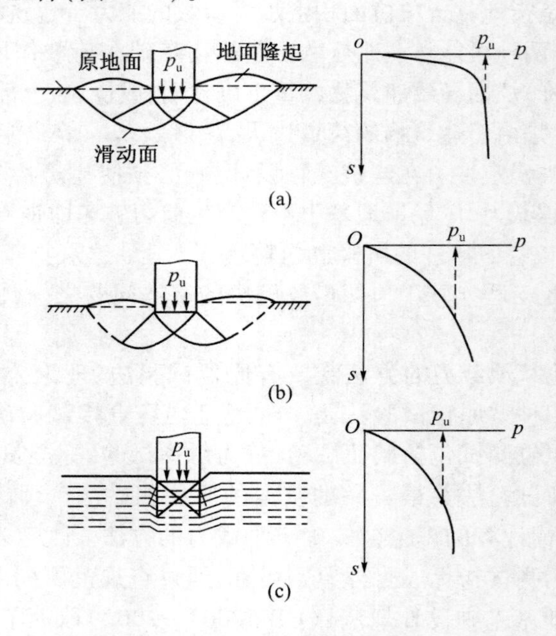

图 8－1　地基破坏形式

（a）整体剪切破坏；（b）局部剪切破坏；（c）冲剪破坏。

整体剪切破坏（图 8－1（a））：其特征是在地基土中形成连续的滑动面，土从基础两侧挤出隆起，基础发生急剧下沉并侧倾而破坏。沉降与荷载的关系开始呈线性变化，当濒临破坏时出现明显的拐点，如图 8－1（a）中的 a 型 $p-s$ 曲线。

局部剪切破坏（图 8－1（b））：介于整体剪切破坏和冲剪破坏两者之间的一种破坏形式，土中剪切破坏区域只发生在基础下的局部范围内，并不形成延伸到地面的连续滑动面，基础四周地面虽有隆起迹象，但不为出现明显的倾斜或倒塌。沉降与荷载的关系一开始就呈非线性变化且无明显的拐点，如图 8－1(b)中的 b 型 $p-s$ 曲线。

冲剪破坏（图 8－1(c)）：又称刺入破坏，其特征是在地基土中不出现明显的连续滑动面，而在基础四周土体发生竖向剪切破坏，使基础连续刺入土中。荷载板下土体的剪切破坏也是从基础边缘开始，且随着基底压力的增加，极限平衡区在相应扩大。但是当荷载进一步增大时，极限平衡区却限制在一定的范围内，不会形成延伸至地面的连续破裂面。荷载与沉降的关系呈非线性变化，也无明显的拐点，如图 8－1(c)中的 c 型 $p-s$ 曲线。

地基剪切破坏的形式与土的性质、基础上施加荷载的情况及基础的埋置深度等多种因素有关。一般地，硬黏性土或紧密的砂土地基常发生整体剪切破坏；松软土地基常发生冲剪破坏：而中等密实的砂土地基常发生局部剪切破坏。通常使用的地基承载力公式都是在整体剪切破坏条件下得到的。对于局部剪切破坏和冲剪破坏的情况，大都是对整体剪切破坏的计算公式加以修正得到。

8.3 地基的临塑荷载和临界荷载

前述表明，地基的临塑荷载和临界荷载是将地基土中塑性区开展深度限制在某一范围内时地基的承载力。因此，临塑荷载 p_{cr} 和临界荷载 $p_{1/4}$ 及 $p_{1/3}$ 具有如下的特性。

(1) 地基即将产生或已产生局部破坏，但尚未发展成整体失稳，这时地基土的强度尚未充分发挥，但距离丧失稳定尚有足够的安全系数。

(2) 极限平衡区的范围不大，因此整个地基仍然可以近似地当成弹性半空间体，有可能近似用弹性理论计算地基中的应力。

基于这两个特点，p_{cr}、$p_{1/4}$ 或 $p_{1/3}$ 常用来作为设计的地基承载力。

按塑性区开展深度确定地基承载力的方法是一个弹塑性混合课题，目前尚无精确的解答。本节将介绍条形基础在竖向均布荷载作用下 p_{cr}、$p_{1/4}$ 和 $p_{1/3}$ 的计算方法。

设条形基础的宽度为 B，埋置深度 D，其底面作用着竖向均布荷载 p，基础底面上土的加权平均重度为 γ_0，如图 8－2 所示。基底附加应力 $p_0=p-\gamma_0 D$，根据弹性理论，地基中任意一点 M 由均布条形荷载引起的附加大、小主应力，可以用式(8－1)表示：

$$\begin{matrix}\Delta\sigma_1\\ \Delta\sigma_3\end{matrix} = \frac{p_0-\gamma_0 D}{\pi}(2\beta \pm \sin 2\beta) \tag{8-1}$$

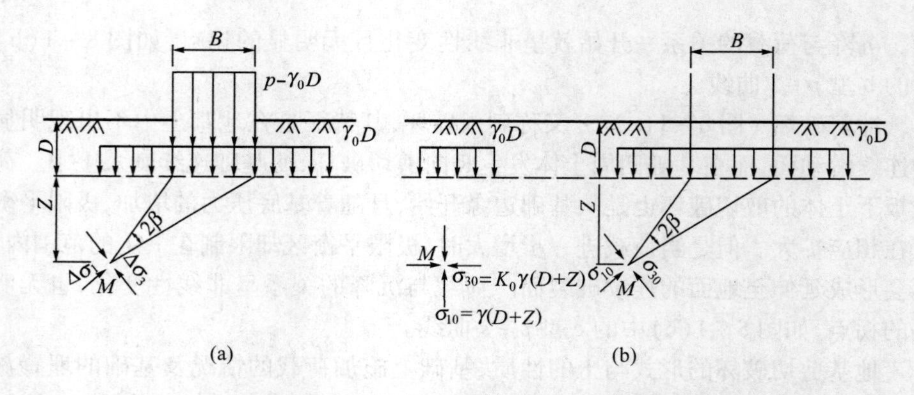

图8－2　条形均布荷载下地基内任意点的附加应力和自重应力

式中　$\Delta\sigma_1$、$\Delta\sigma_3$——附加大主应力、小主应力；

2β——计算点 M 至均布条形荷载边缘的视角（以弧度表示）；

γ_0——基础底面以上地基土的加权平均重度，地下水位以下取有效重度 γ_0'。

实际上，地基中 M 点的应力除了由基底附加应力产生以外，还有地基土的自重应力 $\sigma_c = \gamma_0 D + \gamma z$。严格地讲，$M$ 点上土的自重应力在各方向是不等的，因此上述两项在 M 点产生的应力在数值上是不能叠加的。为使问题简化，假定在极限平衡区土的静止侧压力系数 $K_0 = 1$，则土的自重应力在各方向相等。于是，由基底压力与土自重在 M 点引起的大、小主应力之总和为

$$\begin{matrix}\sigma_1\\ \sigma_3\end{matrix} = \frac{p_0 - \gamma_0 D}{\pi}(2\beta \pm \sin 2\beta) + \gamma_0 D + \gamma z \tag{8-2}$$

式中　γ——基础底面以下至 M 点地基土的加权平均重度，地下水位以下取有效重度 γ'；

z——M 点至基础底面的竖直距离。

当 M 点达到极限平衡时，其大、小主应力应满足下列关系：

$$\sigma_1 = \sigma_3 \tan^2\left(45° + \frac{\varphi}{2}\right) + 2c\tan\left(45° + \frac{\varphi}{2}\right)$$

将式（8－2）中的大、小主应力代入上式并经整理后，得

$$z = \frac{(p - \gamma_0 D)}{\gamma D}\left(\frac{\sin 2\beta}{\sin\varphi} - 2\beta\right) - \frac{c}{\gamma\tan\varphi} - \frac{\gamma_0}{\gamma}D \tag{8-3}$$

式（8－3）表示在某一压力 p 下地基中塑性区的边界（轮廓线）方程。当地基土的特性指标 γ、γ_0、φ、c，基底压力 p 以及埋置深度 D 为已知时，z 值随着 β 而

变。假定不同的张角 2β，利用式(8-3)即可得到相应的塑性区深度 z，把一系列这样的点(由 2β 及相应 z 决定其位置)连起来，即为塑性区的轮廓线，如图 8-3 中阴影部分的外包轮廓线。在实际使用时，并不一定需要知道整个塑性区的边界，而只要了解在某一基底压力下塑性区开展的最大深度是多少。为了求得塑性区开展的最大深度，将式(8-3)对 β 求导，并令其导数等于零，即

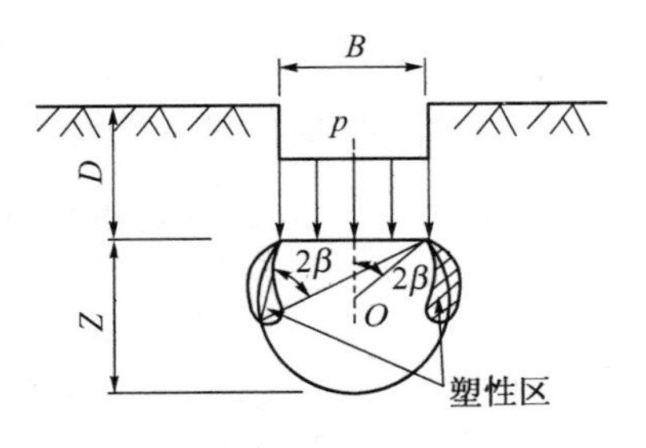

图 8-3 塑性区的概念

$$\frac{dz}{d\beta}=\frac{p-\gamma_0 D}{\gamma\pi}\left(\frac{2\cos2\beta}{\sin\varphi}-2\right)=0$$

于是

$$\cos2\beta=\sin\varphi$$

所以

$$2\beta=\frac{\pi}{2}-\varphi \tag{8-4}$$

将式(8-4)代入式(8-3)，整理后求得塑性区最大深度为

$$z_{max}=\frac{p-\gamma_0 D}{\gamma\pi}\left(\cot\varphi-\frac{\pi}{2}+\varphi\right)-\frac{c\cot\varphi}{\gamma}-\frac{\gamma_0}{\gamma}D \tag{8-5}$$

从式(8-5)求得基底压力为

$$p=\frac{\pi}{\cot\varphi-\dfrac{\pi}{2}+\varphi}\gamma Z_{max}+\left(1+\frac{\pi}{\cot\varphi-\dfrac{\pi}{2}+\varphi}\right)\gamma_0 D+c\left(\frac{\pi\cot\varphi}{\cot\varphi-\dfrac{\pi}{2}+\varphi}\right) \tag{8-6}$$

若 $z_{max}=0$，由式(8-6)得到的基底压力 p 就是地基土中将要出现而尚未出现塑性变形区时的荷载，也就是临塑荷载 p_{cr}：

$$p_{cr}=\gamma_0 DN_q+cN_c \tag{8-7}$$

式中

$$N_c=\frac{\pi\cot\varphi}{\cot\varphi\dfrac{\pi}{2}+\varphi},\quad N_q=1+N_c\tan\varphi$$

若令若 $z_{max}=B/4$,由式(8-6)得到的基底压力 p 就是相当于地基中塑性区最大深度为 $B/4$ 时的荷载即临界荷载 $p_{1/4}$:

$$p_{1/4} = \gamma B N_{\gamma 1/4} + \gamma_0 D N_q + c N_c \tag{8-8}$$

其中

$$N_{\gamma 1/4} = \frac{\pi}{4\left(\cot\varphi - \dfrac{\pi}{2} + \varphi\right)} = \frac{1}{4} N_c \tan\varphi$$

同理,令 $z_{max}=B/3$,由式(8-6)也就得到临界荷载 $p_{1/3}$:

$$p_{1/3} = \gamma b N_{\gamma 1/3} + \gamma_0 D N_q + c N_c \tag{8-9}$$

其中

$$N_{\gamma 1/3} = \frac{\pi}{3\left(\cot\varphi - \dfrac{\pi}{2} + \varphi\right)} = \frac{1}{3} N_c \tan\varphi$$

故式(8-7)、式(8-8)、式(8-9)可以写成如下统一的形式:

$$p = \gamma B N_\gamma + \gamma_0 D N_q + c N_c \tag{8-10}$$

式中 γ_0——基底以上土的加权(平均)重度;

γ——基底以下主要持力层土的加权(平均)重度;

N_γ、N_q、N_c——承载力系数,它们是土的内摩擦角的函数,可查表 8-1。

表 8-1 N_γ、N_q、N_c 值与 φ 的关系

φ/(°)	$N_{\gamma 1/4}$	$N_{\gamma 1/3}$	N_q	N_c	φ/(°)	$N_{\gamma 1/4}$	$N_{\gamma 1/3}$	N_q	N_c
0	0.00	0.00	1.00	3.14	22	0.61	0.81	3.44	6.04
2	0.03	0.04	1.12	3.32	24	0.72	0.96	3.87	6.45
4	0.06	0.08	1.25	3.51	26	0.84	1.12	4.37	6.90
6	0.10	0.13	1.39	3.71	28	0.98	1.31	4.93	7.40
8	0.14	0.18	1.55	3.93	30	1.15	1.53	5.59	7.94
10	0.18	0.24	1.73	4.17	32	1.33	1.78	6.34	8.55
12	0.23	0.31	1.94	4.42	34	1.55	2.07	7.22	9.27
14	0.29	0.39	2.17	4.69	36	1.81	2.41	8.24	9.96
16	0.36	0.48	2.43	4.99	38	2.11	2.81	9.43	10.80
18	0.43	0.58	2.73	5.31	40	2.46	3.28	10.84	11.73
20	0.51	0.69	3.06	5.66					

式(8-7)、式(8-8)和式(8-9)是在条形基础均布压力情况下得到的。对于建筑物竣工期的稳定校核,土的强度指标 c、φ 一般采用不排水强度或快剪试验指标。地基在设计时,承载力一般采用 $p_{1/4}$ 或 $p_{1/3}$,而不采用 p_{cr},否则偏于保守。但对于 φ 值很小(如 φ 小于 5°)的软黏土,采用 p_{cr} 或 $p_{1/4}$ 与 $p_{1/3}$ 相差甚小。应该指出,在验算竣工后的地基稳定时,由于施工期间地基土有一定的排水固结,相应的强度有所提高。所以,实际的塑性区最大开展深度不会达到基础宽度的 1/4 或 1/3,即按 $p_{1/4}$ 与 $p_{1/3}$ 验算的结果,尚有一定的安全储备。

应当指出,在以上公式的推导过程中,为了简化公式,作了一些不符实际的假设:① 假定基底反力是均匀分布的;② 假定 $K_0=1$;③ 式(8-7)~式(8-10)是根据塑性条件(极限平衡条件)建立的,但土中的应力是按弹性理论公式计算的。

[例 8-1] 有一条形基础,宽度 $B=3\text{m}$,埋置深度 $D=1\ \text{m}$,地基土的天然重度 $\gamma=19\text{kN/cm}^3$,饱和重度 $\gamma_{sat}=20\text{kN/cm}^3$,土的快剪强度指标 $c=10\text{kPa}$,$\varphi=10°$。

试求:(1) 地基的承载力 $p_{1/4}$、$p_{1/3}$ 与 p_{cr};(2) 若地下水位上升至基础底面,承载力有何变化。

解:(1) 由 $\varphi=10°$ 查表 8-1 得承载力系数:$N_{\gamma 1/4}=0.18$,$N_{\gamma 1/3}=0.24$,$N_{\gamma cr}=0.0$,$N_q=1.73$,$N_c=4.17$。代入式(8-9)得

$$p_{1/4}=\gamma BN_{\gamma 1/4}+\gamma_0 DN_q+cN_c=$$
$$19\times 3\times 0.18+19\times 1\times 1.73+10\times 4.17=84.8\text{kPa}$$

同理:$p_{1/3}=88.2\text{kPa}$; $p_{cr}=75\text{kPa}$。

(2) 当地下水位上升至基础底面时,若假定土的强度指标 c、φ 不变,因而承载力系数同上。地下水位以下土的重度采用有效重度 $\gamma'=\gamma_{sat}-\gamma_w=20-9.8=10.2\ \text{kN/m}^3$。将 γ' 及 $N_{\gamma 1/4}$、$N_{\gamma 1/3}$、$N_{\gamma cr}$ 代入式(8-9)中,即可得到地下水位上升时的承载力为

$$p_{1/4}=\gamma BN_{\gamma 1/4}+\gamma_0 DN_q+cN_c=$$
$$10.2\times 3\times 0.18+19\times 1\times 1.73+10\times 4.17=80.1\text{kPa}$$

同理:

$p_{1/3}=81.9\text{kPa}$; $p_{cr}=75\text{kPa}$。

根据计算结果可知,当地下水位上升时,地基的承载力 $p_{1/4}$、$p_{1/3}$ 将降低,而 p_{cr} 没有变化,这是因为 p_{cr} 计算公式中 $N_{\gamma cr}=0.0$。

8.4 按理论公式计算地基极限承载力

8.4.1 普朗德尔—赖斯诺极限承载力公式

1920 年,普朗德尔(Prandtl L,1920)根据塑性理论研究了刚性体压入介质中,当介质达到破坏时滑动面的形状及极限压应力的公式。普朗德尔—赖斯诺(Reissner,1924)在推导公式时作了三个假设。

(1) 介质是无重量的。就是假设基础底面以下土的重度 $\gamma=0$。

(2) 基础底面是完全光滑面。因为没有摩擦力,所以基底的应力垂直于地面。

(3) 对于埋置深度 D 小于基础宽度 B,可以把基底平面当成地基表面,滑裂面只延伸到这一假定的地基表面。在这个平面以上基础两侧的土体,当成作用在基础两侧的均布荷载 $q=\gamma_0 D$,D 表示基础的埋置深度。经过这样简化后,地基表面的荷载如图 8-4 所示。

根据弹塑性极限平衡理论,及由上述假定所确定的边界条件,得出滑动面的形状如图 8-4 所示,滑动面所包围的区域分五个区,一个Ⅰ区,2 个Ⅱ区,2 个Ⅲ区。由于假设荷载板底面是光滑的,因此,Ⅰ区中的竖向应力即为大主应力,成为朗肯主动区,滑动面与水平面成($45°+\varphi/2$)。由于Ⅰ区的土楔 $aa'd$ 向下位移,把附近的土体挤向两侧,使Ⅲ区中的土体 aef 和 $a'e'f'$ 达到被动朗肯状态,成为朗肯被动区,滑动面与水平面成 $45°-\varphi/2$。在主动区与被动区之间是由一组对数螺线和一组辐射线组成的过渡区。对数螺线方程为 $r=r_0\exp(\theta\tan\varphi)$,若以 a(或 a')为极点,ad(或 $a'd$)为 r_0,则可证明两条对数螺线分别与主、被动区的滑动面相切。

当基底作用的荷载达到 p_u 时,地基中形成三个滑动区,如图 8-4(a)所示,把图中所示的滑动土体的一部分 $odeg$ 视为刚体。然后考察 $odeg$ 上的平衡条件,推求地基的极限承载力 p_u,如图 8-4(c)所示。在 $odeg$ 上作用着下列诸力:

(1) oa 面(即基底面)上的极限承载力的合力 $B/2\cdot p_u$,它对 a 点的力矩为

$$M_1 = B/2\cdot p_u\cdot B/4 = 1/8\cdot B^2 p_u$$

(2) od 面上的主动土压力,其合力 $E_a=(p_u\tan^2\alpha-2c\tan\alpha)B/2\cot\alpha$,它对 a 点力矩为

$$M_2 = E_a\cdot B/4\cdot\cot\alpha = 1/8B^2p_u - 1/4B^2c\cdot\cot\alpha$$

(3) ag 面上超载的合力为 $qB/2\cdot\exp(\pi/2\cdot\tan\varphi)$,对 a 点的力矩为

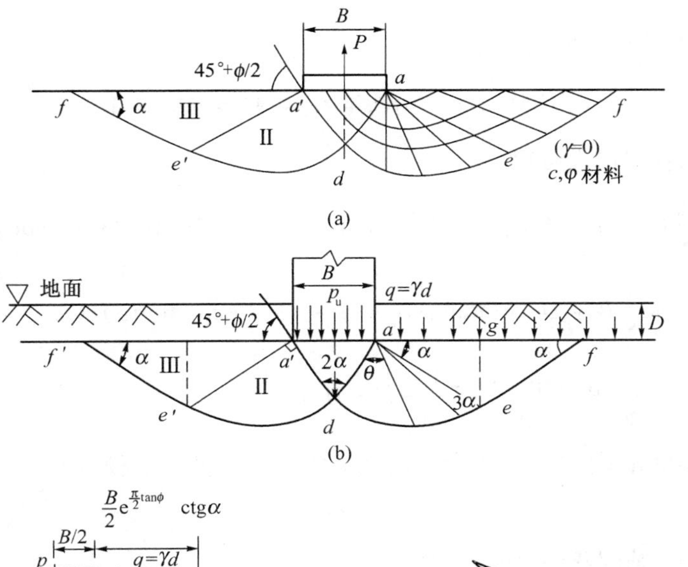

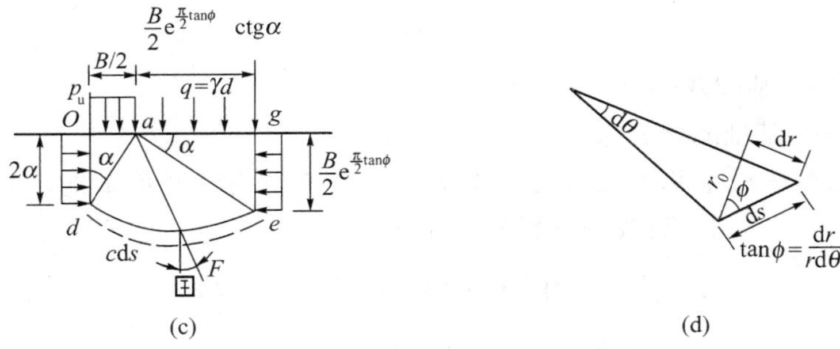

图 8－4　普朗德尔—赖斯诺极限承载力课题

$$M_3 = q\left(\frac{B}{2}\exp(\pi/2 \cdot \tan\varphi)\cot\alpha\right)\left(\frac{B}{4}\exp(\pi/2 \cdot \tan\varphi)\cot\alpha\right)$$

$$= \frac{1}{8}B^2\gamma_0 D\exp(\pi\tan\varphi)\cot^2\alpha$$

（4）eg 面上的被动土压力，其合力为 $E_p = (\gamma_0 D\cot^2\alpha + 2c \cdot \cot\alpha) \cdot B/2 \cdot \exp(\pi/2 \cdot \tan\varphi)$，对 a 点的力矩为

$$M_4 = E_p \cdot \frac{B}{4}\exp\left(\frac{\pi}{2}\tan\varphi\right) = \frac{1}{8}B^2\gamma_0 D\exp(\pi\tan\varphi)\cot^2\alpha + \frac{1}{4}cB^2\exp(\pi\tan\varphi)\cot\alpha$$

（5）de 面上黏聚力的合力，a 点的力矩为

$$M_5 = \int_0^l c \cdot \mathrm{d}s \cdot (r\cos\varphi) = \int_0^{\pi/2} cr^2\mathrm{d}\theta = \frac{1}{8}cB^2 \cdot \frac{\exp(\pi\tan\varphi) - 1}{\sin^2\alpha \cdot \tan\varphi}$$

（6）de 面上反力的合力 F，其作用线通过对数螺旋曲线的中心点 a，其力矩

为零。

根据力矩的平衡条件，应有

$$\sum M = M_1 + M_2 - M_3 - M_4 - M_5 = 0$$

将上列各式代入可得

$$\frac{1}{8}B^2 p_u + \frac{1}{8}B^2 p_u - \frac{1}{4}B^2 c \cdot \cot\alpha - \frac{1}{8}B^2 \gamma_0 D\exp(\pi\tan\varphi)\cot^2\alpha$$

$$-\frac{1}{8}B^2 \gamma_0 D\exp(\pi\tan\varphi)\cot^2\alpha - \frac{1}{4}cB^2\exp(\pi\tan\varphi)\cot\alpha$$

$$-\frac{1}{8}cB^2\frac{\exp(\pi\tan\varphi) - 1}{\sin^2\alpha \cdot \tan\varphi} = 0$$

整理上式并将 $\alpha = (45° - \varphi/2)$ 代入，最后得到地基极限承载力公式为

$$p_u = \gamma_0 D N_q + c N_c \quad (8-11)$$

式中 γ_0——基础两侧土的加权重度；

D——基础的埋置深度；

N_q、N_c——地基极限承载力系数，它们是土的内摩擦角 φ 的函数，可查表 8-2；或按下列公式计算：

$$N_q = \exp(\pi\tan\varphi)\tan^2(45° + \varphi/2) \quad (8-12)$$

$$N_c = (N_q - 1)\cot\varphi \quad (8-13)$$

式(8-11)表明，对于无重地基，滑动土体没有重量，不产生抗力。地基的极限承载力由边侧荷载 q 和滑动面上黏聚力 c 产生的抗力构成。

对于黏性大、排水条件差的饱和黏性土地基，可按 $\varphi = 0$ 求 p_u。此时按式(8-12)得 $N_q = 1$，对 N_c 需按式(8-13)求极限来确定：

$$\lim_{\varphi\to 0} N_c = \lim_{\varphi\to 0}\frac{\frac{d}{d\varphi}(\exp(\pi\tan\varphi)\tan^2(45° + \varphi/2) - 1)}{\frac{d}{d\varphi}\tan\varphi} = \pi + 2 \approx 5.14 \quad (8-14)$$

此时，地基的极限荷载为

$$P_u = q + 5.14c \quad (8-15)$$

式(8-11)表明，当基础置于无黏性土($c = 0$)的表面($D = 0$)时，地基的承载力将等于零，这显然是不合理的。其原因主要是将土当作无重量介质所造成

的。为了弥补这一缺陷,许多学者在普朗德尔的基础上作了修正和发展,使极限承载力公式逐步得到完善。

8.4.2　太沙基极限承载力公式

1943 年太沙基(K. Terzaghi)在推导均质地基上的条形基础受中心荷载作用下的极限承载力时,把土作为有重力的介质,并作了如下一些假设。

(1) 基础底面完全粗糙,即它与土之间有摩擦力存在。

(2) 基土是有重力的($\gamma \neq 0$),但忽略地基土重度对滑移线形状的影响。因为,根据极限平衡理论,如果考虑土的重度,塑性区内的两组滑移线形状就不一定是直线。

(3) 当基础埋置深度为 D 时,则基底以上两侧的土体用当量均布超载 $q = \gamma_0 D$ 来代替,不考虑两侧土体抗剪强度的影响。

根据以上假定,滑动面的形状如图 8-5(a)所示,也可以分成三个区。

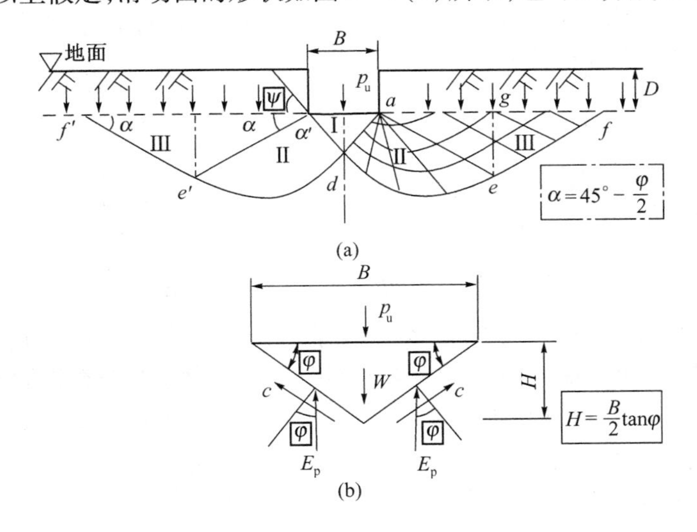

图 8-5　太沙基极限承载力课题

(a) 完全粗糙基底;(b) 弹性楔体受力分析。

Ⅰ区—在基础底面下的土楔 $aa'd$,由于假定基底是粗糙的,具有很大的摩擦力,因此 aa'面不会发生剪切位移,该区的土体处于弹性压密状态,它与基础底面一起移动,该部分土体称为弹性楔体。太沙基假定完全粗糙基底时滑动面 ad(或 $a'd$)与水平面夹角 $\psi = \varphi$。

Ⅱ区—假定与普朗德尔假定一样,滑动面一组是通过 a、a'点的辐射线,另一组是对数螺旋曲线 de、de',同时忽略土的重力对滑移线形状的影响。

Ⅲ区—仍是朗肯被动状态区，滑动面 ae 及 $a'e'$ 与水平面成$(45° - \varphi/2)$角。

当作用在基底压力为极限承载力 p_u 时，发生整体剪切破坏，弹性压密区（Ⅰ区）a_1ad 将贯入土中，向两侧挤压土体 $adef$ 及 $a'de'f'$ 达到被动破坏。因此，在 ad 及 $a'd$ 面上将作用被动力 E_p，与作用面的法线方向成 φ 角，如图 8－5(b) 所示。

取Ⅰ区弹性楔体 ada' 作为脱离体，考虑单位长基础，分析其力的平衡条件来推求地基的极限承载力。在弹性楔体上受到下列诸力的作用。

(1) 弹性楔体的自重，竖直向下，其值为

$$W = 1/4\gamma B^2 \tan\varphi$$

(2) aa' 面（即基底面）上的极限荷载 P_u，竖直向下，它等于地基极限承载力 p_u 与基础宽度 B 的乘积，即

$$P_u = p_u B$$

(3) 弹性楔体两斜面 ad、$a'd$ 上总的黏聚力 C，与斜面平行、方向向上，它等于土的黏聚力 c 与 $\overline{ad}$ 的乘积，即

$$C = c\,\overline{ad} = c\frac{B}{2\cos\varphi}$$

(4) 作用在弹性楔体两斜面上的反力 E_p，它与 ad、$a'd$ 面的法线成 φ 角。

现将上述各力，在竖直方向上建立平衡方程，即可得

$$P_u = 2E_p + cB\tan\varphi - 1/4\gamma B^2 \tan\varphi \tag{8-16}$$

若反力 E_p 为已知，就可按式(8－16)求得极限荷载 P_u。反力 E_p 是由土的黏聚力 c、基础两侧超载 q 和土的重度 γ 所引起的。对于完全粗糙的基底，太沙基把弹性楔体边界 ad 视作挡土墙，分三步求反力 E_p（下列公式中 K_q、K_c、K_γ 分别为超载 q、黏聚力 c、土重度 γ 引起的被动土压力系数）。

(1) 当 γ 与 c 均为零时，求出仅由超载 q 引起的反力 E_{pq}：

$$E_{pq} = qHK_q = 1/2qB\tan\varphi K_q$$

(2) 当 γ 与 q 均为零时，求出仅由黏聚力 c 引起的反力 E_{pc}：

$$E_{pc} = cHK_c = 1/2cB\tan\varphi K_c$$

(3) 当 q 与 c 均为零时，求出仅由土重度 γ 引起的反力 $E_{p\gamma}$：

$$E_{p\gamma} = 1/2\gamma H^2 K_\gamma = 1/8\gamma B^2 \tan\varphi K_\gamma$$

然后利用叠加原理得反力 $E_p = E_{pq} + E_{pc} + E_{p\gamma}$，代入式(8－16)，经整理后得到地基的极限荷载为

$$P_u = 1/2\gamma B^2 N_\gamma + qBN_q + cBN_c \tag{8-17}$$

式(8－17)两边除以基础宽度 B,即得地基的极限承载力 p_u:

$$p_u = 1/2\gamma BN_\gamma + qN_q + cN_c \tag{8-18}$$

式中 N_γ、N_q、N_c——无量纲的承载力系数,它们是土的内摩擦角 φ 的函数。其中

$$\begin{cases} N_q = \dfrac{\exp\{(3\pi/2 - \varphi)\tan\varphi\}}{2\cos^2\left(45° + \dfrac{\varphi}{2}\right)} \\ N_c = (N_q - 1)\cot\varphi \end{cases} \tag{8-19}$$

但对 N_γ,太沙基没有给出显式。各系数与 φ 的关系可查表8－2。

表8－2 太沙基极限承载力系数 N_γ、N_q、N_c

φ/(°)	N_γ	N_q	N_c	φ/(°)	N_γ	N_q	N_c
0	0.00	1.00	5.71	25	11.0	12.7	25.1
5	0.51	1.64	7.32	30	21.8	22.5	37.2
10	1.20	2.69	9.58	35	45.4	41.4	57.7
15	1.80	4.45	12.9	40	125	81.3	95.7
20	4.00	7.42	17.6	45	326	173.3	172.2

上述太沙基极限承载力公式都是在地基发生整体剪切破坏的条件下得到的,适用于压缩性较小的土。对于松散的或压缩性较大的土,可能会发生局部剪切破坏,其极限承载力较小。对这种情况,太沙基建议先把土的强度指标按下列方法进行折减,即

$$c^* = 2/3c$$

$$\tan\varphi^* = 2/3\tan\varphi$$

按修正后的 c^*、φ^* 查表8－2,再用式(8－18)计算地基发生局部剪切破坏时极限承载力。

式(8－18)仅适用于条形基础。对置于密实或坚硬土地基中的方形基础或圆形基础,太沙基建议按下列修正公式计算地基极限承载力:

圆形基础:

$$p_u = 0.6\gamma RN_\gamma + \gamma DN_q + 1.2cN_c \tag{8-20}$$

方形基础

$$p_u = 0.4\gamma BN_\gamma + \gamma DN_q + 1.2cN_c \tag{8-21}$$

式中　R——圆形基础的半径；

D——基础的埋深；

B——基础的宽度。

对于不排水条件，即 $\varphi=0$ 的情况，圆形和方形基础下的地基极限承载力为

$$p_u = 6.85 s_u + \gamma D \tag{8-22}$$

式中　s_u——地基土的不排水剪强度。

对于 $D/B \leqslant 2.5$ 的矩形基础浅基础，Skempton（1951）则给出了不排水条件下计算地基极限承载力的经验公式：

$$p_u = 5 s_u (1 + 0.2D/B)(1 + 0.2B/L) \tag{8-23}$$

式中　B、L——矩形基础的宽度和长度。

8.4.3　梅耶霍夫极限承载力公式

梅耶霍夫（1951 年）对太沙基理论作了改进，基本假设与太沙基理论一致，但考虑基底以上土体抗剪强度。由于基础底面存在着摩擦力，基底下的土体形成刚性土楔 $aa'd$，如图 8-6 所示。ad 和 $a'd$ 是破裂面，底角 ψ 位于 φ 与 $45°+\varphi/2$ 之间。在推导极限承载力时，假定基础底面完全粗糙，则 $\psi=45°+\varphi/2$。

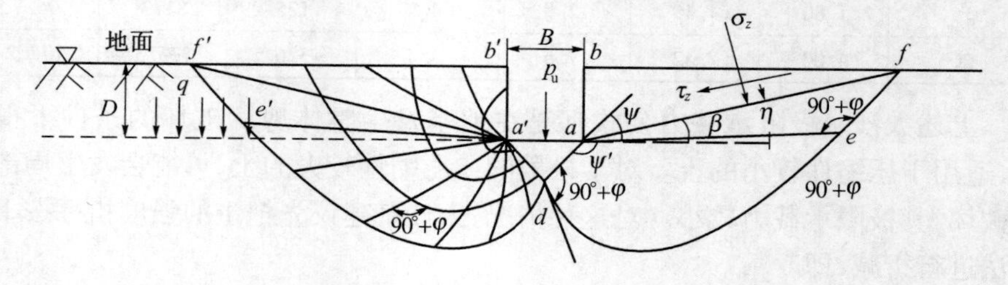

图 8-6　梅耶霍夫课题

在荷载作用下，弹性楔体与基础形成整体向下移动。挤压两侧土体达到破坏时，两侧土体形成对数螺线形的破裂面。梅耶霍夫假定破裂面延伸至地面，并在 f 和 f' 处滑出，如图 8-6 所示。f 和 f' 点是自基础边缘 a、a' 处引一与水平面成 β 角的斜线与地面的交点。de、de' 为对数螺线，ef、$e'f'$ 为对数螺线的切线。由 abf 内的土重以及基础侧面 ab 上的摩擦力的影响可以用 af 上的等代法向应力 σ_0 和等代剪应力 τ_0 来代替。因此考察土体的平衡时可以把 abf 移去，用等代自由面 af 表示。梅耶霍夫根据图 8-6 所示的破裂面的形状，推导出地基极限承载力的计算式，同样简化为

$$p_u = \frac{1}{2}\gamma B N_\gamma + q N_q + c N_c \tag{8-24}$$

式中　N_γ、N_q、N_c——梅耶霍夫承载力系数，与普朗德尔公式或太沙基公式均有不同。

它们不仅取决于土的内摩擦角 φ，而且还与 β 值有关。因此用梅耶霍夫公式求极限承载力前，必须找到确定破裂面滑出 f 和 f' 点的 β 角。β 值是基础埋深和形状的函数，β 角的确定方法是先任意假设一个角度，求 af 上的法向应力 σ_0 和剪应力 τ_0，再以此求出滑裂线 ae 与 af 的夹角 η；按梅耶霍夫导出的 β、η 及基础埋深 D 的关系求出 β'。比较 β 与 β' 是否一致，进行多次迭代求解。具体的推导见《土工原理与计算》（第 2 版）。

8.4.4　汉森极限承载力公式

太沙基之后，不少学者对极限承载力理论进行了进一步的研究，魏西克（Vesic A. S.）、卡柯（Caquot A.）、汉森（Hansen J. B.）等人在普朗德尔理论的基础上，考虑了基础形状、埋置深度及偏心和倾斜荷载的效应。

对于均质地基、基础底面完全光滑，在中心倾斜荷载作用下，汉森建议按下式计算竖向地基极限承载力：

$$p_u = 1/2\gamma BN_\gamma s_\gamma d_\gamma i_\gamma g_\gamma b_\gamma + \gamma_0 DN_q s_q d_q i_q g_q b_q + cN_c s_c d_c i_c g_c b_c \qquad (8-25)$$

式中　N_γ、N_q、N_c——地基承载力系数，查表 8－3；或 N_q 和 N_c 按普朗德尔课题的式（8－12）和式（8－13）计算，而 N_γ 则按下式计算：

$$N_\gamma = 1.8(N_q - 1)\cot\varphi \qquad (8-26)$$

s_γ、s_q、s_c——基础形状修正系数；

d_γ、d_q、d_c——考虑埋深范围内土强度修正系数；

i_γ、i_q、i_c——荷载倾斜修正系数；

g_γ、g_q、g_c——地面倾斜修正系数；

b_γ、b_q、b_c——基础底面倾斜修正系数。

汉森提出上述各系数的计算公式如下：

基础形状修正系数：

$$\begin{cases} s_\gamma = 1 - 0.4B/L \cdot i_\gamma \quad (\geqslant 0.6) \\ s_q = 1 + B/L \cdot i_q \sin\varphi \\ s_c = 1 + 0.2B/L \cdot i_c \end{cases} \qquad (8-27)$$

深度修正系数（当 $D \leqslant B$ 时）：

$$\begin{cases} d_\gamma = 1 \\ d_q = 1 + 2\tan\varphi(1 - \sin\varphi)^2 D/B \\ d_c = 1 + 0.35D/B \end{cases} \qquad (8-28)$$

荷载倾斜修正系数（满足 $P_h \leqslant cA + P_v \tan\eta$ 时），如图 8－7(b)所示：

$$i_\gamma = \begin{cases} \left(1 - \dfrac{0.7P_h}{P_v + cA\cot\varphi}\right)^5 > 0 & (\text{水平基底}) \\ \left(1 - \dfrac{(0.7 - \eta/450^\circ)P_h}{P_v + cA\cot\varphi}\right)^5 > 0 & (\text{倾斜基底}) \end{cases}$$

$$i_q = \left(1 - \frac{0.5H}{P + cA\cot\varphi}\right)^5 > 0 \tag{8-29}$$

$$i_c = i_q - \frac{1 - i_q}{N_q - 1}$$

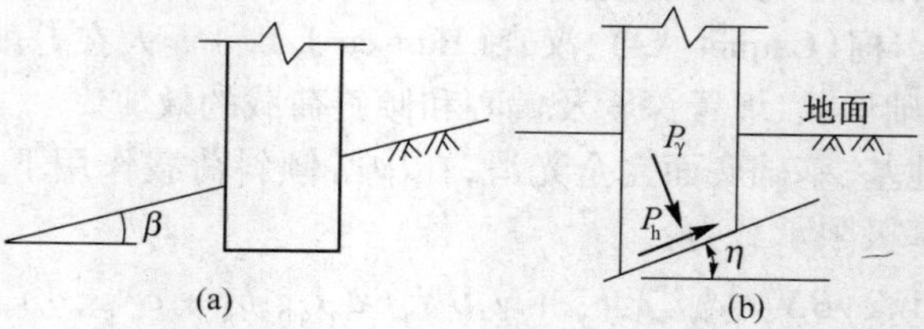

图 8－7　地面倾斜与基底倾斜

地面倾斜修正系数：

$$\begin{cases} g_\gamma = g_q = (1 - 0.5\tan\beta)^5 \\ g_c = 1 - \dfrac{\beta}{147^\circ} \end{cases} \tag{8-30}$$

基础底面倾斜修正系数：

$$\begin{cases} b_\gamma = \exp(-2.7\eta\tan\varphi) \\ b_q = \exp(-2\eta\tan\varphi) \\ g_c = 1 - \dfrac{\eta}{147^\circ} \end{cases} \tag{8-31}$$

式中　A——基础的有效接触面积；

B——基础的宽度；

L——基础的长度；

c——地基土的黏聚力；

φ——地基土的内摩擦角；

P_h——平行于基底的荷载分量；

P_{γ}——垂直于基底的荷载分量；

β——地面倾角；

η——基底倾角。

表 8-3　N_{γ}、N_{q}、N_{c} 与承载力系数表

φ/(°)	$N_{\gamma(M)}$	$N_{\gamma(H)}$	N_{q}	N_{c}	φ/(°)	$N_{\gamma(M)}$	$N_{\gamma(H)}$	N_{q}	N_{c}
0	0.00	0.00	1.00	5.14	24	5.72	6.90	9.60	19.32
2	0.01	0.01	1.20	5.63	26	8.00	9.53	11.85	22.25
4	0.04	0.05	1.43	6.19	28	11.20	13.13	14.72	25.80
6	0.11	0.14	1.72	6.81	30	15.67	18.08	18.40	30.14
8	0.21	0.27	2.06	7.53	32	22.02	24.94	23.18	35.49
10	0.37	0.47	2.47	8.35	34	31.15	34.53	29.44	42.16
12	0.60	0.76	2.97	9.28	36	44.43	48.06	37.75	50.59
14	0.92	1.16	3.59	10.37	38	64.07	67.41	48.93	61.35
16	1.37	1.72	4.34	11.63	40	93.69	95.45	64.20	75.32
18	2.00	2.49	5.26	13.1	42	139.32	136.75	85.37	93.71
20	2.87	3.54	6.40	14.83	44	211.41	198.70	115.31	118.37
22	4.07	4.96	7.82	16.88	45	262.74	241.00	134.87	133.87

注：$N_{\gamma(M)}$ 为梅耶霍夫(当 $\beta=0,\tau_0=0$ 时)的承载力系数；$N_{\gamma(H)}$ 为汉森承载力系数；普朗德尔和上述公式中的 N_{q}、N_{c} 一致

这些公式一般只适用于均质地基的浅基础，对成层地基，可近似采用地基各土层的抗剪强度指标加权平均值代入公式计算。

上述几种公式计算的都是地基极限承载力，将地基极限承载力除以安全系数 K 即可得到设计时地基的承载力，安全系数 K 一般取 2～3。

8.5　按荷载试验确定地基承载力

现场静载荷试验可用于确定荷载板主要影响范围内土的承载力和变形特性的最基本方法。现场载荷试验装置如图 8-8 所示，试坑的宽度不应小于承压板宽度或直径的三倍。宜采用刚性圆形承压板，面积为 0.25m^2～0.5m^2。加荷方式采用分级维持荷载—沉降相对稳定法，加荷等级软土为 10kPa～25kPa、硬土为 50kPa。加荷级数宜取 10 级～12 级，一般不低于 8 级；每级荷载施加后，间隔 10min、10min、15min、15min 测读一次沉降，以后间隔 30min 测读一次沉降，当连续三次每 30min 沉降量 <0.05mm 时，认为已达相对稳定标准，可施加下一级荷

载。试验宜进行到极限破坏阶段，当出现以下情况之一时，可终止试验。

（1）在某级荷载下 24h 内沉降不能达到相对稳定标准。

（2）总沉降量超过承压板直径（或宽度）的 1/2。

（3）最大荷载达到预期设计荷载的二倍或超过比例界限荷载至少三级荷载。

试验结果可以绘制成 $p-s$ 曲线，如图 8－9 所示。典型的 $p-s$ 曲线可以分成三个阶段：

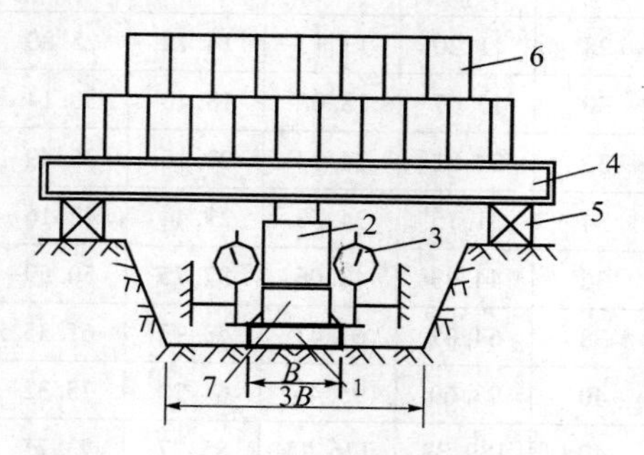

图 8－8　载荷试验

1—承压板；2—千斤顶；3—百分表；4—钢架；5—枕木垛；6—荷载；7—支柱。

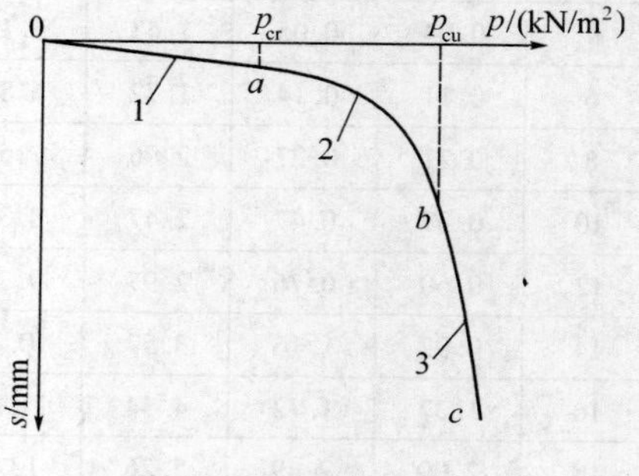

图 8－9　载荷试验 $p-s$ 曲线

1—地基土压密阶段；2—塑性变形阶段；3—破坏阶段。

第一阶段：压密变形阶段（oa 段），承压板上的荷载比较小，荷载与沉降成直线关系，对应于直线段终点 a 的荷载即为临塑荷载 p_{cr}。这一阶段，地基上只发生竖向压缩，土的性质呈弹性状态。地基的沉降与荷载之间的关系大致上符合弹性理论沉降计算公式。因此，根据 $p-s$ 曲线的初始 oa 段，可以求得承压板底下 $2B \sim 3B$（B 为承压板直径或宽度）深度范围内土层的平均变形模量 E。由弹性理论解得

$$E = \frac{\omega p B(1-\mu^2)}{s} \tag{8-32}$$

式中　ω——与承压板的刚度和形状有关的系数。对刚性承压板，方形 $\omega = 0.88$，圆形 $\omega = 0.79$；

μ——土的泊松比；

p、s——oa 段曲线上某点的压力值和沉降值。

第二阶段：塑性变形阶段（ab 段），承压板上的荷载逐渐增大，地基的变形与荷载之间不再成直线关系，说明地基土的性质不再符合弹性性质，除发生竖向压缩外，局部发生剪切破坏，因而呈现塑性状态，对应于 b 点的荷载即为极限荷

载 p_u，临界荷载为塑性变形阶段 ab 段中某一点相对应的荷载，如前所述的 $p_{1/3}$ 或 $p_{1/4}$。

第三阶段：破坏阶段（bc 段），在这一阶段，塑性区已发展到连成一片，地基中形成连续的滑动面，只要荷载稍微增加一些，沉降就急剧增加，地基土发生侧向挤出，承压板周围地面大量隆起，最终发生整体破坏。

浅层平板载荷试验确定地基承载力特征值，现行国家标准《建筑地基基础设计规范》（GB 50007—2002）规定如下：

（1）当 $p-s$ 曲线上有明显的比例界限时，取该比例界限所对应的荷载值。

（2）当满足前三条终止加载条件之一时，其对应的前一级荷载定为极限荷载，当该值小于对应比例界限的荷载值的 2 倍时，取极限荷载值的 1/2。

（3）不能按上两点要求确定时，当压板面积为 $0.25\text{mm}^2 \sim 0.50\text{mm}^2$ 时，可取 $s/b = 0.010 \sim 0.015$ 所对应的荷载，但其值不应大于最大加载量的 1/2。

（4）同一土层参加统计的试验点不应少于三点，各试验实测值的极差不得超过其平均值的 30%，取此平均值作为土层的地基承载力特征值 f_{ak}。

（5）再经过深宽修正，得出修正后的地基承载力特征值 f_a。

深层平板载荷试验成果确定地基承载力特征值 f_{ak}，同浅层平板载荷试验。仅作宽度修正，得出修正后的地基承载力特征值 f_a。

复习思考题

1. 地基承载力确定时，与建筑物的许可沉降量有什么关系？与基础大小、埋置深度有什么关系？

2. 怎样根据地基内塑性区开展深度来确定临界荷载？基本假定是怎样的？导得的计算公式有什么问题？

3. 地下水位的升降，对地基承载力有什么影响？

习　题

[8-1]　某条形基础宽度 $B=3\text{m}$，埋置深度 $D=2\text{m}$，地下水位埋深为 1m。基础底面上为粉质黏土，重度 $\gamma_0 = 18\text{kN/m}^3$；基础底面下为黏土层 $\gamma = 19.8\text{kN/m}^3$，$c = 15\text{kPa}$，$\varphi = 24°$。作用在基础底面的荷载 $p = 220\text{kPa}$。试求临塑荷载 p_{cr}，临界荷载 $p_{1/4}$ 及用普朗德尔公式求极限承载力 p_u，并问地基承载力是否满足要求（取安全系数 $K=3$）。

[8-2]　黏性土地基上条形基础的宽度 $B=2\text{m}$，埋置深度 $D=2\text{m}$，地下水位在基础埋置深度高程处。地基土的比重 $d_s=2.70$，孔隙比 $e=0.70$，地下水位以上饱和度 $s_r=0.8$，土的强度指标 $c=20\text{kPa}$，$\varphi=15°$。求地基土的临塑荷载 p_{cr}，临界荷载 $p_{1/4}$ 及用普朗德尔公式、太沙基公式求极限承载力 p_u。

附录　土力学常用符号与单位

符号	物 理 意 义	单位
A	黏性土的活动度	
A	渗流断面积	cm^2
A	基底面积	m^2
A	地基某点下至任意深度 z 范围内附加应力面积	kPa · m
A_e	基底有效面积	m^2
ΔA_i	第 i 层土附加应力系数沿土层厚度的积分值	kPa · m
A_r	土的实际过水断面面积	cm^2
a	土的压缩系数	MPa^{-1}
a_{1-2}	由 $p_1=0.1$MPa 增加到 $p_2=0.2$MPa 时的压缩系数	MPa^{-1}
a_{max}	地面水平向峰值加速度	m/s^2
b	矩形基础的短边宽度	m
b	荷载偏心方向的矩形基底变长或圆形基地直径	m
b_c、b_q、b_γ	基底倾斜修正系数	
C_c	曲率系数	
C_c	土的压缩指数	
C_e	土的回弹指数	
C_s	土骨架的三项体积压缩系数	
C_u	不均匀系数	
C_α	次压缩系数	
c	土的黏聚力	kPa
c^*、φ^*	折减的土的抗剪强度指标	kPa、°
c'	土的有效黏聚力	kPa
c'	固结不排水试验得到的土的有效内聚力	kPa
c_d	固结排水试验得到的土的黏聚力	kPa
c_k	土的黏聚力标准值	kPa

（续）

符号	物 理 意 义	单位
c_q	直剪试验得出的黏聚力	kPa
c_u	土的不排水黏聚力	kPa
c_v	土的竖向固结系数	cm^2/s
D_r	相对密实度	
d	土粒的直径	cm
d	基础埋深	m
d	承载板的直径	m
d'_σ	有效应力增量	
d_0	液化土埋置深度	m
d_{10}	有效粒径	mm
d_{30}	中值粒径	mm
d_{60}	限制粒径	mm
d_c、d_q、d_γ	基础埋深修正系数	
d_s	土粒相对密度	
d_u	上覆盖非液化土层深度	m
d_w	地下水位深度	m
e	土的孔隙比	
E	土的弹性模量	MPa
E_0	土的变形模量	MPa
E_0	静止土压力	kN/m
E_a	主动土压力	kN/m
E_c	土的回弹模量	MPa
E_d	土的动弹性模量	MPa
E_i	初始切线模量	MPa
E_m	土的旁压模量	kPa
E_p	被动土压力	kN/m
E_r	现场荷载条件下的再加荷模量	MPa
E_s	土的压缩模量	MPa
e	偏心荷载的偏心距	m
e_{cr}	临界孔隙比	m
e_{max}	最大孔隙比	

（续）

符号	物 理 意 义	单位
e_{min}	最小孔隙比	
F	作用在基础上的竖向力	kN
f_a	由土的抗剪强度指标确定的修正后的地基承载力特征值	kPa
f_{ak}	地基承载力特征值	kPa
G	基础及其上回填土的总自重	kN
G_d	土的动剪切模量	MPa
G_w	水柱重力	kN
g	重力加速度	m/s^2
g_c、g_q、g_γ	地面倾斜修正系数	
H	压缩土层最远的排水距离	m
ΔH	总水头差	m
ΔH	土样的压缩量	mm
H_i	受压后土样的高度	mm
ΔH_i	压力 p_i 作用下土样的稳定压缩量	mm
h	总水头	m
Δh	水头差	m
h'	冻层厚度	mm
h'_p	在压力 p 下浸水变形稳定后土样高度	mm
h_0、H_0	土样初始高度	mm
h_0	坡顶裂缝开展深度	m
h_p	在压力 p 下变形稳定后土样高度	mm
I_{lE}	液化指数	
I_L	液性指数	
I_P	塑性指数	
i	水力梯度	
Δi	相邻等势线之间的水头损失	m
i_b	密实黏性土的起始水力梯度	
i_c、i_q、i_γ	荷载倾斜修正系数	
i_{cr}	临界水力梯度	
J	单位土体内的渗流力	kN/m^3
K	稳定安全系数	

（续）

符号	物理意义	单位
K_0	土的侧压力系数	
K_0	静止土压力系数	
k	土的渗透系数	
k	单向偏心作用点至具有最大压力的基地边缘的距离	m
K_a	主动土压力系数	
k_d	瞬时沉降修正系数	
K_h	水平地震系数	
K_p	被动土压力系数	
K_x	整个土层与层面平行的土层平均渗透系数	cm/s
K_y	整个土层与层面垂直的土层平均渗透系数	cm/s
L	渗流长度	m
$\hat{L}$	滑弧的长度	m
l	矩形基础的长边宽度	m
M	作用于矩形基础底面的力矩	kN · m
M	十字板剪切破坏时的扭力矩	kN · m
M	震级	
M_c、M_d、M_b	采用《建筑地基基础设计规范》(GB 50007—2002)的承载力系数	
M_S	滑动力矩	kN · m
M_x、M_y	荷载合力分别对矩形基底 x、y 对称轴的力矩	kN · m
M_R	抗滑力矩	kN · m
m	土的总质量	g
m_s	土粒质量	g
m_v	土的体积压缩系数	MPa^{-1}
m_w	土中水质量	g
N	实测的标准贯入锤击数	
N_0	液化判别标准贯入锤击数基准值	
N_1	修正标准贯入锤击数	
N_c、N_q	(普朗德尔和赖斯诺极限承载力)承载力系数	
N_c、N_q、N_γ	(太沙基极限承载力)粗糙基地的承载力系数	
N_c、N_q、N_γ	(汉森和魏锡克极限承载力)承载力系数	
N_{cr}	液化判别标准贯入锤击数临界值	

(续)

符号	物理意义	单位
N_s	稳定系数	
n	土的孔隙率	
OCR	超固结比	
p	基底平均压力	kN/m^2
p	作用于坐标原点 o 的竖向集中应力	kN/m^2
Δ_p	产生于被动土压力所需的微小位移	mm
p_0	基底平均附加压应力	kPa
p_1	现有覆盖土重	kPa
p_1	$p-s$ 曲线中所取定的比例界限荷载	kPa
$P_{1/3}$	允许地基产生 $z_{max}=b/3$ 范围塑性区所对应的临界荷载	kPa
$P_{1/4}$	允许地基产生 $z_{max}=b/4$ 范围塑性区所对应的临界荷载	kPa
p_c	先期固结压力	kPa
p_{cr}	比例界限荷载(临塑荷载)	kPa
p_{max}	基底两边缘的最大压力	kN/m^2
p_{min}	基底两边缘的最小压力	kN/m^2
p_p	作用于弹性核边界面的被动土压力合力	kPa
p_u	极限荷载	kPa
P_w	静水压力	kN/m
Q	某一时间段内土的渗水量	cm^3
q	单位渗水量	cm^3/s
q	总渗流量	m^3/d
q	连续均布荷载	kPa
Δq	单位流槽的渗流量	m^3/天
q_u	无侧限抗压强度	kPa
$\dot{q}_i$	第 i 级荷载的加载速度	kPa/天
R	弹性半空间内一点至坐标原点 o 的距离	m
R	滑裂面半径	m
r	弹性半空间内一点与集中力作用点的水平距离	m
S_r	土的饱和度	
S_c、S_q、S_γ	基础形状修正系数	
s	竖向集中力 p 作用下地基表面任意点沉降	mm

（续）

符号	物理意义	单位
s	基础最终沉降量	mm
s'	基础沉降量	mm
s'_c	修正的固结沉降量	mm
$\Delta s'_i$	在计算深度范围内，第 i 分层土的变形量	mm
$\Delta s'_n$	在由计算深度向上取厚度为 Δz 的土层计算变形值	mm
s_1	与比例界限荷载 p_1 相对应的沉降	mm
s_{3i}、s_{1i}	第 i 分层三向变形和单向压缩的沉降量	mm
s_∞	最终沉降量	mm
s_c	固结沉降量	mm
s_{cm}	当 $\Delta p \leqslant (p_c - p_1)$ 的各分层总和的固结沉降量	mm
s_{cn}	当 $\Delta p > (p_c - p_1)$ 的各分层总和的固结沉降量	mm
s_d	瞬时沉降量（畸变沉降量）	mm
$\Delta s'_d$	修正的瞬时沉降量	mm
s_i	第 i 分层的竖向变形	mm
Δs_i	第 i 分层土的压缩量	mm
s_s	次压缩沉降量（次固结沉降量）	mm
s_t	黏性土的灵敏度	
s_t	施工期 T 以后（$t>T$）的沉降量	mm
s_α	地基土层单向压缩的次压缩沉降	mm
T	单位土体内土粒对水流阻力	kN/m^3
T'	单位土体内总阻力	kN/m^3
T_f	抗剪力	kPa
T_v	竖向固结时间因数	
t_1	相当于主固结度为100%的时间	天（年）
U_k、U_{k+1}	第 k 和 $k+1$ 次循环的振幅	
$\overline{U}_t$	t 时刻地基的平均固结度	
U_z	地基固结度	
$\overline{U}_z$	竖向平均固结度	
u	单元体中的超孔隙水压力	kPa
Δu	孔压（超孔隙水压力）增量	kPa
u_0	$t=0$ 时的起始孔隙水压力	kPa

（续）

符号	物理意义	单位
Δu_1	（三轴压缩试验中）轴向压力增量产生孔隙压力增量	kPa
Δu_3	（三轴压缩试验中）围压作用下孔隙压力增量	kPa
u_a	孔隙气压力	kPa
u_f	土体剪切破坏时的孔隙水压力	kPa
V	土的总体积	cm^3
ΔV	土体积的变化量	mm^3
V_0	土样初始体积	mL
V_a	土中气体积	cm^3
V_s	土粒体积	cm^3
ΔV_v	土体积的变化量	mm^3
V_v	土中孔隙体积	cm^3
V_w	土中水体积	cm^3
v	流速	m/s
v_r	断面实际平均渗流速度	cm/s
W	矩形基础底面的抵抗矩	m^3
w	土的含水量	
w_c	土的天然稠度	
w_L	液限	
w_{op}	最优含水量	
w_P	塑限	
w_S	缩限	
z	天然地面下任意深度	m
Δz	地表冻胀量	mm
Δz	地基变形计算最下层计算厚度	m
z_0	临界深度	m
z_d	设计冻深	mm
z_{max}	塑性区的最大深度	m
z_n	地基变形计算深度	m
α	集中应力 p 作用下的地基竖向附加应力系数	
α	墙背的倾斜角	°
$\bar{\alpha}$	均布的矩形荷载角点下的竖向平均附加应力系数	

（续）

符号	物理意义	单位
$\overline{\alpha}$	三角形分布的矩形荷载角点下的竖向平均附加应力系数	
α_1、α_2	竖向附加应力系数	
α_c	均布的矩形荷载角点下的竖向附加应力系数	
α_f	破裂角	°
α_r	均布的圆形荷载截面中心点下的竖向附加应力系数	
α_{sz}、α_{sx}、α_{sxz}	均布条形荷载下的附加应力系数	
α_{t1}、α_{t2}	三角形分布的矩形荷载角点下的竖向附加应力系数	
β	墙后填土面的倾角	°
β	坡角	°
γ	土的(天然)重度	kN/m^3
γ'	土的浮重度	kN/m^3
γ_d	土的干重度	kN/m^3
γ_G	基础及其上回填土的平均重度	kN/m^3
γ_m	基底标高以上天然土层的加权平均重度	kN/m^3
γ_{sat}	饱和重度	kN/m^3
γ_t	滑坡推力安全系数	
δ	土对挡土墙背或桥台背的外摩擦角	°
δ_c	角点沉降系数	m/MPa
δ_{ef}	自由膨胀率	
δ_s	黄土的湿陷系数	
ε	土的压缩应变	
ε_d	动剪应变	kPa
ε_i	第 i 分层土的压缩应变	
ε_{zi}	第 i 分层的竖向应变	
ζ	土的阻尼比	
η	水的黏度	kPa · s
η	冻土层的平均冻胀率	
η	基础底面与水平面的倾斜角	°
θ	基础倾斜角	rad
θ	滑动面的倾角	°
λ	固结沉降修正系数	

（续）

符号	物理意义	单位
λ_c	土的压实度	
μ	土的泊松比	
ρ	土的(天然)密度	g/cm^3
ρ'	土的浮密度	g/cm^3
ρ_c	黏粒含量百分率	
ρ_d	土的干密度	g/cm^3
ρ_{dmax}	最大干密度	kN/m^3
ρ_s	土粒密度	g/cm^3
ρ_{sat}	饱和密度	g/cm^3
ρ_w	水的密度	g/cm^3
$[\sigma]$	地基容许承载力	kPa
σ	总应力	kPa
σ'	有效应力	kPa
σ_1	大主应力	kPa
$\Delta\sigma'_1$	(三轴压缩试验中)轴向的有效应力增量	kPa
$\Delta\sigma_3$	小主应力周围压力增量	kPa
$\Delta\sigma'_3$	(三轴压缩试验中)侧向的有效应力增量	kPa
σ_0	静止土压力强度	kPa
σ_3	小主应力	kPa
σ_a	主动土压力强度	kPa
σ_c	天然地面下任意深度 z 处竖向有效自重应力	kPa
σ_{ch}	基地处土的自重应力	kPa
σ_d	往复动应力	kPa
σ_p	被动土压力强度	kPa
σ_z	地基(竖向)附加应力	kPa
τ	整个滑动面上的平均剪应力	kPa
τ_0	初始剪应力	kPa
τ_d	动剪应力	kPa
τ_{df}	动应力幅值	kPa
τ_f	土的抗剪强度	kPa
τ_{xy}、τ_{yx}	弹性半空间内一点垂直于 z 方向的剪应力	kPa

（续）

符号	物理意义	单位
τ_{xz}、τ_{zx}	弹性半空间内一点垂直于 y 方向的剪应力	kPa
τ_{zy}、τ_{yz}	弹性半空间内一点垂直于 x 方向的剪应力	kPa
φ	土的内摩擦角	°
φ'	土的有效内摩擦角	°
φ'	固结不排水试验得到的土的有效内摩擦角	°
φ_{d}	固结排水试验得到的土的内摩擦角	°
φ_{k}	土的内摩擦角标准值	°
φ_{q}	直剪试验得出的内摩擦角	°
φ_{u}	土的不排水内摩擦角	°
ψ	弹性楔体与水平面的夹角	°
ψ_{c}	主动土压力增大系数	
ψ_{s}	沉降计算经验系数	
ω	各种沉降影响系数	
ω_{c}	角点沉降影响系数	
ω_{m}	平均沉降影响系数	
ω_{o}	中心点沉降影响系数	
ω_{r}、ω	有阻尼和无阻尼时土样的自由振动频率	Hz

参考文献

[1] 华南理工大学,东南大学,浙江大学,等. 地基及基础. 第2版. 北京：中国建筑工业出版社,1991.

[2] 张克恭,刘松玉. 土力学. 北京：中国建筑工业出版社,2010.

[3] 卢廷浩. 土力学. 2版. 南京：河海大学出版社,2005.

[4] 陈国兴,樊良本,陈甦. 土质学与土力学. 第2版. 北京：中国水利水电出版社,2006.

[5] 洪毓康. 土质学与土力学. 第2版. 北京：人民交通出版社,1995.

[6] 钱家欢. 土力学. 第2版. 南京：河海大学出版社,1995.

[7] 黄文熙. 土的工程性质. 北京：水力电力出版社,1983.

[8] 钱家欢,殷宗泽. 土工原理与计算. 第2版. 北京：水力电力出版社,1994.

[9] 蔡伟铭,胡中雄. 土力学与基础工程. 北京：中国建筑工业出版社,1991.

[10] 陈希哲. 土力学地基基础. 第4版. 北京：清华大学出版社,2004.

[11] 赵明华. 土力学与基础工程. 武汉：武汉工业大学出版社,2000.

[12] 龚晓南. 土力学. 北京：中国建筑工业出版社,2002.

[13] 赵树德. 土力学. 北京：高等教育出版社,2010.

[14] 陆培毅. 土力学. 北京：中国建材工业出版社,2000.

[15] 顾慰慈. 挡土墙土压力计算手册. 北京：中国建材工业出版社,2005.

[16] 南京水利科学研究院土工研究所. 土工试验技术手册. 北京：人民交通出版社,2003.

[17] 中华人民共和国水利部. 土工试验方法标准(GB/T 50123—1999). 北京：中国计划出版社,1999.

[18] 交通部公路科学研究所. 公路土工试验规程(JTJ E 40—2007). 北京：人民交通出版社,2007.

[19] 中国建筑科学研究院. 建筑地基基础设计规范(GB 50007—2002). 北京：中国建筑工业出版社,2002.

[20] 建设部综合勘察研究设计院. 岩土工程勘察规范(GB 50021—2001). 北京：中国建筑工业出版社,2009.

[21] 中华人民共和国建设部. 建筑抗震设计规范(GB 50011—2001). 北京：中国建筑工业出版社,2008.

[22] 中国建筑科学研究院. 建筑地基处理技术规范(JGJ 79—2002). 北京：中国建筑工业出版社,2002.

[23] 建筑边坡工程技术规范(GB 50330—2002). 北京：中国建筑工业出版社,2002.

[24] 交通部公路规划设计院. 公路桥涵设计通用规范(JTG D 60—2004). 北京：人民交通

出版社,2004.

[25] 中交公路规划规划设计院有限公司. 公路桥涵地基与基础设计规范(JTG D 63—2007). 北京：人民交通出版社,2007.

[26] 中交第二公路勘察设计研究院. 公路路基设计规范(JTG D 30—2004). 北京：人民交通出版社,2004.

[27] 交通部第一公路勘察设计院. 公路软土地基路堤设计与施工技术规范(JTJ 017—1996). 北京：人民交通出版社,1996.

[28] 水利部华北水利水电学院. 岩土工程基本术语标准(GB/T 50279—98). 北京：中国计划出版社,1998.

[29] 建设部综合勘察研究院. 建筑岩土工程勘察基本术语标准(JGJ 84—1992). 北京：中国建筑工业出版社,1992.

[30] 中华人民共和国水利部. 土的分类标准(GB/T 50145—2007). 北京：中国计划出版社,2007.

[31] 中国土木工程学会土力学及基础工程学会. 土力学及基础工程名词(汉英英汉对照). 第2版. 北京：中国建筑工业出版社,1991.

[32] 龚晓南,潘秋元,张季容. 土力学及基础工程实用名词词典. 杭州：浙江大学出版社,1993.

[33] Terzaghi K, Peck R B, Mesri G. Soil mechanics in engineering Practice(Third Edition). John Wiley & Sons, INC. 1995.

[34] Craig R F. Soil mechanics. Chapman & Hall, 1995.

[35] Parry R H G. Mohr circles, stress paths and Geotchnics. E & FN SPON, 1995.